工业和信息化部"十二五"规划专著
"十二五"国家重点图书出版规划项目

辐射传输逆问题的智能优化理论与应用

Intelligent Optimization Theory and Application in the Inverse Radiative Problem

● 齐宏　阮立明　谈和平　编著

哈尔滨工业大学出版社
HARBIN INSTITUTE OF TECHNOLOGY PRESS

内容提要

本书对微粒群算法、蚁群算法等智能优化方法在辐射传输逆问题中的应用进行了系统性的总结,结合介质辐射传输数值模拟、辐射特性研究、时频域光热信号分析、病态逆问题求解等多学科的理论和知识,阐述了如何将群体智能优化算法运用于辐射传输逆问题的求解。

本书可作为高等学校工程热物理、热能与动力工程、航空航天、生物医学、辐射测量及其相关专业的本科生、研究生的参考书,也可供相关专业的工程技术和科研人员学习参考。

图书在版编目(CIP)数据

辐射传输逆问题的智能优化理论与应用/齐宏,阮立明,谈和平
编著. —哈尔滨:哈尔滨工业大学出版社,2016.3
ISBN 978-7-5603-5507-8

Ⅰ.①辐… Ⅱ.①齐…②阮…③谈… Ⅲ.①辐射-
传输-逆问题-研究 Ⅳ.①TL99②O175

中国版本图书馆 CIP 数据核字(2015)第 162116 号

策划编辑 王桂芝
责任编辑 刘 瑶
出版发行 哈尔滨工业大学出版社
社   址 哈尔滨市南岗区复华四道街 10 号 邮编 150006
传   真 0451-86414749
网   址 http://hitpress.hit.edu.cn
印   刷 哈尔滨市石桥印务有限公司
开   本 787mm×1092mm 1/16 印张 15 字数 366 千字
版   次 2016 年 3 月第 1 版 2016 年 3 月第 1 次印刷
书   号 ISBN 978-7-5603-5507-8
定   价 48.00 元

前　　言

　　热辐射是能量传递的一种方式,也是信息传输的载体,在航空航天、国防科技、动力、化工、材料、新能源、信息技术、生物技术等工程领域有着广泛应用。例如,高温加热设备中含微粒介质(流体或气体)的辐射传热计算;弹道导弹主动段尾喷焰红外辐射特性;飞机发动机尾喷焰红外辐射强度;弹道导弹再入段可见、红外光辐射特征;军用目标红外热像理论研究;空间光学系统杂散光分析和热分析;可再生新能源光辐射传输分析等。近十年来,辐射逆问题研究已成为红外辐射领域最为活跃的前沿研究方向之一。在近期发展的近红外光学成像领域,其信息重建过程的实质是基于时域或频域光热信号求解辐射传输逆问题。在大气辐射传输领域,气溶胶粒径分布的测量、遥感探测等均属求解辐射传输逆问题范畴。在炉内火焰可视化检测技术领域,基于火焰辐射图像的燃烧检测实质是基于火焰方向辐射传输逆问题的温度场重建。目前,本课题组正在开展的基于光场成像理论的高温发光火焰温度场在线检测技术也是典型的多参数群辐射传输逆问题。

　　由于辐射传输方程属于典型的积分-微分方程,其控制方程的非线性、辐射界面的复杂性(透明或非透明、方向性)及辐射具有延程性、方向性、光谱性等特点,使得正向求解辐射传输问题十分复杂,进而导致实际辐射传输逆问题求解的复杂性、高度非线性和不适定性,因此寻找适合于辐射传输逆问题求解的新型优化方法一直是计算辐射学的一个重点研究方向。随着近期计算机技术的高速发展,群体智能优化算法受到了广泛的关注与应用。与传统梯度优化方法相比,智能优化算法具有仿生行为特征和智能性,无需已知优化问题的精确数学模型,无需求解其梯度,不依赖于初始条件,采用启发式概率搜索,能够获得全局最优解或准最优解,尤其适合于复杂辐射逆问题的并行求解。总之,智能优化算法通用性强,且具有全局优化性能,因而在辐射逆问题领域有着广阔的应用前景,可为辐射传输相关的逆问题研究提供新的手段和新的思路。

　　本书针对辐射逆问题中的微粒群算法、蚁群算法等智能优化算法模型、理论基础和优化应用进行探讨,共分6章:第1章介绍智能优化算法的基本原理和研究现状;第2章为辐射传输理论及数值求解;第3章为辐射传输逆问题求解的群体智能优化理论;第4章为基于智能微粒群优化算法的辐射传输逆问题求解;第5章为基于智能蚁群优化算法的辐射传输逆问题求解;第6章为基于自组织迁移算法、地理学优化算法、果蝇算法及混合智能优化算法的辐射传输逆问题求解。

　　本书视角独特,对智能优化算法在辐射逆问题中的应用进行系统性的总结,将微粒群算法、蚁群算法、自组织迁移算法、地理学优化算法和果蝇算法等智能优化方法引入辐射传输逆问题领域,结合介质辐射传输数值模拟、辐射特性研究、时频域光热信号分析、病态逆问题求解等多学科的理论和知识,阐述如何将群体智能优化算法运用于辐射传输逆问题的求解,为近红外光学成像、辐射物性测量、火焰检测、卫星大气遥感、海洋探测、导弹红外预警等领域提供理论支撑。本书作者结合自身对有关群体智能优化算法的思考撰写此书,其目的是分享我们在该领域所做的部分研究成果,为推动群体智能优化算法在辐射逆问题领域的发展尽微薄之力。

本书结合作者多年来在参与性介质辐射逆问题方面的相关研究工作以及国内外同行的研究成果,将辐射传输逆问题的智能优化理论进行归纳总结,结合参与性介质内辐射传输及其逆问题分析、病态问题求解、智能优化算法等方面的理论知识,详细地阐述了基于微粒群算法、蚁群算法及其改进混合算法等智能优化算法的辐射传输逆问题求解理论和技术。本书主题鲜明,结构严谨,内容丰富,对推动我国辐射传输逆问题求解理论的研究具有重要的科学意义和应用价值。

本书由齐宏、阮立明和谈和平共同撰写而成。其中,第1章由齐宏撰写,第2章由谈和平和阮立明撰写,第3章由阮立明撰写,第4～6章由齐宏撰写,全书由齐宏统稿。本书初稿承蒙上海理工大学蔡小舒教授和哈尔滨工业大学戴景民教授审阅,他们对书稿提出了许多宝贵的修改意见,特此感谢。本书的完成得到了哈尔滨工业大学能源学院航空航天热物理所各位同仁的大力支持。

本书研究工作先后得到国家自然科学基金(50806016、51076037、51476043、51576053)、国家自然科学基金创新群体(51121004、51421063)、国家重大科研仪器设备研制专项基金(51327803)、国家安全重大基础研究基金、中国博士后基金(20090460893)、高等学校博士学科点专项科研基金(20122302110046)、黑龙江省自然科学基金(E201235)、黑龙江省博士后启动基金(LBH－Q12111)、哈尔滨市科技创新人才研究专项基金(2013RFXXJ040、2014RFQXJ047)、航天支撑技术基金和中国民航大学天津市民用航空器适航与维修重点实验室开放基金等资助。此外,本研究工作还得到中央高校基本科研业务费专项资金(HIT.BRETI.2010012,5710057215)及哈尔滨工业大学"985工程"本科教学建设项目资助,上述基金项目的支持为作者及其团队创造了宽松的学术氛围和科研环境,在此谨向相关部门表示深深的感谢。

本书内容为几位作者近几年研究成果的总结,作者的多位学生参与了相关科研工作,他们是安巍、王圣刚、王希影、王大林、张彪、贺振宗、乔要宾、牛春洋、任亚涛,同时,撰写过程中还得到孙双成、宫帅、姚禹辰、王雨晴、陈琴、贾腾、黄兴、吕中原、张俊友、文爽、魏林杨、何明键、赵方舟、阮世庭等的协助和支持,在此由衷地表示感谢!

辐射逆问题的智能优化理论是辐射逆问题计算领域中一个正在快速发展的新型分支,其理论与应用方面均存在大量亟待进一步深入研究的问题。由于作者学识水平有限,书中难免有疏漏之处,敬请专家、学者与诸位读者不吝指正。

编　者

2015年12月于哈尔滨工业大学

目　　录

第1章 绪　论

1.1 引　言

　　热辐射是能量传递的一种方式,也是信息传递的载体,因此,热辐射传输在国防科技、动力、化工、材料、新能源、信息、生物技术等工程领域有着广泛应用。例如,高温加热设备中含微粒介质的辐射传热计算、弹道导弹主动段尾喷焰红外辐射特性、飞机发动机尾喷焰红外辐射强度、弹道导弹再入段可见及红外光辐射特征、军用目标红外热像理论研究、空间光学系统杂散光分析和热分析、可再生新能源光辐射传输分析等[1, 2]。近十年来,将辐射传输过程中的光子作为信息载体的辐射逆问题成为红外辐射领域最活跃、最前沿的研究方向之一。

　　辐射传输逆问题既是当前辐射传输领域发展中的一个前沿研究方向,也是一个典型的交叉研究领域,它的发展与辐射传输、光学、电磁学、计算科学等学科的研究水平息息相关,相辅相成。在近期发展的近红外生物检测技术中,非接触生物光学成像的物理实质是基于时域或频域光热信号的辐射传输逆问题求解。在大气辐射传输领域中,气溶胶粒径分布的测量及遥感探测等均属于辐射传输逆问题范畴。在炉内火焰可视化检测技术中,基于火焰辐射图像的燃烧检测实质是基于方向火焰辐射传输逆问题的温度场和辐射物性场联合信息重建。目前,本课题组正在开展的基于光场成像理论的高温发光火焰温度场在线检测技术也是典型的多参数群辐射传输逆问题求解。

　　由于辐射传输方程属于典型的积分-微分方程,其控制方程的非线性、辐射界面的复杂性(透明或非透明特性、方向特性等)以及辐射具有延程性、方向性、光谱性等特点,使得求解辐射传输正问题十分复杂,进而导致辐射逆问题的求解更为困难。目前,对于辐射传输逆问题的求解方法大致分为两大类:第一类是基于梯度计算的传统优化方法,其优势在于收敛速度快,反演结果稳定性好,如最速下降法、共轭梯度法、牛顿法、变尺度法及最小二乘法等;第二类是基于概率搜索的智能优化算法,其特点是模型简单、不依赖初值和能够获得全局最优解,如微粒群算法、蚁群算法、遗传算法等。基于梯度计算的传统优化算法具有如下局限性:①传统梯度算法对初值的依赖性大,如果初值设置不合理,优化结果会很差,甚至可能找不到最优解;②传统梯度算法需要对目标函数的导数进行求解,因而将耗费大量计算机内存和计算时间;③对于存在多值性或者多个局部最优解的逆问题模型,传统梯度算法往往容易陷入局部最优而失效[2]。近期,随着计算机技术的高速发展,具有仿生行为特征和智能性的群体智能优化算法受到广泛关注。自1991年蚁群算法[3]和1995年微粒群算法[4]被提出后,对群体智能优化算法的研究迅速展开,被广泛应用于多类实际问题的求解。作为一种启发式算法(Heuristic Algorithm),群体智能优化算法的特点是从某一个随机解出发,按照相应的算法机制,以一定的概率在求解空间中寻找最优解。与传统梯度优化方法相比,智能优化算法无须已知优化问题的精确数学模型,也无须求解目标函数的梯度,采用启发式的概率搜索,能够获得全局最优解或准最优解,且不依赖于初始条件,尤其适合于复杂逆问题的并行求解。总之,群体智能优化算法通用性强,具有全局优化性能,因而在逆问题领域有着广阔的应用前景,可为辐射传输逆问题的研究提供新的手段和思路。

1.2　群体智能优化算法概述

大自然富有极其多样的、动态的、健壮的、复杂而迷人的现象,这为人类解决复杂问题提供了充足的灵感。随着人们对生命本质的不断了解,社会性动物(如蚁群、蜂群、鸟群、猴群)的自组织行为吸引着越来越多的学者进入人工智能领域,研究这些简单的个体如何通过协作呈现出如此复杂而奇妙的行为,同时通过计算机模拟来探索其中的可循规律,并用于指导和解决一些常规方法无法解决的传统问题及实际应用中出现的新问题,这就产生了一种新型智能计算技术,即所谓的"群智能(Swarm Intelligence)"或"群集智能"。群体是指"一组相互之间可以进行直接通信或者间接通信(通过改变局部环境)的主体,这组主体能够合作进行分布式问题求解"[5, 6]。

群体智能是一种在自然界生物群体所表现出的智能现象启发下提出的人工智能实现模式,通过模拟自然界生物的群体行为来实现人工智能的一种方法。它是对简单生物群体的智能现象的具体模式研究,这种智能模式需要相当多数目的智能个体来实现对某类问题的求解功能。群体智能利用群体之间的通信、学习、竞争与合作等多种方式,发挥群体优势解决问题,是广义人工智能研究热点和前沿领域。群体智能的概念源于对自然界群居性生物群体的观察,其中,群居性生物包括微生物、植物、昆虫、脊椎动物等。例如,蚂蚁可以协同合作集体搬运食物,建立坚固的蚁穴;大雁可以成群结队地排成"人"字形或"一"字形进行有序的飞翔;蜜蜂可以铸造结构庞大而精致的巢穴等。这种由群体生物表现出的智能现象受到越来越多学者的关注与重视。生物学的研究成果表明,在这些群居生物中虽然每个个体的智能不高,行为简单,也不存在集中的指挥,但由这些单个个体组成的群体,似乎在某种内在规律的作用下,可表现出异常复杂而有序的群体行为,这种从群居性生物中产生出来的集体行为称为群体智能,即是指简单智能的主体通过合作表现出复杂智能行为的特征。任何启发于群居性生物群体的集体行为而设计的算法和分布式问题解决装置都可称为"群体智能"。群体的组织形式、个体智能及其交互形式各不相同,群体智能特征也随着个体智能的提升表现得更为复杂。

1.2.1　群体智能优化算法的特点和分类

基于上述群居性生物群体的集体行为启发抽象演化而成的仿生优化算法,统称为群体智能优化算法。其基本特征可归纳为如下几点。

(1) 都是一类不确定的算法。其主要步骤都包含随机因素,从而在算法进化过程中,事件发生与否带有很大的不确定性。

(2) 都是一类概率型的全局优化算法。非确定性算法的优点在于算法能有更多的机会求解全局最优解。

(3) 都不依赖于优化问题本身的数学性质。在优化过程中都不依赖于优化问题本身的严格数学性质(如连续性、可导性)以及目标函数和约束条件的精确描述。

（4）都是邻域搜索算法。在局部搜索优化算法的基础上，增加了启发和诱导机制，使算法能有效地跳出局部极值并具有全局寻优能力。

（5）都具有本质并行性。能够设计成多处理机系统，大大提高算法的执行效率。其表现在两个方面：一是智能计算是内在并行的，即仿生优化算法本身非常适合大规模并行；二是智能计算是内含并行的，这使得智能计算能以较少的计算量获得较大的收益。

（6）算法都具有灵活性、通用性和突现性的特点。可以按照一定的模式方便地与实际问题相结合，总目标的完成是在多个智能个体行为的运动过程中突现出来的。

（7）都具有自组织性和进化性。在复杂且不确定的时变环境中，通过自身学习不断提高算法中个体的适应性。

（8）具有稳健性。群体智能优化算法的稳健性是指在不同条件和环境下算法的适用性和有效性。由于智能优化算法不依赖于优化问题本身的严格数学性质和求解问题本身的结构特征，因此利用智能优化算法求解不同问题时，只需要设计相应的目标评价函数，而基本上无须修改算法的其他部分。

所有群体智能优化算法的结构形式都是相似的。首先，通过初始化产生问题可能解的一个子集，然后在该问题的解空间内，对这个子集施加某种算子操作，从而产生一个新的子集，重复对新子集进行某种算子操作，直到该子集包含最优解或近似最优解[7]。区分群体智能优化算法之间的不同，主要在于选择施加何种算子操作，即各个算法特有的更新规则，因此群体智能优化算法可以统一到一个框架模式下，如图 1.1 所示。

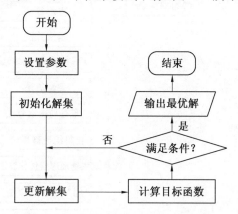

图 1.1　群体智能优化算法统一框架

常见的群体智能优化算法主要包括：蚁群优化算法（Ant Colony Algorithm，ACO）[8]、微粒群算法（Particle Swarm Optimization，PSO）[9]、鱼群算法（Artificial Fish Swarm Algorithm，AFSA）[10]、蛙跳算法（Shuffled Frog Leaping Algorithm，SFLA）[11]、蜂群算法（Artificial Bee Colony，ABC）[12]、萤火虫算法（Glowworm Swarm Optimization，GSO）[13]、猴群算法（Monkey Algorithm，MA）[14]、蝙蝠算法（Bat Algorithm，BA）[15]、果蝇算法（Fruit Fly Optimization Algorithm，FFOA）[16]、布谷鸟搜索算法（Cuckoo Search，CS）[17]、和声搜索优化算法（Harmony Search Optimizer，HSO）[18]、细菌觅食优化算法（Bacterial Foraging Optimization Algorithm，BFOA）[19]、人工免疫系统算法（Artificial Immune System Algorithm，AISA）[20]和社会情感优化算法（Social Emotional Optimization，SEO）[21]等，具体分类如图 1.2 所示。这些算法自诞生以来，受到学术界和工程界的广泛关注，当前已经在众多领域得到了成功和有效的应用。

这些领域包括移动机器人路径规划、车间作业调度、电力系统的负荷分配以及最优潮流计算、模式分类、专家系统设计等[22]。虽然这些启发式群体智能算法的理论基础还有待完备，但是由于其学术思想来自于人类长期对物理、生物、社会等现象仔细的观察和实践以及人类对这些自然规律的深刻理解，是人类逐步向大自然学习、模仿自然现象的运行机制而得到的智慧结晶，因此其科学性和发展潜力是不言而喻的。

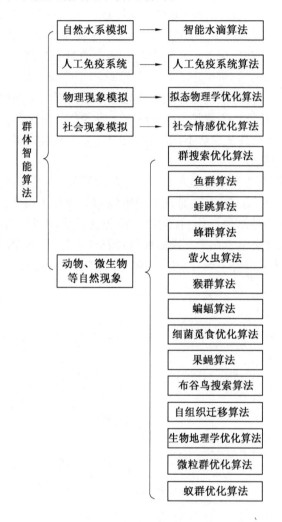

图 1.2　群体智能算法的分类

群体智能算法仅涉及各种基本的数学运算，对计算机性能要求不高，是一种简单且易于实现的算法。该类算法基于概率搜索，只需目标函数的输出值，并不需要相关的梯度信息，这也是与基于梯度求解的优化算法不同的地方。虽然概率搜索算法通常采用较多的评价函数，但与梯度方法及传统的优化算法相比，具有分布式、自组织性、协作性、鲁棒性和实现简单等特点，在没有全局信息的情况下，为寻找复杂问题最优解提供了快速可靠的求解方法，为人工智能、逆问题、认知科学等领域基础理论问题的研究开辟了新的途径。因此，无论从理论研究还是应用研究的角度出发，群体智能理论及其应用研究都具有重要的学术意义和现实价值,也越来越受到国际智能计算等相关研究领域学者的关注,逐渐成为一个新的重要的研究方向。

1.2.2　常见群体智能优化算法简介

根据群居性昆虫和动物的习性,研究人员设计了不同的搜索路径更新规则,提出了不同的群体智能优化算法,本小节将简略介绍其中常见的群体智能算法。值得一提的是,微粒群优化算法和蚁群算法是目前群体智能研究领域的两种主要算法,前者是对鸟群觅食过程的模拟,而后者主要是对蚂蚁群落食物采集过程的模拟。该两种算法作为群体智能优化算法的典范将在本书的后续章节里做单独介绍。另外,有关智能水滴算法[23]、人工免疫系统算法[24],人工蜂群算法[25]、布谷鸟算法[26]等的研究,请参阅相关参考文献,这里不再赘述。

1. 群搜索优化算法

群搜索优化算法(Group Search Optimizer, GSO)是基于动物在觅食过程中对食物的扫描机制和 PS 模型(Producer–Scrounger Model)设计搜寻策略[27]。在 GSO 算法中,一个群体由三部分组成,即最佳个体(Producer)、追随者(Scrounger)和随机游荡者(Ranger),其中最佳个体和追随者采取 PS 模型中的策略,随机游荡者则采取一个为最佳个体,其他成员均为追随者和游荡者的策略。追随者也采用了一个最为简单的追随策略:在每次搜索过程中,所有追随者只简单地去分享最佳个体的搜索成果,同时,假定整个种群中的每个成员在生物特性上没有差别,因此它们之间的角色可以相互转换。

在 GSO 算法中,第 k 次搜寻最优个体的行为 $\boldsymbol{X}_p$ 表现如下:在三维空间中,使用最大搜索角度 $\theta_{max} \in \boldsymbol{R}^{n-1}$ 和最大搜索距离 $l_{max} \in \boldsymbol{R}^1$ 来度量一个扫描区域,如图 1.3 所示。

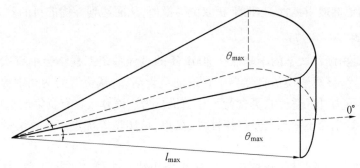

图 1.3　三维空间中的视觉扫描

(1)最优个体先扫描 $0°$,然后再随机扫描区域,并按照下列方式采样:一点在 $0°$,一点在 $0°$ 右端,一点在 $0°$ 左端。其具体公式为

$$\begin{cases} \boldsymbol{X}_z = \boldsymbol{X}_p^k + r_1 \cdot l_{max} \cdot \boldsymbol{D}_p^k(\phi^k) \\ \boldsymbol{X}_r = \boldsymbol{X}_p^k + r_1 \cdot l_{max} \cdot \boldsymbol{D}_p^k\left(\phi^k + \dfrac{r_2 \theta_{max}}{2}\right) \\ \boldsymbol{X}_l = \boldsymbol{X}_p^k + r_1 \cdot l_{max} \cdot \boldsymbol{D}_p^k\left(\phi^k - \dfrac{r_2 \theta_{max}}{2}\right) \end{cases} \tag{1.1}$$

式中,r_1 为均值为 0、方差为 1 的正态分布随机数;r_2 为 $[0, 1]$ 之间均匀分布的随机数。

(2)如果最优个体找到比当前位置更优的位置,它就移动到那里;否则,就待在原来的

位置,但将移动的搜索角度为

$$\psi^{k+1}=\psi^k+r_2\alpha_{\max} \tag{1.2}$$

式中,$\alpha_{\max}$ 为设置的最大转向角度。

(3)如果最佳个体经过 a 次搜索都没有找到比当前位置更优的位置,则它将返回原来的角度,即

$$\psi^{k+a}=\psi^k \tag{1.3}$$

式中,a 为一个固定值。而大量追逐者(80%)在搜索空间中不断寻找机会来分享最佳个体寻找的食物,即

$$X_i^{k+1}=X_i^k+r_3(X_p^k-X_i^k) \tag{1.4}$$

式中,r_3 为[0,1]之间均匀分布的随机数。

(4)剩余的被种群驱逐出的个体(20%)离开当前位置。在自然界中,生物个体的能力往往存在一定差异,一些能力较弱的个体常常被抛弃,这些个体往往在环境中随机游荡,找寻食物和新的居住地。在所选空间中,对于随机分布的食物源,采用随机游荡策略寻找食物被认为是最为有效的策略。GSO 算法中随机游荡者采取如下策略:当第 k 次寻找时,它随机产生一个角度,即

$$\psi_i^{k+1}=\psi_i^k+r_2\alpha_{\max} \tag{1.5}$$

式中,$\alpha_{\max}$ 为可以转动的最大角度。它会随机选择一个距离,即

$$l_i=\alpha\cdot r_1 l_{\max} \tag{1.6}$$

然后,它就朝着这个方向移动,即

$$X_i^{k+1}=l_i D_i^k(\phi^{k+1}) \tag{1.7}$$

最终,通过不断地群搜索觅食,有助于获取全局极值,从而达到寻优的目的。

2. 鱼群算法

鱼群算法是由浙江大学的李晓磊在 2001 年的过程系统工程年会中首次提出的一种仿生型优化算法[10],该算法模仿自然界中鱼群的觅食活动,从鱼群的活动中提取出四种典型的行为,即聚群行为、尾随行为、觅食行为和随机行为。该算法具有良好的全局搜索能力,并具有对初值、参数选择不敏感以及鲁棒性强、简单、易实现等优点。该算法的具体操作步骤描述如下。

假设在一个 n 维的目标搜索空间中,有 N 条组成一个群体的人工鱼,每条人工鱼的状态可表示为向量 $X_i=(x_1,x_2,\cdots,x_n)$,其中,x_i 为欲寻优的变量;人工鱼当前所在位置的食物浓度表示为 $F(X_i)$,Visual 表示人工鱼的感知范围,Step 表示人工鱼最大移动步长,N_t 为人工鱼每次觅食的最多尝试次数。

首先设置每条鱼的感知范围 Visual、最大移动步长 Step、最多尝试次数 N_t 和拥挤度因子 δ,然后初始化鱼群的位置 X_i 和其对应的适应度值 $F(X_i)$,第 i 条鱼判断感知范围内的伙伴个数 N_i,若伙伴个数 $N_i>0$,则计算出伙伴的中心位置 X_c 及其对应的适应度值 $F(X_c)$,并且找出伙伴中具有最大适应度值 $F_{\max}$ 的鱼所对应的位置 $X_{\max}$,分别执行"聚群"操作和"尾随"操作,若操作失败,则执行"觅食"操作;若操作成功,则根据两种操作后的结果选择结果更优的操作。若伙伴个数 $N_i=0$,则执行"觅食"操作;若操作失败,则执行"随机"操作。

"聚群"指每条鱼在游动过程中尽量向邻近伙伴的中心移动并避免过分拥挤的一种寻

优行为。该操作的具体实现为：判断中心位置 X_c 的拥挤度 $F(X_c)/N_i$ 是否大于拥挤度因子 δ，若 $F(X_c)/N_i<\delta$，则执行"觅食"操作；若 $F(X_c)/N_i \geqslant \delta$，则按照下式更新当前位置：

$$X_i = X_i + \text{rand}( ) \cdot \text{Step} \cdot \frac{X_c-X_i}{\parallel X_c-X_i \parallel} \tag{1.8}$$

式中，rand( )为[0,1]区间内服从均匀分布的随机数。

"尾随"是指鱼向其可视范围内的最优方向移动的一种行为。该操作的具体实现为：判断中心位置 X_{max} 的拥挤度 F_{max}/N_i 是否大于拥挤度因子 δ，若 $F_{max}/N_i<\delta$，则执行"觅食"操作；若 $F_{max}/N_i \geqslant \delta$，则按照下式更新当前位置：

$$X_i = X_i + \text{rand}( ) \cdot \text{Step} \cdot \frac{X_{max}-X_i}{\parallel X_{max}-X_i \parallel} \tag{1.9}$$

"觅食"指鱼循着食物多的方向游动的一种行为。该操作的具体实现为：在感知范围内随机选择一个伙伴，如果不存在伙伴，则直接执行"随机"操作；若存在伙伴，则判断伙伴 j 的适应度值 $F(X_j)$ 是否小于自己的适应度值 $F(X_i)$。如果 $F(X_j)<F(X_i)$，则在感知范围内重新找另一个伙伴 k；如果 N_t 次尝试后均找不到比自己适应度值大的伙伴，则执行"随机"操作；如果找到，则按照下式向伙伴的位置 X_k 前进一步：

$$X_i = X_i + \text{rand}( ) \cdot \text{Step} \cdot \frac{X_k-X_i}{\parallel X_k-X_i \parallel} \tag{1.10}$$

"随机"是指人工鱼会在其视野内随机地移动，当发现食物时，会向食物逐渐增多的方向快速移去。该操作按照下式具体实现：

$$X_i = X_i + \text{rand}( ) \cdot \text{Step} \cdot e \tag{1.11}$$

式中，e 为搜索空间内的一个随机方向的单位向量。

根据所要解决的问题性质，每条人工鱼对当前所处的环境进行评价，从而选择一种合适的行为来执行。例如，对于求最大值问题，最简单的方法是先模拟执行聚集、尾随等行为，然后评价行动后的值，选择其中的最大值来实际执行，默认的行为方式为"觅食"行为。最终，大量人工鱼会聚集在几个局部极值的周围，这有助于获取全局极值域，而适应度值较优的极值区域周围一般会聚集大量的人工鱼，这有助于获取全局极值，从而达到寻优的目的。

3. 蛙跳算法

蛙跳算法是由美国学者 Eusuff 和 Lansey 于 2003 年模仿青蛙觅食的行为提出的[28]，即生活在湿地中的青蛙，在不同的石头之间跳跃寻找食物较多的地方。该算法采用局部深度搜索和全局信息交换的平衡策略，具有控制参数少、易于实现、概念简单、全局寻优能力强和计算速度快等优点[29]。算法的具体操作步骤描述如下。

首先设置簇群个数 M、每个簇群内青蛙的数量 N 以及每次跳跃的最大步长 S_{max}，初始化青蛙的位置 X_i 及其对应的适应度值 $F(X_i)$，将青蛙按照适应度值从大到小的顺序依次分配给各个簇群，记录当前蛙群的最优位置 X_g、每个簇群的最优位置 $X_{b,j}$、最差位置 $X_{w,j}$ 以及它们所对应的适应度值 $F(X_g)$，$F(X_{b,j})$ 和 $F(X_{w,j})$，将每个簇群中的最差位置通过下式产生一个新位置 Y：

$$Y = X_{w,j} + V \tag{1.12}$$

$$V = \begin{cases} \text{rand}( ) \cdot (X_{b,j}-X_{w,j}), & \parallel X_{b,j}-X_{w,j} \parallel < S_{max} \\ S_{max} \cdot \text{sgn}(X_{b,j}-X_{w,j}), & \parallel X_{b,j}-X_{w,j} \parallel \geqslant S_{max} \end{cases} \tag{1.13}$$

式中，sgn( )表示符号函数。

若新位置 Y 所对应的适应度值 $F(Y)>F(X_{w,j})$，则用新位置 Y 替换原来的最差位置 $X_{w,j}$；若 $F(Y)\leqslant F(X_{w,j})$，则按照式(1.12)来进行更新，其中 V 可表示为

$$V=\begin{cases}\text{rand}( )\cdot(X_{g,j}-X_{w,j}), & \|X_{g,j}-X_{w,j}\|<S_{\max}\\ S_{\max}\cdot\text{sgn}(X_{g,j}-X_{w,j}), & \|X_{g,j}-X_{w,j}\|\geqslant S_{\max}\end{cases} \tag{1.14}$$

若新位置 Y 所对应的适应度值 $F(Y)>F(X_{w,j})$，则用新位置 Y 替换原来的最差位置 $X_{w,j}$；若 $F(Y)\leqslant F(X_{w,j})$，则在搜索范围内随机产生一个新位置替换原来的最差位置 $X_{w,j}$，然后按照适应度值的大小重新排序，并重新分配簇群，重复以上步骤直至满足结束条件。

4. 蜂群算法

蜂群算法是由 Karaboga[12] 在 2005 年模仿蜜蜂采蜜行为而提出的一种优化方法，通过各工蜂个体的局部寻优行为，最终在群体中使全局最优值凸显出来，具有较快的收敛速度。该算法将蜂群按照分工不同分成"引领蜂""跟随蜂"和"侦察蜂"三类，其中"引领蜂"在食物源邻域内进行局部搜索，并用舞蹈告知所有"跟随蜂"食物源的信息，"跟随蜂"根据"引领蜂"提供的信息选择食物源，"侦察蜂"则处理搜索停滞的情况。三种蜜蜂通过分工合作实现了智能寻优，"引领蜂"和"跟随蜂"负责执行开采过程，"侦察蜂"则执行探索过程，因此蜂群算法结合全局搜索和局部搜索的方法使蜜蜂在食物源的探索和开发两个方面达到了较好的平衡。在蜂群算法中，蜜蜂对食物源的搜索主要分为三步：①"引领蜂"发现食物源并记录下花蜜的数量；②"跟随蜂"依据"引领蜂"所提供的花蜜信息，确定到哪个食物源采蜜；③当某个食物源被放弃时，则生成"侦察蜂"，寻找新的食物源。蜂群算法在求解优化问题时，食物源的位置被抽象成解空间中的点，蜜蜂采蜜(食物源)的过程也就是搜索最优解的过程，该算法的具体操作步骤描述如下。

首先设置"引领蜂"的个数 SN、"跟随蜂"的个数 M、最大停滞次数 limit，然后初始化"引领蜂"的位置 X_i，并计算出食物源的大小 $F(X_i)$。随机选择一个与之不同的"引领蜂"的位置 X_j，"引领蜂"根据下式在 X_i 的邻域内产生一个新位置：

$$Y=X_i+\text{rand}( )\cdot(X_i-X_j) \tag{1.15}$$

式中，rand( )表示[-1,1]区间内服从均匀分布的随机数。

计算新位置 Y 所对应的食物源大小 $F(Y)$，若 $F(Y)>F(X_i)$，则用 Y 替换"引领蜂"的当前位置 X_i；若 $F(Y)\leqslant F(X_i)$，则"引领蜂"保持当前位置 X_i 不变。然后"跟随蜂"根据"引领蜂"提供的食物源信息，按照下式计算跟随那个"引领蜂"的概率：

$$P_i=F(X_i)\bigg/\sum_{n}^{SN}F(X_n) \tag{1.16}$$

当"跟随蜂"根据概率选择好"引领蜂"后，在"引领蜂"所在位置上按照公式(1.15)在其邻域内进行一次局部搜索，计算相应的食物源大小，当所有 M 只"跟随蜂"完成局部搜索后，每只"引领蜂"根据在其位置上搜索的"跟随蜂"发现的食物源大小，选择一个发现最大食物源的"跟随蜂"所对应的位置，并将其替换为该"引领蜂"的当前位置，完成一次迭代，重复以上步骤直至满足收敛条件，当"引领蜂"在 limit 次迭代中位置均没有更新时，"侦察蜂"会在搜索空间内按照下式随机产生一个位置替换给该"引领蜂"：

$$X_i=X_{\min}+\text{rand}( )\cdot(X_{\max}-X_{\min}) \tag{1.17}$$

5. 萤火虫算法

萤火虫算法是由印度学者 Krishnanad 和 Ghose 于 2005 年模仿萤火虫择偶和觅食的行为提出的[13]。该算法通过更新萤火虫的荧光素大小、感知半径及搜索位置来实现寻优过程。通过模拟萤火虫的闪光特点,2009 年剑桥大学的 Yang 等[30]提出了萤火虫算法默认的三条原则:①所有的萤火虫都是单性的,以至于每只萤火虫不管性别怎样,都可以被其他萤火虫吸引。②吸引力与它们闪光的亮度成正比,因此对于任何两个正在发光的萤火虫,发光弱的一个将会朝着发光强的一个移动;吸引力与发光强度都随着距离的增加而减弱;如果与一只特定的萤火虫相比另一只萤火虫没有亮光,则它的移动是任意的。③一只萤火虫的亮度受目标函数的环境影响或限制。该算法的具体操作步骤描述如下。

首先设置萤火虫算法的控制参数:萤火虫种群大小 N、最大迭代次数 N_g、最大感知半径 R_s、限定邻域内优秀萤火虫个数 N_t、荧光素挥发系数 ρ、荧光素增强系数 γ、感知半径变化系数 β 及最大移动步长 s。

接着初始化萤火虫的位置 X_i、感知半径 R_i 及荧光素大小 l_i。萤火虫 i 在它的感知半径空间内搜索荧光素值比自己大的萤火虫,记下它们的个数 N_i、编号和荧光素,若 $N_i=0$,则不更新位置;若 $N_i>0$,则这些萤火虫的概率为

$$P_{i,j} = \frac{l_j - l_i}{\sum_{k \in N_i} l_k - l_i} \tag{1.18}$$

萤火虫 i 根据概率选择一个萤火虫 j,并向其所在位置按照下式进行移动:

$$X_i = X_i + \text{rand}() \cdot s \cdot \frac{X_j - X_i}{\| X_j - X_i \|} \tag{1.19}$$

当所有萤火虫都更新了位置时,每个萤火虫按照下式来更新它们的荧光素:

$$l_i = (1-\rho) \cdot l_i + \gamma \cdot F(X_i) \tag{1.20}$$

然后每个萤火虫的感知半径也按照下式进行更新,完成一次迭代,重复以上操作直至满足停止条件。

$$R_i = \min\{R_s, \max[0, R_i + \beta \cdot (N_t - N_i)]\} \tag{1.21}$$

事实上,萤火虫算法可以找到全局最优值,同时也可以有效地找到所有的局部最优值。萤火虫算法更进一步的优点是不同萤火虫工作时几乎是相互独立的,因此特别适用于并行性计算,萤火虫聚集时更接近周围的最佳适应度值,不同分区之间的相互作用在并行性应用中是极小的。

6. 猴群算法

猴群算法是由天津大学的赵瑞清和唐万生在 2008 年模仿猴子爬山时"爬""望"和"跳"三个动作而提出的一种群体智能优化算法[14],该算法最突出的优点是对维度不敏感。算法的具体操作步骤描述如下。

首先设置算法的系统参数:猴群的总数 M、问题的维度 N、攀爬步长 a、瞭望半径 b、最大攀爬次数 N_c、最大瞭望次数 N_w 及最大迭代次数 N_t。

接着初始化 M 只猴子的位置,每只猴子先执行"爬"操作,找到当前邻域内的局部最优值,然后每只猴子执行"望"操作,找到所见范围内的局部最优值,当所有猴子执行完"望"操作后,最后执行"跳"操作,完成一次迭代,重复三个操作直至完成 N_t 次迭代。

其中,"爬"操作的具体实施方案为:猴子 i 在当前位置 $X_i = (x_{i1}, x_{i2}, \cdots, x_{iN})$ 处按照下式求出适应度对每个维度的偏导数:

$$F'_{ij} = \frac{F(x_{i1}, x_{i2}, \cdots, x_{ij}+a, \cdots, x_{iN}) - F(x_{i1}, x_{i2}, \cdots, x_{ij}-a, \cdots, x_{iN})}{2a} \qquad (1.22)$$

然后根据下式获得一个新位置 Y:

$$Y = X_i + a \cdot [\operatorname{sgn}(F'_{i1}), \operatorname{sgn}(F'_{i2}), \cdots, \operatorname{sgn}(F'_{iN})] \qquad (1.23)$$

比较新位置的适应度值 $F(Y)$ 与原位置适应度值 $F(X_i)$ 的大小,若 $F(Y) > F(X_i)$,则用 Y 替换原位置 X_i;若 $F(Y) \leqslant F(X_i)$,则不替换。重复上述操作 N_c 次,完成一次"爬"操作。

"望"操作的具体实施方案为:猴子 i 在自己的可视范围内按照下式随机产生一个新位置:

$$Y = X_i + \operatorname{rand}() \cdot b \qquad (1.24)$$

比较新位置的适应度值 $F(Y)$ 与原位置的适应度值 $F(X_i)$ 的大小,若 $F(Y) > F(X_i)$,则用 Y 替换原位置 X_i,然后执行"爬"操作;若 $F(Y) \leqslant F(X_i)$,则不替换,重新按照式(1.24)产生一个新位置。重复上述操作 N_w 次,完成一次"望"操作。

"跳"操作的具体实施方案如下。

首先按照下式计算猴群中心所在位置:

$$P = \frac{1}{M} \sum_{i=1}^{M} X_i \qquad (1.25)$$

猴子 i 按照下式向猴群中心进行一次跳跃,完成一次"跳"操作。

$$X_i = X_i + \operatorname{rand}() \cdot (P - X_i) \qquad (1.26)$$

7. 蝙蝠算法

蝙蝠算法是由剑桥大学学者 Yang 在 2010 年模仿蝙蝠在捕食和躲避障碍物的行为时提出的[15]。该算法利用蝙蝠在捕食过程中改变飞行速度、声波频率和声波振幅来进行目标寻优。算法的具体操作步骤描述如下。

首先设置蝙蝠算法的系统控制参数:蝙蝠的个数 M、问题的维数 N、最大飞行速度 f_{max}、最小飞行速度 f_{min}、振幅衰减系数 $\alpha \in (0,1)$ 及频率增强系数 $\gamma > 0$。

然后初始化蝙蝠的位置 X_i 及其对应的适应度 $F(X_i)$、蝙蝠的初始声波振幅 A_i 和频率 r_i。找出最优蝙蝠位置 X^* 和其对应的适应度 $F(X^*)$,每只蝙蝠根据下式来更新自己的位置 X_i 和飞行速度 f_i:

$$X_i = X_i + f_i \cdot (X_i - X^*) \qquad (1.27)$$

$$f_i = f_{min} + \operatorname{rand}() \cdot (f_{max} - f_{min}) \qquad (1.28)$$

蝙蝠 i 在 $[0,1]$ 区间内产生一个服从均分分布的随机数 R_1,判断其与蝙蝠声波频率 r_i 的大小,如果 $R_1 > r_i$,则按照式(1.29)产生一个新位置 Y,计算新位置 Y 所对应的适应度值 $F(Y)$,如果 $F(Y) > F(X_i)$,则产生另一个在 $[0,1]$ 区间内服从均分分布的随机数 R_2,并判断 R_2 与蝙蝠声波振幅 A_i 的大小,如果 $R_2 < A_i$,则用 Y 替换当前位置 X_i,并分别按照式(1.30)和(1.31)更新蝙蝠 i 的声波振幅 A_i 和频率 r_i;如果 $R_1 \leqslant r_i$,则按照式(1.32)产生一个新位置 Y,计算新位置 Y 所对应的适应度值 $F(Y)$,如果 $F(Y) > F(X^*)$,则产生另一个在 $[0,1]$ 区间内服从均分分布的随机数 R_2,并判断 R_2 与最优蝙蝠的声波振幅 A_j 的大小,如果 $R_2 < A_j$,则用 Y 替换最优蝙蝠位置 X^*,并分别按照式(1.33)和(1.34)更新最优蝙蝠 j 的声波振幅 A_j 和

频率 r_j。

$$Y = X_i + \text{rand}( ) \cdot \overline{A} \tag{1.29}$$

$$A_i = \alpha \cdot A_i \tag{1.30}$$

$$r_i = r_i \cdot [1 - \exp(-\gamma t)] \tag{1.31}$$

$$Y = X^* + \text{rand}( ) \cdot \overline{A} \tag{1.32}$$

$$A_j = \alpha \cdot A_j \tag{1.33}$$

$$r_j = r_j \cdot [1 - \exp(-\gamma t)] \tag{1.34}$$

式中，$\overline{A}$ 为当前所有蝙蝠声波振幅的平均值，$\overline{A} = \sum_{i=1}^{M} A_i / M$；$t$ 为当前的迭代次数。

当所有蝙蝠完成上述操作后，按照适应度值的大小找出当前最优蝙蝠，完成一次迭代。判断是否满足停止条件，如果不满足，则重复以上步骤直至满足条件。

8. 果蝇算法

果蝇算法[16]是由台湾学者潘文超在 2011 年模仿果蝇通过嗅觉和视觉寻找食物和同伴而提出的。该算法的特点是原理简单、易于编程实现，算法的具体操作步骤描述如下。

首先设置果蝇算法的控制参数：果蝇的数量 M、问题的维数 N 及果蝇的局部搜索步长 S。然后在 N 维数的搜索空间内初始化果蝇的位置 X_i，果蝇利用下式随机地更新自己的当前位置：

$$X_i = X_i + \text{rand}( ) \cdot S \tag{1.35}$$

根据新的位置更新相应的适应度值 $F(X_i)$，找出群体中的个体最优值所对应的位置 $X_{\max}$，与上一次迭代的个体最优值相比较，若无改进，则按照公式(1.35)重复上述步骤；若有改进，则所有果蝇将位置移动到当前最优值上，完成一次迭代。重复以上步骤直至满足停止条件。

9. 拟态物理学优化算法

拟态物理学优化(Artificial Physics Optimization，APO)[31]算法是最新出现的一种基于群体的有效的随机搜索算法。受牛顿第二定律启发，该算法通过物体之间的虚拟力作用来改变物体的状态，朝着优化方向移动，最终收敛于全局最优解附近。APO 算法的框架包括三个部分，即初始化种群、计算每个个体所受合力以及按该合力的大小和方向运动。

(1)初始化种群。设 $X_i(t) = [x_{i,1}(t), x_{i,2}(t), \cdots, x_{i,n}(t)]$ 为个体 i 在 t 时刻的位置，$V_i(t) = [v_{i,1}(t), v_{i,2}(t), \cdots, v_{i,n}(t)]$ 为个体 i 在 t 时刻的速度，$F_{ij,k}$ 为个体 j 对个体 i 在 k 维的作用力。在初始状态下，个体在问题的可行域内随机分布，其初始速度在其约束范围[$V_{\min}$，$V_{\max}$]内随机产生，个体间的作用力为零，个体所受合力也为零。同时计算初始状态下，每个个体的适应值大小 $f(X_i)$，并选出最优个体 X_{best}。

(2)计算合力。在计算个体间虚拟作用力之前，首先要计算每个个体的质量。个体质量函数的计算表达式为

$$m_i = \exp \frac{f(X_{\text{best}}) - f(X_i)}{f(X_{\text{worst}}) - f(X_{\text{best}})}, \forall i \tag{1.36}$$

式中，m_i 表示个体 i 的质量；X_{best} 为适应值最优个体；X_{worst} 为适应值最差个体。个体的质量随算法迭代过程中其适应度值的变化而变化。显然，个体适应值越小，其质量就越大。然后，

计算个体间虚拟作用力。个体间的作用力的表达式为

$$F_{ij,k} = \begin{cases} Gm_i m_j r_{ij,k}, f(\boldsymbol{X}_j) < f(\boldsymbol{X}_k) \\ -Gm_i m_j r_{ij,k}, f(\boldsymbol{X}_j) \geq f(\boldsymbol{X}_k) \end{cases} \tag{1.37}$$

式中,$r_{ij,k}$ 为个体 i 到个体 j 在第 k 维上的距离,$r_{ij,k}=\boldsymbol{X}_{j,k}-\boldsymbol{X}_{i,k}$。若个体 j 的适应值优于个体 i,则 $F_{i,k}$ 表现为引力,即个体 j 吸引个体 i;反之,$F_{ij,k}$ 则表现为斥力,即个体 j 排斥个体 i。从式(1.37)中还可以看出,最优个体不受其他个体的吸引及排斥。

最后计算种群中个体(除最优个体外)所受其他个体作用力的合力,具体表达式为

$$F_{i,k} = \sum_{j=1,j\neq i}^{m} F_{ij,k}, \ \forall i \neq \text{best} \tag{1.38}$$

式中,$F_{ij,k}$ 为个体在第 k 维所受的合力。

(3)个体运动。除了最优个体外,任意个体在 t 时刻每一维的速度和位移的进化方程为

$$\boldsymbol{V}_{i,k}(t+1) = w\boldsymbol{V}_{i,k}(t) + \frac{\lambda F_{i,k}}{m_i}, \ \forall i \neq \text{best} \tag{1.39}$$

$$\boldsymbol{X}_{i,k}(t+1) = \boldsymbol{V}_{i,k}(t) + \boldsymbol{V}_{i,k}(t+1) , \ \forall i \neq \text{best} \tag{1.40}$$

式中,w 为惯性权重且 $w \in [0,1]$。个体运动限制在问题的可行域内,即 $\boldsymbol{X}_{i,k} \in [\boldsymbol{X}_{\min}, \boldsymbol{X}_{\max}]$ 和 $\boldsymbol{V}_{i,k} \in [\boldsymbol{V}_{\min}, \boldsymbol{V}_{\max}]$。

1.2.3　群体智能优化算法的主要问题和研究方向

群体智能优化算法目前存在的主要问题包括:①数学理论基础相对薄弱,缺乏具有普遍意义的理论性分析,如收敛性分析、搜索效率等;②算法中涉及的各种参数设置一直没有确切的理论依据,通常都是按照经验型方法确定,对具体问题和应用环境的依赖性比较大;③比较性研究不足,即与各种成熟优化算法之间的基本特性及性能特点的对比研究还不是十分充分,而且缺乏用于性能评估的标准测试集;④同其他的自适应问题处理方法一样,群体智能也不具备绝对的可信性,当处理突发事件时,系统的反应可能是不可测的,这在一定程度上增加了其应用风险。

群体智能优化算法的主要研究方向如下。

(1)与其他学科和算法相结合,如物理学、生物学、控制科学、计算机科学等,利用多学科交叉的优势,提出新的算法。优化问题将不再仅仅是数学问题,而是各个学科的综合问题,通过各学科间和算法间的相互交流和结合,启发出更多的思路。

(2)通过理论分析和实验研究,突破传统算法模型的束缚,设计出全新的更加智能化的算法模型,研究出一些新的启发方式,使算法在执行过程中能更快地摆脱局部极值,达到全局收敛。

(3)进一步研究真实群居动物的行为特征,有助于深入研究算法的改进。

(4)提出一些更为有效的邻域搜索策略和状态产生机制,使算法从执行效率到可操作性都有所改进,算法的收敛速度进一步提高,尤其对于求解大规模的优化问题。

(5)研究算法之间的混合优化策略,借助各种算法的优势来提高混合算法的速度和精度,以获得更高质量的解。

(6)系统参数对算法性能影响较大,其选择和设置往往依靠经验得出,没有普遍适用的方法,这就使得参数设置对实际的问题依赖性较强,需要进一步发展参数设置的普适方法。

（7）加强算法的应用研究以指导算法在工程上的应用,研究各个算法的适用范围,并且推广优化算法的应用领域,为社会创造更大的价值,节约更多的资源。

（8）优化算法模型本身,算法的收敛性分析与证明以及如何提高解空间的搜索效率等,算法的基本原理还缺乏严格的数学理论基础,需要建立统一的结构体系进行研究,并保证算法理论体系的完整性和系统性,从而在更高的层次上指导优化技术的研究,促进该学科的繁荣发展。

1.3 群体智能优化算法在辐射逆问题求解中的应用

辐射逆问题按照目的划分,一般可以分为两种:第一种属于测量问题,它是对半透明介质中难以直接测量的参数进行反演,这些参数主要包括:物性参数(如吸收系数、散射系数、散射相函数、折射率等)、几何参数(如缺陷的大小、形状、位置等)和边界参数(如壁面发射率、反射率等);第二种属于反设计问题,它是对半透明介质的条件进行配置或优化的反演,这些条件主要包括结构的布局、材料的选取、功率的时序等[32]。

目前,对于逆问题的求解方法大致可以分为两大类:第一类是基于梯度计算的传统优化方法,它的优势在于收敛速度快、结果稳定性好;第二类是基于随机搜索的智能优化方法,其特点是模型简单、计算量小、不依赖初值和容易跳出局部最优解。传统优化算法存在依赖于初值、需要对目标函数求导和无法获得全局最优解等不足[33]。因此,当遇到传统优化算法很难处理或者不能处理的问题时,随机智能优化算法可以很好地补充。鉴于实际辐射逆问题的大规模、强约束、非线性、多极值、多目标、建模困难等特点,寻求一种适合于大规模问题的具有智能特征的并行优化算法已成为辐射逆问题及其相关学科的主要研究目标和引人注目的发展方向。

随机智能优化算法的发展相对传统梯度算法较迟,因而在辐射逆问题领域的应用也相对滞后。2001 年,刘林华等[34]利用遗传算法对一维吸收和发射性介质的辐射源项进行了反演,并考察了测量误差的影响。2006 年,陈荣等[35]利用模拟退火遗传算法,通过激光照射强散射生物组织时表面的扩散光,反演了介质内部的光学特性参数。2007 年,Tang 等[36]通过不同波长的激光照射悬浮粒子系,测量光谱消光值,在非独立模式下利用遗传算法反演了粒子系的粒径分布。2010 年,Das 等[37]采用遗传算法,结合格子-玻耳兹曼方法和有限体积法求解了一维平板壁面发射率、壁面热流和温度场的联合重建问题。2014 年,Czél 等[38]采用人工神经网络法,根据两个传感器获得的边界时变温度测量值,同时反演了固体材料中与温度变化相关的比定容热容和热导率。

群体智能优化算法在辐射逆问题中的应用是最近几年才开始出现的。2007 年,齐宏和阮立明等[33]首次利用微粒群算法结合离散坐标法,反演了吸收系数、散射系数、衰减系数、辐射源项等,对比了随机微粒群算法(Stochastic Particle Swarm Optimization,SPSO)和标准微粒群算法的特点,随后又将微粒群算法应用在稳态辐射逆问题、瞬态辐射逆问题和耦合换热逆问题等领域[39-42],同时引入多相微粒群算法(Multi-Phase Particle Swarm Optimization,MPPSO),反演了粒子系的粒径分布、光学厚度、散射反照率、散射相函数、介质内部缺陷的形状、大小和位置等参数。2010 年,袁远等[43]利用随机微粒群算法,通过测量四个波长下的北京地区的气溶胶光学厚度,反演了该地区气溶胶颗粒的粒径谱分布。2011 年,孙亦鹏和娄春等[44]利用 PSO 算法通过测量烟灰的多光谱发射信号,同时反演了火焰的温度场和烟灰的体积份额。2014 年,刘冬[45]首次将随机 PSO 算法用于火焰温度场和物性参数的联合重建研究。同年,任亚涛和齐宏等[46]首次将差分近似和微粒群混合算法用于二维混沌介质的瞬态辐射逆问题研究。

综上所述,目前群体智能优化算法在辐射逆问题中的应用还比较少,而且几乎全部集中在测量问题的研究上,在反设计问题上还鲜有研究。作为新兴的寻优技术,群体智能优化算法的数学理论还不够严密,算法性能还有很大的提升空间,对算法的证明和改进方面的研究还大有可为。群体智能优化算法可以借鉴一些其他算法的思想和策略,与其他随机优化算法甚至与传统梯度算法相结合形成优势互补,为目前辐射逆问题领域中多宗量场联合反演等难题提供一个解决的方案。

1.4　本书的结构和内容安排

由于智能优化算法是信息科学、生命科学、认知科学等不同学科相互交叉、相互渗透以及相互促进而产生的一门新的学科,因而有许多的智能方法仍然存在很多问题,还处于其发展的阶段,因此本书主要介绍当前发展的较为成熟且已在辐射传输逆问题中得到广泛成功应用的微粒群算法、蚁群算法及其混合算法,通过数值仿真实验对各种算法的性能进行比较和测试,介绍和分析常用的群体智能优化算法的性能评价指标,全面介绍群体智能优化算法在辐射逆问题中的研究及应用现状,使读者了解多种群体智能优化算法求解辐射逆问题的性能特点、应用方向及实际效果,进而能够选择合适的优化算法解决实际问题。第 2 章主要介绍辐射传输正问题的基本理论和数值模拟方法;第 3 章介绍不同辐射传输逆问题及其求解方法,给出求解辐射传输逆问题的一般性框架结构,重点是微粒群算法和蚁群算法的基本概念、标准模型、生物原理与机制,详细介绍算法改进模型的工作原理、计算流程和实施细节;第 4 章介绍微粒群算法在辐射传输逆问题中的应用实例;第 5 章介绍蚁群算法在辐射传输逆问题中的应用实例;第 6 章介绍基于微粒群算法和蚁群算法的混合算法以及其他智能优化算法在辐射逆问题领域的具体应用实例,并与其他方法进行性能比较和分析。

参考文献

[1] 谈和平,夏新林,刘林华,等. 红外辐射特性与传输的数值计算——计算辐射传热学 [M]. 哈尔滨:哈尔滨工业大学出版社,2006.

[2] SAQUIB S S, HANSON K M, CUNNINGHAM G S. Model-based image reconstruction from time-resolved diffusion data[J]. Medical Imaging, 1997, 369-380.

[3] COLORNI A, DORIGO M, MANIEZZO V. Distributed optimization by ant colonies[M]. Paris: Proceedings of the First European Conference on Artificial Life, 1991:134-142.

[4] EBERHART R, KENNEDY J. A new optimizer using particle swarm theory[C]. Nagoya: Proceedings of the 1995 Sixth international Symposium on Micro Machine and Human Science, 1995.

[5] 高尚,杨静宇. 群智能算法及其应用[M]. 北京:中国水利水电出版社,2006.

［6］吴启迪,汪镭.智能微粒群算法研究及应用［M］.南京:江苏教育出版社,2005.

［7］亢少将.萤火虫优化算法的研究与改进［D］.广州:广东工业大学,2013.

［8］王辉,钱锋.群体智能优化算法［J］.化工自动化及仪表,2007,34(5):7-13.

［9］KENNEDY J, EBERHART R. Particle swarm optimization［C］. Proceedings of IEEE International Conference on Neural Networks,1995(4):1942-1948.

［10］李晓磊,钱积新.人工鱼群算法自下而上的寻优模式［M］//过程系统工程年会论文集.北京:中国石化出版社,2001.

［11］EUSUFF M M, LANSEY K E. Optimization of water distribution network design using the shuffled frog leaping algorithm［J］. Journal of Water Resources Planning and Management, 2003, 129(3): 210-225.

［12］KARABOGA D. An idea based on honey bee swarm for numerical optimization［R］. Technical Report-TR06, Erciyes University, Engineering Faculty, Computer Engineering Department, 2005.

［13］KRISHNANAND K N, GHOSE D. Detection of multiple source locations using a glowworm metaphor with applications to collective robotics［C］. Proceedings of IEEE on Swarm Intelligence Symposium, 2005:84-91.

［14］ZHAO R Q, TANG W S. Monkey algorithm for global numerical optimization［C］. Journal of Uncertain Systems,2008, 2(3): 165-176.

［15］YANG X S. A new metaheuristic bat-inspired algorithm［J］. Nature Inspired Cooperative Strategies for Optimization (NICSO 2010), Springer: 65-74.

［16］PAN W T. A new evolutionary computation approach: fruit fly optimization algorithm［C］. Taipei: Conference of Digital Technology and Innovation Management, 2011.

［17］YANG X S, DEB S. Cockoo search via levy flights［C］//Proceedings of World Congress on Nature & Biologically Inspired Computing. India: IEEE Publications, 2009.

［18］GEEM Z W, KIM J H, LOGANATHAN G V. A new heuristic optimization algorithm: harmony search［J］. Simulation, 2001, 76:60-68.

［19］SHARMA V, PATTNAIK S S, GARG T. A review of bacterial foraging optimization and its applications［C］. National Conference on Fature Aspects of Artificial Intelligence in Industrial Automation, 2012.

［20］FARMER J D, PACKARD N H, PERELSON A S. The immune system, adaptation and machine learning［J］. Physics D, 1986, 22: 187-204.

［21］CUI Z H, CAI X J. Using social cognitive optimization algorithm to solve nonlinear equations［C］. Beijing:Proceedings of 9th IEEE international conference on cognitive informatics, 2010, 199-203.

［22］BINITHA S, SIVA SATHYA S. A survey of bio-inspired optimization algorithms［J］. International Journal of Soft Computing and Engineering, 2012, 2(2): 137-151.

［23］SHAH-HOSSEINI H. The intelligent water drops algorithm: a nature-inspired swarm-based optimization algorithm［J］. International Journal of Bio-Inspired Computation,2009,1(1): 71-79.

［24］徐雪松. 免疫智能信息处理系统及其应用［M］. 长沙：湖南大学出版社，2011.

［25］KARABOGA D. An idea based on honey bee swarm for numerical optimization［M］//Technical Report TR06. Erciyes：Erciyes University Press, 2005.

［26］YANG X S, DEB S. Cuckoo search via levy flights［C］. India：Nature & Biologically Inspired Computing Conference，2009，IEEE 9-11，DEC，Coimbatore.

［27］HE S, WU H, SAUNDERS J. Group search optimizer：an optimization algorithm inspired by animal searching behaviour［J］. IEEE Transaction on Evolutionary Computation, 2009, 13(5)：973-990.

［28］王晓笛. 基于改进蛙跳算法的多目标优化问题研究［D］. 长沙：湖南师范大学，2011.

［29］栾垚琛. 基于混洗蛙跳算法的研究［D］. 青岛：青岛理工大学，2009.

［30］YANG X S. Firefly algorithms for multimodal optimization［J］. Stochastic Algorithms：Foundations and Applications（SAGA2009）, Lecture Notes in Computer Science, 2009, 5792：169-178.

［31］XIE L P, ZENG J C, CUI Z H. On mass effects to artifitial physics optimization algorithm for global optimization problems［J］. International Journal of Innovative Computing and Applications, 2009, 2(2)：69-76.

［32］谈和平，刘林华，易红亮，等. 计算热辐射学的进展［J］. 科学通报，2009，18：5.

［33］QI H, RUAN L M, ZHANG H C, et al. Inverse radiation analysis of a one-dimensional participating slab by stochastic particle swarm optimizer algorithm［J］. International Journal of Thermal Sciences，2007，46(7)：649-661.

［34］刘林华，李炳熙，谈和平. 一维半透明介质辐射反问题的遗传算法［J］. 东北大学学报，2001，22(S2)：198-201.

［35］陈荣，陈韶华，刘江海. 强散射生物组织光学特参数的重构［J］. 湖北大学学报（自然科学版），2006，28(1)：45-47.

［36］TANG H, SUN X G, YUAN G B. Calculation method for particle mean diameter and particle size distribution function under dependent model algorithm［J］. Chinese Optics Letters, 2007, 5(1)：31-33.

［37］DAS R, MISHRA S C, UPPALURI R. Inverse analysis applied to retrieval of parameters and reconstruction of temperature field in a transient conduction-radiation heat transfer problem involving mixed boundary conditions［J］. International Communications in Heat and Mass Transfer, 2010, 37(1)：52-57.

［38］CZÉL B, WOODBURY K A, GRÓF G. Simultaneous estimation of temperature-dependent volumetric heat capacity and thermal conductivity functions via neural networks［J］. International Journal of Heat and Mass Transfer, 2014, 68：1-13.

［39］QI H, RUAN L M, WANG S G, et al. Application of multi-phase particle swarm optimization technique to retrieve the particle size distribution［J］. Chinese Optics Letters, 2008, 6(5)：346-349.

［40］QI H, RUAN L M, SHI M, et al. Application of multi-phase particle swarm optimization technique to inverse radiation problem［J］. Journal of Quantitative Spectroscopy and Radiative Transfer, 2008, 109(3): 476-493.

[41] QI H, WANG D L, WANG S G, et al. Inverse transient radiation analysis in one-dimensional non-homogeneous participating slabs using particle swarm optimization algorithms [J]. Journal of Quantitative Spectroscopy and Radiative Transfer, 2011, 112(15): 2507-2519.

[42] WANG D L, QI H, RUAN L M. Retrieve properties of participating media by different spans of radiative signals using the SPSO algorithm [J]. Inverse Problems in Science and Engineering, 2013(ahead-of-print): 1-28.

[43] YUAN Y, YI H L, SHUAI Y, et al. Inverse problem for particle size distributions of atmospheric aerosols using stochastic particle swarm optimization [J]. Journal of Quantitative Spectroscopy and Radiative Transfer, 2010, 111(14): 2106-2114.

[44] SUN Y P, LOU C, ZHOU H C. Estimating soot volume fraction and temperature in flames using stochastic particle swarm optimization algorithm [J]. International Journal of Heat and Mass Transfer, 2011, 54(1): 217-224.

[45] LIU D. Simultaneous reconstruction of temperature field and radiative properties by inverse radiation analysis using stochastic particle swarm optimization [J]. Thermal Science, 2014, doi:10. 2298/TSCI130621053L.

[46] REN Y T, QI H, CHEN Q, et al. Inverse transient radiative analysis in two-dimensional turbid media by Particle Swarm Optimizations [J]. Mathematical Problems in Engineering, 2015, Article ID. 680823:15.

第 2 章　辐射传输理论及数值求解

2.1　引　　言

辐射传输逆问题的求解关键是对辐射传输正问题的准确模拟,实质上,任何形式的辐射传输逆问题都可以看作是对辐射传输正问题的多次迭代求解,逆问题求解的速度和精度与正问题的求解速度和精度息息相关。因此,在进行辐射传输逆问题求解之前,本章重点讨论辐射传输正问题的求解理论及数值方法。

在传热学里,通常强调辐射换热与其他传热方式相比的特殊性:无须媒介、伴随能量形式的转化、光谱选择性及空间方向性等。除此之外,介质辐射还具有散射特性和沿程参与性(容积性)的特点,这些特点导致介质辐射计算的特殊性及复杂性。

介质辐射的光谱选择性要比固体表面显著,例如,绝大多数气体的辐射光谱是不连续的,而绝大多数不透明固体表面的辐射光谱都是连续的。由于介质辐射的选择性强,所以物性、能量大多需用光谱参数表示。本书主要针对辐射传输数值模拟方法的研究,关于光谱辐射的处理方法可以参考相关文献,为了简化表述,书中无特殊说明,均假设介质为灰体,不考虑其光谱特性。

在介质辐射中,除发射、吸收外,常需要考虑散射。散射是指热射线通过介质时,传递方向改变的现象。从能量变化的角度,散射可分为四种类型:①弹性散射,射线方向改变,但光子能量(从而其频率)没有因散射而改变,即在散射时辐射场与介质之间无能量交换;② 非弹性散射,不仅射线方向改变,光子能量也有变化,本书不考虑非弹性散射;③各向同性散射,即任何方向上的散射能量都相同;④各向异性散射,即散射能量随方向变化。根据此散射定义,表面反射就属于散射,界面处的折射,粒子与物体边缘的衍射也属于散射。但在物理光学内,对散射的定义有更细致的规定,将散射与反射、衍射、折射区别开来[1]。辐射传输热着重从能量空间分布上分析此问题,将反射、衍射、折射的能量都归为散射能量。介质的散射是由于介质的局部不均匀所引起的,介质中因含有各种粒子(如气体分子、尘埃、气溶胶等)而会引起散射,其物理机理可用电磁场理论的二次辐射来解释[2]。

辐射能量的空间分布特性是辐射研究的重要内容之一,通常用辐射强度来描述[3],而辐射强度在介质内的传输规律由热辐射传输方程描述,该方程表明了沿某方向辐射能量在介质中传输时,能量的发射、吸收、散射和透射的相互关系,是一个在射线方向上的能量平衡方程。它和电磁波输运理论中的传输方程[4]、光子输运理论中的光子输运方程[5]、中子输运理论中的传输方程[6]等有相同或类似的形式。它们的解法往往相同,在发展过程中可以相互借鉴。

辐射能在介质中的传输沿程衰减,局部区域的辐射能不仅取决于当地的物性与温度,还与远处的物性、温度有关,分析计算时需要考虑一定的容积(计算域),这就是介质辐射的延程性或容积性。而介质温度也是影响辐射能分布的重要参量,反映温度分布的控制方程为能量方程,如果是含辐射的耦合换热过程,则能量方程应包含辐射热源项,该辐射热源项描写的是辐射场中某一微元体辐射能量的得失总和;而如果介质处于稳态,无内热源,导热与对流传热忽略不计,仅有热辐射,则射进、射出微元体的辐射能量应当相等,即微元体吸收的辐射能量应等于本身发射的辐射能量,该平衡关系为此条件下的能量方程(辐射能量方程),此时辐射热源项等于零,称为辐射平衡状态。

　　综上所述,辐射传输方程体现介质辐射的方向分布特性及散射特性,介质辐射的远程参与性及介质内温度分布则在辐射能量方程中表述,两方程构成了求解参与介质内辐射传输问题的控制方程。注意,辐射传输方程通常是针对某特定光谱的,而能量方程是针对全光谱的,因此介质辐射的光谱性是由辐射传输方程所体现的。

2.2　辐射传输方程

　　热辐射本质上属于电磁波的一种,因此,辐射传递过程是有速度的,在真空中,其速度为光速 c。完整的辐射传输过程是与时间相关的,从这个意义上讲,根据是否考虑辐射强度随时间的变化,辐射传输方程可以分为两大类,即稳态辐射传输方程和瞬态辐射传输方程。另外,对瞬态辐射传输方程进行傅里叶变换可得到频域辐射传输方程。本节将对此一一加以详细介绍。

2.2.1　稳态辐射传输方程

　　当辐射强度随时间的变化远小于光速时,辐射传输方程可看作稳态方程,即与时间无关,稳态辐射传输方程的本质是某个方向的辐射能量守恒,在发射、吸收、散射性灰体介质内的 r 处、沿方向 s 辐射强度的变化由下面的辐射传输方程描述:

$$\frac{\mathrm{d}I(r,s)}{\mathrm{d}s} = -\kappa I(r,s) - \sigma_s I(r,s) + \kappa I_b(r) + \frac{\sigma_s}{4\pi}\int_{\Omega_i=4\pi} I(r,s_i)\Phi(s_i,s)\mathrm{d}\Omega_i \quad (2.1)$$

式中,$I(r,s)$ 表示空间位置 r、传输方向 s 的辐射强度;κ,σ_s 分别为介质吸收和散射系数。方程左侧为 r 位置处微元体在 s 方向上的辐射强度变化量,右侧第一项为在 s 方向上由吸收引起的辐射强度衰减,第二项为在 s 方向上由散射引起的辐射强度衰减,第三项为 r 处介质本身辐射引起的在 s 方向的辐射强度增强,第四项为经 4π 空间的所有方向入射介质内 r 点(其中 s_i 方向入射强度为 $I(r,s_i)$)引起 s 方向的散射强度增强之和。散射相函数 $\Phi(s_i,s)$ 为 s_i 方向入射辐射引起的 s 方向散射强度与按 4π 散射空间平均的方向散射强度之比,简称散射相函数。其定义式为

$$\Phi(s_i,s) = \frac{I_s(s_i,s)}{\frac{1}{4\pi}\int_{\Omega_s=4\pi} I_s(s_i,s)\mathrm{d}\Omega_s} \quad (2.2)$$

　　相函数描述了散射能量的空间分布,该函数与散射体的尺寸、形状、辐射特性等有关,通常是一个比较复杂的函数。

　　对不透明、漫发射、漫反射灰体界面,辐射强度的边界条件为

$$I_w(s)_{s\cdot n_w>0} = \varepsilon_w I_{b,w} + \frac{(1-\varepsilon_w)}{\pi}\int_{s'\cdot n_w<0} I_w(s')\mid s'\cdot n_w\mid \mathrm{d}\Omega' \quad (2.3)$$

式中，ε_w 为壁面发射率；n 为壁面法向矢量；右式第一项为本身辐射，第二项为反射辐射。如果界面为非灰体，则相应量为光谱量。

在式(2.1)中标量符号 r 仅泛泛表示介质内某位置，没有任何数量概念。为了明确位置信息，将位置以矢量形式引入辐射传输方程，得到表达式为

$$\boldsymbol{s} \cdot \nabla I(r,\boldsymbol{s}) = -\beta I(r,\boldsymbol{s}) + \kappa I_b(r) + \frac{\sigma_s}{4\pi}\int_{\Omega_i=4\pi} I(r,\boldsymbol{s}_i)\Phi(\boldsymbol{s}_i,\boldsymbol{s})\mathrm{d}\Omega_i \qquad (2.4)$$

式中，$\beta = \kappa + \sigma_s$ 为介质衰减系数。

实际上，两种表达方式是等价的，在某些推导中需要辐射传输方程的矢量表达式，与此相对应，将式(2.1)称为辐射传输方程的标量表达式。在本书中为了简化表达，通常采用标量表达式。

为了表述方便，引入散射反照率(Albedo) $\omega = \dfrac{\sigma_s}{\beta}$ 和无因次量——光学厚度(Optical Thickness) $\tau_s = \displaystyle\int_0^s \beta(s^*)\mathrm{d}s^*$，并将介质辐射源项与空间各方向入射引起的 $\boldsymbol{s}$ 方向的散射增强项合并，定义辐射源函数 $S(r,\boldsymbol{s})$ 为

$$S(r,\boldsymbol{s}) = (1-\omega)I_b(r) + \frac{\omega}{4\pi}\int_{\Omega_i=4\pi} I(r,\boldsymbol{s}_i)\Phi(\boldsymbol{s}_i,\boldsymbol{s})\mathrm{d}\Omega_i \qquad (2.5)$$

则辐射传输方程可以表述为

$$\frac{\mathrm{d}I(r,\boldsymbol{s})}{\mathrm{d}\tau_s} = -I(r,\boldsymbol{s}) + S(r,\boldsymbol{s}) \qquad (2.6)$$

对于各向同性散射介质，其散射相函数 $\Phi(\boldsymbol{s}_i,\boldsymbol{s}) = 1$，即散射能量(散射强度)在球空间均匀分布，此时辐射源函数可表示为

$$S(r,\boldsymbol{s}) = (1-\omega)I_b(r) + \frac{\omega}{4\pi}\int_{\Omega_i=4\pi} I(r,\boldsymbol{s}_i)\mathrm{d}\Omega_i \qquad (2.7)$$

定义投射辐射函数 $G(r)$ 及平均投射辐射强度 $\bar{I}(r)$ 为

$$G(r) = \int_{\Omega_i=4\pi} I(r,\boldsymbol{s}_i)\mathrm{d}\Omega_i \qquad (2.8)$$

$$\bar{I}(r) = \int_{\Omega_i=4\pi} I(r,\boldsymbol{s}_i)\mathrm{d}\Omega_i \Big/ \int_{\Omega_i=4\pi}\mathrm{d}\Omega_i = \frac{1}{4\pi}\int_{\Omega_i=4\pi} I(r,\boldsymbol{s}_i)\mathrm{d}\Omega_i \qquad (2.9)$$

则

$$S(r,\boldsymbol{s}) = (1-\omega)I_b(r) + \frac{\omega}{4\pi}G(r) = (1-\omega)I_b(r) + \omega\bar{I}(r) \qquad (2.10)$$

对于非散射性介质，$\omega = 0$，$\beta = \kappa$，$S(r,\boldsymbol{s}) = I_b(r)$，在此基础上，当介质本身辐射可以忽略不计时，辐射源函数等于零，辐射传输方程可简化为布格尔定律。

总之，辐射传输方程为一阶线性微分－积分方程式，其特殊性表现为：方程并不是对同一变量进行微积分运算，而是对光学厚度(空间位置)的微分，对投射空间(空间方向)的积分，如果为非散射性介质，则辐射传输方程简化为微分方程(只对空间位置微分)。辐射传输方程为辐射强度的控制方程，由于辐射强度的方向性，且各方向的辐射强度值之间不存在类似作用力的矢量关系，因此在任意方向都独立存在类似微分－积分方程，式(2.1)实际代表由无数方程构成的一个微分－积分方程组(数值计算中方程组的方程个数取决于离散角

度个数与网格划分个数之积),为了与后面的积分型辐射传输方程相区别,该式称为微分型辐射传输方程。

辐射传输方程还有另外一种形式,即积分型辐射传输方程,其基本思想是采用数值积分方法直接求解辐射传输方程,将辐射传输方程对球空间进行积分计算,可完全消除立体角离散对求解辐射传输方程的影响,因而理论上计算结果比其他数值方法更加准确。数值计算方法有积分方程法、积分有限元法等。方程推导过程如下。

将辐射传输方程式(2.4)乘以因子 $\exp \tau_s$ 并沿 s 方向对光学厚度积分,注意,τ_s 为 $\Omega^m = \int_{m^-}^{m^+} \mathrm{d}\Omega^m = \int_{\varphi^m - \Delta\varphi/2}^{\varphi^m + \Delta\varphi/2} \int_{\theta^m - \Delta\theta/2}^{\theta^m + \Delta\theta/2} \sin\theta \mathrm{d}\theta \mathrm{d}\varphi$ 方向光学厚度,积分限为 $\tau_s = 0$ 到 $\tau_s = \tau_s(r)$,可以得到积分形式的热辐射传输方程,称为积分型辐射传输方程。

$$I(\tau_s, s)\exp\tau_s - I(0, s)\exp(0) = \int_0^{\tau_s} S(\tau_s^*, s)\exp\tau_s^* \mathrm{d}\tau_s^* \tag{2.11}$$

式中,τ_s^* 是积分变量。最后得到辐射强度的积分表达式为

$$I(\tau_s, s) = I(0, s)\exp(-\tau_s) + \int_0^{\tau_s} S(\tau_s^*, s)\exp[-(\tau_s - \tau_s^*)]\mathrm{d}\tau_s^* \tag{2.12}$$

该式的物理意义明确:Ω^m 处的方向的辐射强度 $I(\tau_s, s)$ 由入射透过项和介质出射项两部分组成。

(1)右端第一项——入射透过项。$\tau_s = 0$ 处 s 方向的辐射强度 $I(0, s)$ 经光学厚度 τ_s 的介质衰减,对 τ_s 处 s 方向强度的贡献。

(2)右端第二项——介质出射项。介质内每一点 τ_s^*(取值范围为 $[0, \tau_s^*]$)在 s 方向上的本身辐射及对球空间所有入射方向投射辐射的散射导致 s 方向辐射强度的增强,经光学厚度 $(\tau_s - \tau_s^*)$ 介质衰减,对 τ_s 处 s 方向强度的贡献总和。

由于积分方程右侧第二项的积分式中存在强度项,因此该式为辐射强度的隐式表达式。同样,由于辐射强度的方向性,式(2.12)代表一个方程组。

对于各向同性散射介质有

$$I(\tau_s, s) = I(0, s)\exp(-\tau_s) + \int_0^{\tau_s} [(1 - \omega)I_b(\tau_s^*) + \omega\bar{I}(\tau_s^*)]\exp[-(\tau_s - \tau_s^*)]\mathrm{d}\tau_s^* \tag{2.13}$$

式中,$\bar{I}(\tau_s^*)$ 为 τ_s^* 处的平均投射辐射强度。

对于非散射介质有

$$I(\tau_s, s) = I(0, s)\exp(-\tau_s) + \int_0^{\tau_s} I_b(\tau_s^*)\exp[-(\tau_s - \tau_s^*)]\mathrm{d}\tau_s^* \tag{2.14}$$

对于非灰介质,光谱辐射强度同样存在以上对应各式,只是所有量均为光谱量。由于实际介质通常为非灰介质,因此辐射传输方程通常是针对光谱辐射强度。

由于在辐射传输方程内含有介质本身辐射项,而该项为介质温度的函数,因此如果介质温度分布已知,则辐射传输方程成为求解辐射强度分布的唯一控制方程,而如果介质温度分布未知,则还应补充关于介质温度分布的控制方程——能量方程,与辐射传输方程是针对光谱量不同,能量方程是针对全光谱能量的。辐射能量方程将在 2.4 节中详细介绍。

2.2.2　瞬态辐射传输方程

众所周知,辐射是一种电磁波,它的传播速度是光速,在通常的时间尺度下,都是假设辐

射传输是瞬间达到稳态的,即忽略非稳态项,将辐射传输近似处理为稳态问题。但随着超短脉冲激光技术的迅速发展(最小脉冲宽度已达到飞秒量级 10^{-15} s),极小时间尺度内的辐射传输问题逐渐成为研究的前沿和重点[7]。随着飞秒激光系统的迅猛发展,飞秒技术相关领域如超快光电子设备、光电通信设备、超短脉冲激光器及相应测量系统等都取得了重大进展,使得产生及探测皮秒和飞秒时间尺度内的脉冲信号成为可能,未来必将开拓一个基于瞬态脉冲激光信号的光学探测领域。

对于与超短脉冲激光相关的瞬态辐射传输问题而言,辐射强度随时间的变化与辐射传递速度(如光速等)相当,必须考虑辐射强度随时间的变化,此时,辐射传输方程为瞬态辐射传输方程,即

$$\frac{1}{c}\frac{\partial I(r,s)}{\partial t} + \frac{\partial I(r,s)}{\partial s} = -\kappa I(r,s) - \sigma_s I(r,s) + \kappa I_b(r) + \frac{\sigma_s}{4\pi}\int_{\Omega_i = 4\pi} I(r,s_i)\Phi(s_i,s)\mathrm{d}\Omega_i$$

(2.15)

式中,c 表示电磁波在介质中传输的速度;t 表示时间;其他变量的含义均与稳态辐射传输方程相同。

瞬态辐射传输问题与稳态问题的最大区别在于左端时间项不可忽略,在数值计算中除时间差分格式之外,稳态传输方程的所有求解方法均可以用于瞬态辐射传输方程的求解。对于涉及生物光学成像、光电探测、辐射物性测量等领域的瞬态辐射传输问题,通常考虑激光为低能脉冲激光,忽略式(2.15)的右端项中的介质本身辐射,将辐射传输过程的光子作为信息载体,而非能量载体,介质本身只对脉冲激光信号产生衰减作用。其瞬态辐射传输方程表示为

$$\frac{1}{c}\frac{\partial I(r,s,t)}{\partial t} + \frac{\partial I(r,s,t)}{\partial s} = -\kappa I(r,s,t) - \sigma_s I(r,s,t) + \frac{\sigma_s}{4\pi}\int_{\Omega_i = 4\pi} I(r,s_i,t)\Phi(s_i,s)\mathrm{d}\Omega_i$$

(2.16)

为研究脉冲激光在介质内传输过程中产生的瞬态辐射效应,可将辐射强度分为两部分[8]:一部分是沿着入射方向由于介质吸收和散射而导致衰减的平行光 I_c;另一部分由平行光散射导致的扩散光部分 I_d。此时,介质内的辐射强度可表示为

$$I(r,s,t) = I_c(r,s,t) + I_d(r,s,t)$$

(2.17)

根据定义,平行光强度只受到该方向上的衰减作用,因此,它满足 Lambert – Beer 定律,即

$$\frac{\partial I_c(r,s,t)}{\partial t} + \frac{\partial I_c(r,s,t)}{\partial s} = -\beta I_c(r,s,t)$$

(2.18)

将式(2.17)和式(2.18)代入式(2.16),得

$$\frac{1}{c}\frac{\partial I_d(r,s,t)}{\partial t} + \frac{\partial I_d(r,s,t)}{\partial s} = -\beta I_d(r,s,t) + \frac{\sigma_s}{4\pi}\int_{4\pi}\left[I_d(r,s',t) + I_c(r,s',t)\right] \cdot \Phi(s,s')\mathrm{d}\Omega'$$

(2.19)

对于漫射表面,其边界条件为

$$I(r_w,s,t) = \varepsilon_w I_b(r_w,t) + \frac{1-\varepsilon_w}{\pi}\int_{n\cdot s'>0} I(r_w,s',t)\mid n\cdot s'\mid \mathrm{d}\Omega', (n\cdot s') < 0 \quad (2.20)$$

式中,$I(r_w,s,t)$ 和 $I(r_w,s',t)$ 分别表示边界出射和入射辐射强度;n 表示垂直于边界向外的

单位法向量；ε 表示边界的发射率。

对于半透明镜反射表面，其边界条件为

$$I_{c}(r_{w},s,t)=I_{0}(r_{w},s_{0},t)\cdot(1-\rho_{01})\cdot n^{2}/n_{0}^{2}\cdot\delta(s-s_{0}) \tag{2.21}$$

$$I_{d}(r_{w},s,t)=\rho_{10}\cdot I_{d}(r_{w},s'',t) \tag{2.22}$$

式中，r_{w} 为边界的位置；s_{0} 为入射激光在外部环境中的传播方向；s'' 为能够镜反射到 s 方向上的投射方向；s_{c} 为入射激光在介质内部的传播方向；$I_{0}(r_{w},s_{0},t)$ 表示在 t 时刻，位置为 r_{w} 处，方向为 s_{0} 上的辐射强度大小；ρ_{01} 为由环境向介质的反射率；ρ_{10} 为由介质向环境的反射率；n_{0} 为外部环境的折射率；$\delta(\ )$ 为 Dirac-Delta 函数，定义为

$$\delta(x)=\begin{cases}1,x=0\\0,x\neq 0\end{cases} \tag{2.23}$$

对于入射激光而言，平行光可以是方形脉冲或高斯型脉冲。方形脉冲和高斯型脉冲的时域特性如图 2.1 所示，脉冲激光强度 q_{laser} 由时域特性中的最大强度 q_{max} 来表示。脉冲宽度用 t_{p} 表示，高斯型脉冲宽度为激光强度峰值的半高宽度，而图中整个脉冲的半宽 $t_{c}=3t_{p}$。在脉冲宽度时间内，辐射强度为时间和空间的函数。

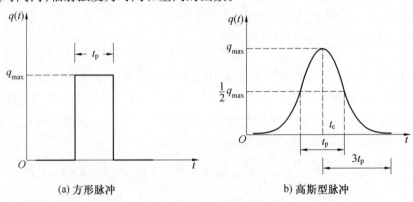

图 2.1　单脉冲激光时域特征

$$I_{c}(r,s,t)=I_{c}(r_{w},s,t)\cdot\exp(-\beta s)\cdot[H(t-s/c)-H(t-t_{s}-s/c)]\cdot\delta(s-s_{c}) \tag{2.24}$$

式中，c 为激光在介质中的传播速度；s 为平行光在介质中的传播距离；t_{s} 为一个激光脉冲的作用时间。

假设入射光为沿方向 s_{0} 的单个脉冲，若介质和环境的折射率相等，则当单个方形脉冲激光入射时，在介质内部平行光的强度满足 Lambert-Beer 定律，可得解析式为

$$I_{c}(r,s,t)=q_{in}\exp\Big[-\int_{0}^{s_{0}}\beta(r)ds\Big][H(ct-s_{0})-H(ct-ct_{p}-s_{0})]\delta(s-s_{0}) \tag{2.25}$$

单个高斯型脉冲激光在介质内传输时，平行光辐射强度可表示为

$$I_{c}(r,s,t)=q_{in}\exp\Big[-\int_{0}^{s_{0}}\beta(r)ds\Big]\exp\Big[-4\ln 2\Big(\frac{ct-s_{0}-ct_{c}}{ct_{p}}\Big)^{2}\Big]\delta(s-s_{0}),0<t<2t_{c} \tag{2.26}$$

式中，q_{in} 为激光能量 q_{laser} 穿透入射边界后的能量，若不考虑边界反射和折射，则有 $q_{in}=q_{laser}$；s_{0} 表示入射脉冲激光在介质内的传输距离；$\beta(r)$ 表示在位置 r 处介质的衰减系数；$H(\ )$ 为 Heaviside 函数，定义为

$$H(x) = \begin{cases} 1, x > 0 \\ 0, x < 0 \end{cases} \tag{2.27}$$

平行光源项 $S_c(r,s,t)$ 和扩散光源项 $S_d(r,s,t)$ 分别定义为

$$S_c(r,s,t) = \frac{\sigma_s}{4\pi} \int_{4\pi} I_c(r,s',t) \cdot \Phi(s,s') \mathrm{d}\Omega' \tag{2.28}$$

$$S_d(r,s,t) = \frac{\sigma_s}{4\pi} \int_{4\pi} I_d(r,s',t) \cdot \Phi(s,s') \mathrm{d}\Omega' \tag{2.29}$$

由于平行光只沿 s_c 方向传输,因此,平行光源项可以写成

$$S_c(r,s,t) = \frac{\sigma_s}{4\pi} \cdot q_c(r,s_c,t) \cdot \Phi(s,s_c) \tag{2.30}$$

将式(2.23)和式(2.25)代入式(2.30),得

$$S_c(r,s,t) = q_{in}(t) \cdot (1-\rho_{01}) \cdot \frac{n^2}{n_0^2} \cdot \exp(-\beta s) \frac{\sigma_s}{4\pi} \cdot \Phi(s,s_c) \cdot \left[H\left(t - \frac{s}{c}\right) - H\left(t - t_s - \frac{s}{c}\right) \right] \tag{2.31}$$

将式(2.28)和(2.29)代入控制方程(2.16),得

$$\frac{n}{c_0} \frac{\partial I_d(r,s,t)}{\partial t} + \frac{\partial I_d(r,s,t)}{\partial s} = -\beta I_d(r,s,t) + S_c(r,s,t) + S_d(r,s,t) \tag{2.32}$$

介质内部扩散光的强度可以通过控制方程(2.19)和边界条件(2.20)或(2.22)联立求解得到。由于激光的脉冲宽度很小,在数值求解的过程中,计算机的舍入误差对计算结果影响较大,通常会对方程进行时间和空间上的无量纲化处理。定义无量纲时间 $t^* = \beta c t$,无量纲长度 $\tau = \beta s$,则控制方程(2.32)可以写成

$$\frac{\partial I_d(r,s,t^*)}{\partial t^*} + \frac{\partial I_d(r,s,t^*)}{\partial \tau} = -I_d(r,s,t^*) + S_c(r,s,t^*) + S_d(r,s,t^*) \tag{2.33}$$

$$S_c(r,s,t^*) = q_{in}(t^*) \cdot (1-\rho_{01}) \cdot \frac{n^2}{n_0^2} \cdot \exp(-\tau) \cdot \frac{\omega}{4\pi} \cdot \Phi(s,s_c) \cdot$$
$$\left[H(t^* - \tau) - H(t^* - t_s^* - \tau) \right] \tag{2.34}$$

$$S_d(r,s,t^*) = \frac{\omega}{4\pi} \int_{4\pi} I_d(r,s',t^*) \cdot \Phi(s,s') \mathrm{d}\Omega' \tag{2.35}$$

式中,ω 为散射反照率,$\omega = \sigma_s/\beta$。

2.2.3　频域辐射传输方程

频域测量可看作是一个稳态的测量方法,它具有测量设备简单、测量速度快、信号分辨率高和测量数据易融合等优点。随着计算机和频率合成技术的进步,频域测量技术得到了快速发展。在辐射测量领域,频域技术是通过将激光的光强调制成一个给定频率的正弦信号,投射到介质表面后观测它的相位和幅值的变化,如图2.2所示。根据傅里叶变换可知,任何连续周期信号都可由一组适当的正弦曲线组合而成。单一脉冲激光入射半透明体得到的时域透射和反射信号可以看成周期为无穷大的连续时域信号。因此,这些时域信号都可经傅里叶变换而由一组正弦曲线组合而成。一个正弦曲线信号输入后,输出的信号仍是正弦曲线,频率和波形不变,只是幅值和相位可能发生变化。因此,与稳态信号相比,频域信号

包含了更多的测量信息(即幅值和相位信息)。一般来说,辐射测量信息量的增加,有利于介质内部参数反演和内部信息重构。另外,频域实验技术成本比时域技术低很多,鉴于频域技术的高效性与经济性,频域逆问题模型有很好的应用前景。下面具体介绍频域辐射传输方程。

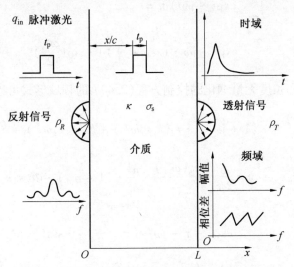

图 2.2　超短脉冲激光传输信号的时域和频域模型

　　频域辐射传输方程是在瞬态辐射传输方程上应用傅里叶变换得到的,当时间函数 $f(t)$ 满足傅里叶积分条件时,则称频率函数 $F(\widehat{\omega})$ 为 $f(t)$ 的傅里叶变换,其定义[9]为

$$F(\widehat{\omega}) = \int_{-\infty}^{+\infty} \left[f(t) \cdot \exp(-\mathrm{j}\widehat{\omega}t) \right] \mathrm{d}t \tag{2.36}$$

式中,j 为虚数标识,$\mathrm{j} = \sqrt{-1}$;$\widehat{\omega}$ 为角频率,Hz。

　　根据傅里叶变换的线性性质和微分定理有

$$k \cdot F(\widehat{\omega}) = \int_{-\infty}^{+\infty} \left[k \cdot f(t) \cdot \exp(-\mathrm{j}\widehat{\omega}t) \right] \mathrm{d}t \tag{2.37}$$

$$\mathrm{j}\widehat{\omega} \cdot F(\widehat{\omega}) = \int_{-\infty}^{+\infty} \left[f'(t) \cdot \exp(-\mathrm{j}\widehat{\omega}t) \right] \mathrm{d}t \tag{2.38}$$

　　将式(2.36)~(2.38)代入瞬态辐射传输方程(2.32),得

$$\frac{n}{c_0} \cdot \mathrm{j}\widehat{\omega} \cdot \hat{I}_\mathrm{d}(r,s,\widehat{\omega}) + \frac{\mathrm{d}\hat{I}_\mathrm{d}(r,s,\widehat{\omega})}{\mathrm{d}s} = -\beta \hat{I}_\mathrm{d}(r,s,\widehat{\omega}) + \hat{S}_\mathrm{c}(r,s,\widehat{\omega}) + \hat{S}_\mathrm{d}(r,s,\widehat{\omega}) \tag{2.39}$$

式中,︿表示傅里叶变换操作;平行光的频域形式 $\hat{S}_\mathrm{c}(r,s,\widehat{\omega})$ 和扩散光的频域形式 $\hat{S}_\mathrm{d}(r,s,\widehat{\omega})$ 可由下式转化:

$$\hat{S}_\mathrm{c}(r,s,\widehat{\omega}) = \hat{q}_\mathrm{in}(\widehat{\omega}) \cdot (1-\rho_{01}) \cdot \frac{n^2}{n_0^2} \cdot \exp(-\beta s) \cdot \frac{\sigma_\mathrm{s}}{4\pi} \cdot \Phi(s,s_\mathrm{c}) \cdot \hat{H}(r,s,\widehat{\omega}) \tag{2.40}$$

$$\hat{S}_\mathrm{d}(r,s,\widehat{\omega}) = \frac{\sigma_\mathrm{s}}{4\pi} \int_{4\pi} \hat{I}_\mathrm{d}(r,s',\widehat{\omega}) \cdot \Phi(s,s') \mathrm{d}\Omega' \tag{2.41}$$

式中,$\hat{H}(r,s,\widehat{\omega})$为介质中在时刻$t$、位置$r$处,方向$s$的脉冲函数的频域形式,可表示为

$$\hat{H}(r,s,\widehat{\omega}) = \int_{-\infty}^{+\infty} \left[H(t - \frac{s}{c}) - H(t - t_s - \frac{s}{c}) \right] \cdot \exp(-j\widehat{\omega}t)\,dt =$$

$$\int_{s/c}^{t_s+s/c} \exp(-j\widehat{\omega}t)\,dt =$$

$$\frac{2}{\widehat{\omega}} \cdot \exp\left[-j\widehat{\omega} \cdot (s/c + \frac{t_s}{2}) \right] \cdot \sin(\frac{\widehat{\omega}t_s}{2}) \tag{2.42}$$

同理,对于时间和长度无量纲化的控制方程(2.40)的频域形式可以表示为

$$\frac{d\hat{I}_d(r,s,\widehat{\omega}^*)}{d\tau} = -(1 + j\widehat{\omega}^*) \cdot \hat{I}_d(r,s,\widehat{\omega}^*) + \hat{S}_c(r,s,\widehat{\omega}^*) + \hat{S}_d(r,s,\widehat{\omega}^*) \tag{2.43}$$

$$\hat{S}_c(r,s,\widehat{\omega}^*) = \frac{\omega}{2\pi} \cdot \frac{\hat{q}_{in}(\widehat{\omega}^*)}{\widehat{\omega}^*} \cdot \frac{n^2}{n_0^2} \cdot (1 - \rho_{01}) \cdot \Phi(s,s_c) \cdot$$

$$\exp\left[-\tau - j\widehat{\omega} \cdot (\tau + \frac{t_s^*}{2}) \right] \cdot \sin(\frac{\widehat{\omega}^* t_s^*}{2}) \tag{2.44}$$

$$\hat{S}_d(r,s,\widehat{\omega}^*) = \frac{\omega}{4\pi} \int_{4\pi} \hat{I}_d(r,s',\widehat{\omega}^*) \cdot \Phi(s,s')\,d\Omega' \tag{2.45}$$

2.3 热辐射传输数值方法简介

介质辐射问题的数值求解之所以比较复杂,根本原因是:其控制方程不仅包括其他传热过程皆有的控制体内能量守恒,还包括体现方向能量守恒的辐射传输方程。辐射传输方程是关于介质内辐射强度空间和方向分布的控制方程,由于辐射强度是空间位置和方向的函数,因此在空间任意位置的任意方向都存在对应的辐射传输方程表达式。若采用数值方法求解辐射强度分布,不仅需要对求解区域进行空间离散,将其分解为若干个子区域,还需要在每个子区域进行方向离散,将实际上沿空间位置和方向连续分布的辐射强度,离散为若干不连续位置、不连续方向上的量。这正是辐射传输模拟与其他换热方式求解的根本区别之处。此外,参与介质通常为非灰体,因此光谱辐射强度还与谱线有关,在数值求解时又多出一个光谱的离散参量。

微分型辐射传输方程为积分-微分方程,其求解的难点在于存在散射增强这一积分项(方向积分),大部分求解辐射传输方程的数值算法都是依据处理这一积分项的方法而命名的。其基本思路为:①将积分项离散,使原来的积分-微分方程转化为多个离散方向上的微分方程组;②对于特殊情况,积分项可以直接求出而无须方向离散。

基于思路①,目前已经发展成熟的数值算法包括热流法(Heat Flux Method,HFM)、蒙特卡罗法(Monte Carlo Method,MCM)、离散坐标法(Discrete Ordinates Method,DOM)、有限体积法(Finite Volume Method,FVM)及有限元法(Finite Element Method,FEM)等;基于思路②,目前已经发展成熟的数值算法包括球形谐波法(Spherical Harmonics Method,P_N)、积分方程法(Integral Equation,IE)及射线踪迹法(Ray Tracing Nodal Analyzing Method,RTNAM)等。

（1）如果将沿球空间非均匀分布的辐射强度只分解成坐标轴方向前、后两个半球空间均匀分布的两个平均强度，则称为二热流法；对二维空间，将于两个坐标方向上各分解为两个强度，称为四热流法；对应三维空间的称为六热流法。由于热流法采用了极少的离散方向，因此积分精度较差，从而导致热流法的精度较差。

（2）蒙特卡罗法采用大量模拟光束将空间立体角进行具有统计意义上的"精确离散"，通过增加模拟光束数来提高计算精度（提高积分计算的精度）。由于空间立体角的精确离散，使蒙特卡罗法精度较高，不存在其他方法由于空间立体角的有限离散引起的射线效应等误差，可以作为验证其他方法精度的标准。

（3）离散坐标法是将辐射传输方程中的散射积分项采用相应的求积格式和积分权重进行离散，从而将辐射传输方程转化为微分方程进行求解，其计算关键在于离散坐标方向（求积格式）及其相应的权重值的选取或构造。典型的权重积分为高斯积分，通过选取不同个数的积分点（方向离散个数）得到相应精度的数值积分结果。离散坐标法更多的是从数值积分的角度（数学角度）来处理辐射传输方程。

（4）有限体积法则是采用具有明确物理意义的球空间方向离散划分方法，同时将控制体表面的辐射强度通过阶梯近似或其他近似格式与节点辐射强度关联起来，通过在控制体和控制立体角内积分的方法对辐射传输方程积分求解。有限体积法更多的是从微元立体角内能量守恒的角度（物理角度）来处理辐射传输方程。特别强调一点，这里的有限体积法指的是方向离散的方法，并不是空间离散的方法。

（5）球谐函数法根据基本电磁理论将辐射传输方程展开为球谐波函数进行数值求解。球谐函数法是将辐射强度表示为一个与位置有关的系数和一个与方向有关的标准球谐函数乘积的正交级数；标准球谐函数又可展开为勒让德多项式 P_N，其中 N 表示其保留项数，故又称为 P_N 法。散射积分项的处理是采用正交球谐波函数级数展开，把辐射传输问题转化为求解一组待定系数的问题，因此对角度变量的处理是连续的，具有角度旋转不变性。同时，散射相函数通常也表示为勒让德多项式求和的方式，因此可以充分利用勒让德多项式的正交特性，简化方程形式。

（6）射线踪迹法不需要角度离散，直接进行积分运算，因此精度较高，但是由于积分运算的复杂性，导致该方法计算复杂，计算量较大，通常用于一维计算，最近罗剑峰、谈和平等[10]将其拓展到二维问题的求解。

（7）基于积分型辐射传输方程的数值求解方法有区域法（Zone Methodk，ZM）和积分方程法（IE 法）。IE 法是解决辐射传输问题的最精确的方法之一，是将辐射传输积分方程和第二类 Fredholm 积分方程联系到一起，从而可用积分法求解辐射传输方程，因为该方法无须考虑立体角离散，只需对空间进行离散，因此也成为验证其他方法的标准。由于积分方程法有限制条件，并且对不同几何形状需分别推导关系式，因此该方法多作为验证标准。

（8）除了以上求解方法之外，有限元法也成为目前研究较多的方法之一。该方法的命名与上面各方法的命名原则不同，有限元仅是对空间进行离散的方法，不涉及方向离散，因此，有限元法通常需要其他方向离散方法的支撑，如基于离散坐标的有限元法、基于球谐函数的有限元法、积分型有限元法等。至于无网格法、谱元法和自然元等皆可以看作有限元法的衍生方法。有限元与每种辐射传输数值方法中的辐射强度离散方法相配合，会有一个相应格式的离散能量方程，通过不同方向离散方法所获得的解的精度及提供信息的详细程度也不相同。综合以上分析,有限元法在辐射传输问题中的应用有一个明确的定位:有限元是空间位置离散的有力工具,而空间方向的离散通常还要借助于其他方法,从而将空间某点实际存在的无数个方向的辐射传输方程,离散为若干特定方向的方程,消除积分项,使微分-积分方程演变为若干微分方程,然后利用有限元原理处理并求解。有限元方法的最大优点是对不规则形状边界适应性强,同时计算结果为离散节点本身(非控制体平均值)的计算值,其他位置的计算结果可由形函数插值得到,计算精度较高。

如果不考虑散射,即辐射传输方程不含积分项,退化为微分方程则问题变得简单,只适用于非散射性介质的数值求解方法有区域法(Zone Method,ZM)和离散传递法(Discrete Transfer Method,DTM)等。区域法是由 Hottel 和 Cohen 最先提出的[11],它是一种针对辐射传输积分方程的求解方法。它将封闭空腔及其表面分成若干体元和面元,并假定每一区域的温度和物性均匀一致。进而,对每个区域可以写出辐射能量平衡方程式,计算每两个区域之间的直接辐射交换,最后得到每个区域的净辐射热流。由于需要计算并储存大量的交换面积参数,所以这种方法比较复杂、费时。因而区域法常用来计算封闭空腔几何形状不是很复杂且体积区域和表面区域可以划分得较少的辐射换热问题。区域法对无散射的辐射问题有较好的计算精度,但还很难处理非均匀、各向异性散射介质内的辐射换热问题。离散传递法最先由 Lookwood 和 Shah 等人提出[12],该方法同时兼有区域法和蒙特卡洛法的特点。其主要思想是使用边界网格面作为辐射的吸收和发射源,将边界网格面上向半球空间发射的辐射能离散成有限束能束并形成相应的特征射线,沿特征射线积分辐射传输方程直至到达另外的边界面。由于在特征射线中入射散射项尚未得到妥善处理,该方法对于处理有散射的辐射问题还存在缺陷。

综上所述,由于有限体积法、离散坐标法、球谐函数法和有限元法等具有高效、准确且对不规则形状边界适应性强等优点,因此这些方法是各种辐射传输逆问题的正问题计算中最常用的几种数值求解方法。本书将介绍与构建辐射传输正问题模型有关或对理解辐射传输数值求解有帮助的相关方法,包括基于微分型辐射传输方程的热流法、离散坐标法、有限体积法、球谐函数法、有限元法和基于积分型辐射传输方程的积分方程法等,详细内容参见下面各节中提到的相应文献。

2.3.1　热流法

辐射强度是空间坐标位置和角度的函数,其对角度的依赖性是使辐射问题求解复杂化的关键因素。作为最早的辐射传输数值计算方法,热流法将辐射强度在某一立体角范围内简化成均匀分布或具有某一简单的分布特性,大大简化了辐射传输方程的求解,其求解思路有助于理解辐射传输方向离散,因此本节首先介绍热流法。Schuster-Schwarzschild 近似法[13,14](二流法)就是基于这一思想发展起来的,它将微元体界面上复杂的半球空间热辐射简化成垂直于此界面的均匀辐射强度或热流,使积分-微分形式的辐射传输方程简化为一组有关辐射强度或热流密度的线性微分方程,然后用通用的输运方程求解方法求解[15-18],此类方法通常称为热流法。热流法是最简单的数值模拟方法。通过将沿球空间非均匀分布的辐射强度,分解为沿坐标或某些特定方向的等效平均辐射强度。热流法中对角度空间的离散非常少,原来在空间内分布不均匀的辐射强度转化为等效辐射强度后,积分项的计算精度较差。热流法简化了辐射强度立体角的处理,使辐射换热问题求解得以简化,但该方法人为地割裂了各方向上热流的联系,造成了物理上的不真实。因此,热流法计算所得的壁面热流往往偏离实际情况。

对于一维问题,将整个空间分布的辐射强度或热流分成前、后半个空间均匀分布的两个平均强度或热流密度,称为二热流法。如果是二维空间,两个方向上各有两个强度或热流密度,称为四热流法。类似地,针对三维空间,三个方向上各有两个强度或热流密度,称为六热流法。

1. 二热流法

所谓二热流法,是在求解辐射传输方程时,沿着需要求解的方向将球空间分布的投射辐射强度按照前、后半球空间划分成两部分,而在每一个半球中,投射辐射强度均匀分布(图2.3)。

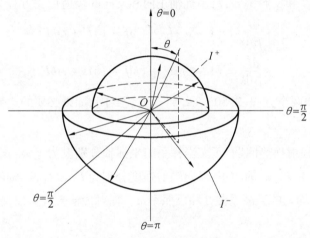

图 2.3 二热流模型示意图

对于一维平板介质(图2.4),利用光学厚度的几何关系 $\tau_s = \tau/\mu$,其中 $\mu = \cos\theta$,θ 为传输方向与坐标轴夹角,假设散射相函数为轴向对称的,即相函数与周向角无关,用 μ 代表传输方向,τ 代表一维介质内的位置,传递方程的一般形式转化为

$$\mu\frac{\mathrm{d}I(\tau,\mu)}{\mathrm{d}\tau} = (1-\omega)I_b(\tau) - I(\tau,\mu) + \frac{\omega}{2}\int_{-1}^{1}I(\tau,\mu_i)\Phi(\mu_i,\mu)\mathrm{d}\mu_i \qquad (2.46)$$

式中,μ_i 表示除辐射传输方向以外的其他入射方向的方向余弦。

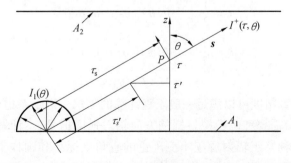

图 2.4 一维平板介质内辐射强度坐标示意图

正向半球空间辐射强度记为 $I^+(\tau)$,反向半球空间的辐射强度记为 $I^-(\tau)$,注意,对于

一维平板介质,此处正向半球空间及反向半球空间特指坐标轴的正向和反向,辐射传输方程式(2.46)的积分项可简化为[19]

$$\frac{\omega}{2}\int_{-1}^{1}I(\tau,\mu_i)\Phi(\mu_i,\mu)\mathrm{d}\mu_i = \frac{\omega}{2}\left[\int_0^{\pi/2}I^+\Phi(\theta)\sin\theta\mathrm{d}\theta + \int_{\pi/2}^{\pi}I^-\Phi(\theta)\sin\theta\mathrm{d}\theta\right] =$$
$$\omega\left[fI^+(\tau) + bI^-(\tau)\right] \tag{2.47}$$

式中,f 和 b 分别代表通过散射由正向和反向辐射进入控制体的份额,$f+b=1$,其公式为

$$f = \frac{1}{2}\int_0^{\pi/2}\Phi(\theta)\sin\theta\mathrm{d}\theta \tag{2.48}$$

$$b = \frac{1}{2}\int_{\pi/2}^{\pi}\Phi(\theta)\sin\theta\mathrm{d}\theta \tag{2.49}$$

取均匀的衰减系数 β 和反照率 ω,沿坐标轴正向和反向的辐射传输方程为

$$+\frac{\mathrm{d}I^+}{\beta\mathrm{d}x} = (1-\omega)I_{\mathrm{b}} + (\omega f-1)I^+ + \omega bI^- \tag{2.50}$$

$$-\frac{\mathrm{d}I^-}{\beta\mathrm{d}x} = (1-\omega)I_{\mathrm{b}} + (\omega f-1)I^- + \omega bI^+ \tag{2.51}$$

两个未知数 I^+,I^- 和两个方程(2.50)、(2.51),方程封闭,配以必要的边界条件,可以求解。

2. 六热流法

对于三维空间辐射换热问题,正交坐标系的坐标轴分别设为 x_1,x_2,x_3。x_1 轴的正、反向辐射强度分别为 I_1^+ 和 I_1^-,x_2 轴的正、反向辐射强度分别为 I_2^+ 和 I_2^-,x_3 轴的正、反向辐射强度分别为 I_3^+ 和 I_3^-。取均匀的衰减系数 β 和反照率 ω。辐射传输方程可以离散为下列沿坐标轴的六个方程:

$$\pm\frac{\mathrm{d}I_1^{\pm}}{\mathrm{d}\tau_1} = (1-\omega)I_{\mathrm{b}} + (\omega f-1)I_1^{\pm} + \omega bI_1^{\mp} + \omega s(I_2^+ + I_2^- + I_3^+ + I_3^-) \tag{2.52}$$

$$\pm\frac{\mathrm{d}I_2^{\pm}}{\mathrm{d}\tau_2} = (1-\omega)I_{\mathrm{b}} + (\omega f-1)I_2^{\pm} + \omega bI_2^{\mp} + \omega s(I_1^+ + I_1^- + I_3^+ + I_3^-) \tag{2.53}$$

$$\pm\frac{\mathrm{d}I_3^{\pm}}{\mathrm{d}\tau_3} = (1-\omega)I_{\mathrm{b}} + (\omega f-1)I_3^{\pm} + \omega bI_3^{\mp} + \omega s(I_1^+ + I_1^- + I_2^+ + I_2^-) \tag{2.54}$$

式中,s 表示从侧向进入控制体的散射份额,满足 $f+b+4s=1$,其中

$$f = \frac{1}{2}\int_0^{\pi/2}\Phi(\theta)\cos^2\theta\sin\theta\mathrm{d}\theta \tag{2.55}$$

$$b = \frac{1}{2}\int_{\pi/2}^{\pi}\Phi(\theta)\cos^2\theta\sin\theta\mathrm{d}\theta \tag{2.56}$$

$$s = (1-f-b)/4 \tag{2.57}$$

传统六流法的计算精度可以满足一般工程计算的需求。但是考虑到工程应用领域(如红外目标探测识别等)需要准确模拟目标的方向辐射强度信号,本课题组在基于传统六流法的基础上发展了一种基于辐射源项不变理论的直角坐标系和圆柱坐标系下的源项六流法[20, 21],可以高效准确地求解微小立体角内的方向辐射强度,它适用于红外目标识别和特性仿真。并且在此基础上,开发了更为精确的广义源项多流模型,具体过程请参见文献[22]、[23],这里不再赘述。

2.3.2　离散坐标法

热流法很容易得到更高阶的形式,例如,将 4π 空间分解为多于两个的分量和方向。把沿球空间连续分布的辐射强度离散为若干个来自不同离散方向上的强度,这就是离散坐标法。离散坐标法(Discrete Ordinate Methods, DOM) 又名 S_N 方法,将散射积分项近似由一数值积分代替,从而将传输方程转化为一系列偏微分方程组。其理论上可以应用于任意阶数和精度。该方法可以很方便地处理散射积分项,且易与流动方程联立求解,对于如煤粉燃烧室内的流动、燃烧、传热等有散射的辐射问题的数值模拟有较大的优势[24]。该方法同有限差分法、有限体积法[25]或有限单元法[26]结合有着很广泛的应用。但该方法还存在一些问题,例如,计算精度有待进一步提高,离散坐标(方向余弦)及其权值的选取或构造[27,28],射线效应、假散射[29]和在计算角度微分项时存在一定困难[30]。离散坐标法首先是由 Chandrasekhar(1960 年)[31]在研究恒星和大气辐射问题时提出的,并被 Lathrp(1966 年)[32]用于中子传输计算中。Love 等(1965 年)[33]最早将其引入到一维平板辐射换热问题的求解中。自此,离散坐标法引起了热辐射传输领域的重视,并将其用于多维辐射换热问题的研究。

离散坐标法中将辐射强度在空间角度上进行离散,每个离散方向构成一个辐射传输方程,从而将辐射传输方程转化为容易进行求解的微分方程,其中积分项采用了某种求积格式和积分权重进行离散。离散坐标法研究的核心是如何选择合适的离散方向以及确定每个方向上辐射强度的权重(一般取高斯积分),这也决定了该方法的计算精确度和效率。

离散坐标法将辐射传输方程式右端散射积分项近似由一数值积分(例如高斯积分)代替,通过求解覆盖整个 4π 空间立体角上一系列离散方向上的辐射传输方程而得到问题的解。在三维直角坐标系 (x, y, z) 下,离散方向 (ξ^m, η^m, μ^m) 上(用上角标 m 表示)的辐射传输方程有如下形式:

$$\xi^m \frac{\partial I^m}{\partial x} + \eta^m \frac{\partial I^m}{\partial y} + \mu^m \frac{\partial I^m}{\partial z} = -\beta I^m + \kappa I_b(r) + \frac{\sigma_s}{4\pi}\Big[\sum_{l=1}^{N_\Omega} w^l I^l \Phi^{m,l}\Big] \tag{2.58}$$

式中,辐射传输方向的方向余弦 ξ^m, η^m, μ^m 及积分权重系数 w^l 的取值受一定条件的约束;上角标 l, m 表示空间方向离散的第 l 个和第 m 个立体角,$l, m = 1, 2, \cdots, N_\Omega$,其中 N_Ω 为 4π 空间方向离散的立体角总数;$\Phi^{m,l}$ 为离散后的散射相函数,$\Phi^{m,l} = \Phi(s_m, s_l)$。

对不透明、漫发射、漫反射灰体边界壁面(下标 w 表示壁面),相应的边界条件为

$$I_w^m = \varepsilon_w \frac{\sigma T_w^4}{\pi} + \frac{1 - \varepsilon_w}{\pi} \sum_{n_w \cdot s_l < 0} w^l I_w^l \mid n_w \cdot s_l \mid, \quad n_w \cdot s_m > 0 \tag{2.59}$$

式中,ε_w 为壁面发射率;n 为壁面法向矢量。

采用方向矢量 r^m 定义每个立体角的中心,下标 E, W, S, N, T, B 表示与控制体 P 相邻的各控制体中心节点,下标 e, w, s, n, t, b 表示控制体 P 的各边界,在如图 2.5 所示的控制体上积分式(2.58) 可表示为

$$\xi^m A_x(I_e^m - I_w^m) + \eta^m A_y(I_n^m - I_s^m) + \mu^m A_z(I_t^m - I_b^m) =$$

$$- \beta I_P^m V_P + \kappa I_{b,P} V_P + \frac{\sigma_s}{4\pi} \sum_{l=1}^{N_\Omega} w^l I_P^l \Phi^{m,l} V_P \tag{2.60}$$

式中,A 为控制体各表面面积;V_P 为控制体体积。

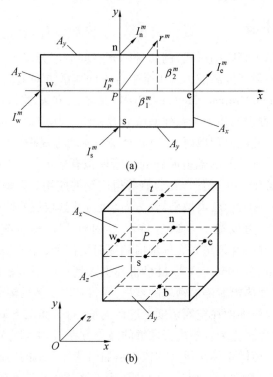

图 2.5   离散坐标法计算模型

1. 空间方向的离散方式——积分格式的构造

离散坐标法要求对空间方向进行离散。在一般工程辐射问题中,散射相函数不随圆周角变化,并满足对称关系

$$\Phi(s^m, s^l) = \Phi(-s^m, -s^l) \tag{2.61}$$

为保持辐射传输方程坐标旋转的不变性,避免方向偏置,要求积分格式满足以下基本条件:①点 (ξ^m, η^m, μ^m) 落在半径为单位长度的球面上: $(\xi^m)^2 + (\eta^m)^2 + (\mu^m)^2 = 1$;②对称性:若 $(|\xi^m|, |\eta^m|, |\mu^m|)$ 为某离散方向,则对称性要求, (ξ^m, η^m, μ^m) 也是其中的离散方向,并有相同的权;③旋转不变性:若 (ξ^m, η^m, μ^m) 为一离散方向,则经90°旋转后所得的方向也是其中的离散方向,并有相同的权。

对于各向异性散射,散射相函数可按下式近似展开:

$$\Phi^{m,l} \approx \sum_{n=0}^{M} a_n P_n(\xi^m \xi^l + \eta^m \eta^l + \mu^m \mu^l) \tag{2.62}$$

式中, P_n 为 n 阶 Legendre 多项式; a_n 为展开系数。根据各向异性散射的强烈程度及解的精度要求,选择相函数展开的项数 M。因此,在散射各向异性较强烈的辐射问题中,积分格式的选取不仅要保证辐射强度零阶矩和一阶矩积分的准确性,同时还应保证入射散射项中一定阶数辐射强度矩积分的准确性。

根据积分格式需满足基本条件及辐射强度不同阶矩积分的要求,可构造成对称偶、奇阶积分格式和等权偶、奇阶积分格式等,具体参见文献[27]、[28]。

由于辐射逆问题研究需要求解确定方向的辐射强度,同时离散坐标法可以通过增加离散方向大大提高计算精度,本课题组提出一种将辐射方向按天顶角度余弦 $\cos\theta$ 在 $[-1, 1]$

进行平均划分的改进离散坐标法[34]。该方法的优点是可以求解不同方向的辐射强度而不受固定角度离散的限制,即可任意划分多个离散立体角,且计算精度较高。下面以一维辐射传输问题为例分析该方法的计算精度和效率。

如图 2.6 所示,考虑一维吸收、发射、散射灰介质,光学厚度为 τ_L,在 $\tau = 0$ 和 $\tau = \tau_L$ 边界不透明,边界面为部分漫反射部分镜反射。辐射传输方程可简化为

$$\mu \frac{\partial I(\tau, \mu)}{\partial \tau} + I(\tau, \mu) = (1 - \omega) S(\tau) + \frac{\omega}{2} \int_{-1}^{1} I(\tau, \mu') \Phi(\mu, \mu') \mathrm{d}\mu' \quad (2.63)$$

$$S(\tau) = \frac{\sigma T^4(\tau)}{\pi} \quad (2.64)$$

式中,$I(\tau, \mu)$ 表示方向辐射强度;$T(\tau)$ 表示温度;σ 表示 Stefan – Boltzmann 常数;ω 为单次散射反照率,μ 表示方向余弦,$\mu = \cos \theta$;f_{d0} 和 f_{dL} 分别表示边界 $\tau = \tau_0$ 和 $\tau = \tau_L$ 截面的漫反射和镜反射份额。

边界条件为

$$I(0, \mu) = \varepsilon_0 S(0) + 2 f_{d0} (1 - \varepsilon_0) \int_{-1}^{0} I(0, \mu') \mu' \mathrm{d}\mu' + (1 - f_{d0})(1 - \varepsilon_0) I(0, -\mu), \mu > 0$$

$$(2.65a)$$

$$I(\tau_L, \mu) = \varepsilon_L S(\tau_L) + 2 f_{d0} (1 - \varepsilon_L) \int_{0}^{1} I(\tau_L, \mu') \mu' \mathrm{d}\mu' + (1 - f_{dL})(1 - \varepsilon_L) I(\tau_L, -\mu), \mu < 0$$

$$(2.65b)$$

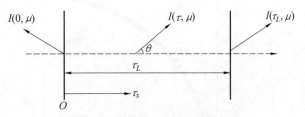

图 2.6　一维平板系统的物理模型

采用离散坐标法对辐射传输方程进行离散,即

$$\mu \frac{\partial I(\tau, \mu_m)}{\partial \tau} + I(\tau, \mu_m) = (1 - \omega) S(\tau) + \frac{\omega}{2} \sum_{m'=1}^{M} w_m \Phi(\mu_m, \mu_{m'}) I(\tau, \mu_{m'}) \quad (2.66)$$

边界条件为

$$I(0, \mu_m) = \varepsilon_0 S(0) + 2 f_{d0} (1 - \varepsilon_0) \sum_{\mu_{m'} < 0} w_{m'} \mu_{m'} I(0, \mu_{m'}) +$$

$$(1 - f_{d0})(1 - \varepsilon_0) I(0, -\mu_m), \mu_m > 0 \quad (2.67a)$$

$$I(\tau_L, \mu_m) = \varepsilon_L S(\tau_L) + 2 f_{d0} (1 - \varepsilon_L) \sum_{\mu_{m'} > 0} w_{m'} \mu_{m'} I(\tau_L, \mu_{m'}) +$$

$$(1 - f_{dL})(1 - \varepsilon_L) I(\tau_L, -\mu_m), \mu_m < 0 \quad (2.67b)$$

式中,m 和 m' 表示立体角的离散方向;$w_{m'}$ 表示积分权重。

假设将立体角离散为 M 个方向,由于圆周角的对称性,则只需将天顶角划为 M 个即可。本书选择将天顶角方向余弦 $\mu = \cos \theta$ 在 $[-1, 1]$ 上进行平均划分,即 $\mu_m = -1 + (m - 1)/M$,$m = 1, \cdots, M$,相应的权重为 $w_m = 2/M$。这样,将控制体积的辐射传输方程离散可得

$$\mu_m (I_e - I_w) = -I_P \Delta \tau + (1 - \omega) S(\tau) \Delta \tau + \frac{\omega}{2} \sum_{m'=1}^{M} w_{m'} I_P \Phi(\mu_m, \mu_{m'}) \Delta \tau \quad (2.68)$$

节点辐射强度 I_P 采用差分近似,用上游和下游控制体边界辐射强度 I_u 和 I_d 表示,即

$$I_P = fI_d + (1 - f)I_u \tag{2.69}$$

式中,f 表示差分因子。经推导,控制体单元中心的辐射强度可以表示为

$$I_P = \frac{|\mu_m| I_u + (1 - \omega)fS(\tau)\Delta\tau + \dfrac{\omega f}{2}\sum_{m'=1}^{M} w_{m'}I_P\Phi(\mu_m, \mu_{m'})\Delta\tau}{|\mu_m| + f\Delta\tau} \tag{2.70}$$

离散坐标方程(2.66)和(2.67)能够通过迭代进行求解。一旦单元中心的强度由式(2.70)已知后,上游和下游的辐射强度可由式(2.69)求得。

为验证上述改进离散坐标模型的正确性,本节计算一个底面边界透明而顶面为部分漫反射部分镜反射($f_{d0}=0.5$,$f_{s0}=0.5$)的一维充满吸收、发射、散射性介质的等温平板(温度 $T=T_0$)的出射方向辐射强度分布问题,并与反蒙特卡罗法(Backward Monte Carlo Method,BMCM)的计算结果进行比较,本书所用反蒙特卡罗法取自文献[35]。平板底面温度也为 T_0,反蒙特卡罗法的模拟光束数为 10^6。

如图 2.6 所示,平板光学厚度为 $\tau_L=1$。介质折射率为 $n=1$,散射反照率 $\omega=0.5$。散射相函数取为前向散射 $\Phi=1+\mu\mu'$。平板被分为 100 层,图 2.7 表明离散坐标法计算所得的无量纲方向辐射强度 $I_{nd}(\theta)=\pi I(\theta)/(\sigma T_0^4)$ 与反蒙特卡罗法所得结果吻合得非常好。从表2.1可以看出,改进离散坐标模型所计算的方向出射辐射强度与反蒙特卡罗法的计算结果最大偏差仅为 0.83%。

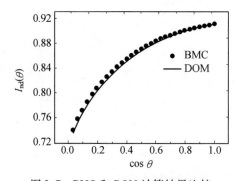

图 2.7　BMC 和 DOM 计算结果比较

表 2.1　各向异性散射平板介质的 DOM 计算结果验证

τ_L	$\cos\theta$	$I_{nd}(\theta)[\text{DOM}]$	$I_{nd}(\theta)[\text{BMC}]$	相对误差/%
0.1	1/2	0.815 7	0.815 4	0.036 8
	1/6	0.791 9	0.798 5	0.826 6
	1/9	0.780 6	0.780 7	0.012 8
1.0	1/2	0.868 2	0.870 4	0.252 8
	1/6	0.796 9	0.793 2	0.466 5
	1/9	0.785 2	0.781 7	0.447 7
5.0	1/2	0.875 9	0.877 2	0.148 2
	1/6	0.785 3	0.788 5	0.405 8
	1/9	0.772 2	0.775 4	0.412 7

2. 离散方程的求解方法

假设微元体界面上的辐射强度与微元体中心的辐射强度间存在某种关联，即构成某种空间差分格式，如

$$I_P^m = f_x I_e^m + (1-f_x) I_w^m = f_y I_n^m + (1-f_y) I_s^m = f_z I_t^m + (1-f_z) I_b^m \tag{2.71}$$

式中 f_x, f_y, f_z 表示差分因子。

消去下游界面的辐射强度，并对源项做线性化处理[36]，得

$$I_P^m = \frac{\xi^m A_x f_y f_z I_{k,\mathrm{w}}^m + \eta^m A_y f_z f_x I_{k,\mathrm{s}}^m + \mu^m A_z f_x f_y I_{k,\mathrm{b}}^m + S_{k,P}^m f_x f_y f_z V_P}{\xi^m A_x f_y f_z + \eta^m A_y f_z f_x + \mu^m A_z f_x f_y + D_{k,P}^m f_x f_y f_z V_P} \tag{2.72}$$

式中

$$D_P^m = \beta - \frac{\sigma_\mathrm{s}}{4\pi} w^m \Phi^{m,m} \qquad S_P^m = \kappa I_{\mathrm{b},P} + \frac{\sigma_\mathrm{s}}{4\pi} \sum_{l,l \neq m} w^l I_P^l \Phi^{m,l} \tag{2.73}$$

这样，辐射传递问题的求解被转化成对式(2.72)、式(2.73)及其边界条件的求解。差分因子 f_x, f_y, f_z 的不同取值构成了不同的差分格式。常见的差分格式主要如下[37]。

(1) 阶梯格式。

$$f_x = f_y = f_z = 1.0 \tag{2.74}$$

(2) 菱形格式。

$$f_x = f_y = f_z = 0.5 \tag{2.75}$$

(3) 指数格式。

$$f_x^m = \left[1 - \exp(-\tau_x^m) \right]^{-1} - (\tau_x^m)^{-1}, \ \tau_x^m = \frac{D_P^m \Delta x}{|\xi^m|}$$

$$f_y^m = \left[1 - \exp(-\tau_y^m) \right]^{-1} - (\tau_y^m)^{-1}, \ \tau_y^m = \frac{D_P^m \Delta y}{|\eta^m|} \tag{2.76}$$

$$f_z^m = \left[1 - \exp(-\tau_z^m) \right]^{-1} - (\tau_z^m)^{-1}, \ \tau_z^m = \frac{D_P^m \Delta z}{|\mu^m|}$$

选定差分格式后，离散坐标方程(2.72)可采用逐点推进的方法求解。对某一辐射传递方向，从其传递方向的上游边界开始，由节点上游界面强度利用式(2.72)计算节点处的强度，再由式(2.71)计算节点下游界面强度，并以此作为下一节点的上游界面强度，按此逐点推进。由式(2.71)计算下游界面的强度时，有时会得出负强度，这时可令其为零，并重新由式(2.72)计算节点处的强度。

2.3.3　有限体积法

有限体积法也称控制容积法，是由 Raithby 和 Chui[38]首先提出并应用于直角坐标系及柱坐标系中辐射传输问题的求解。Chai[39]将有限体积法应用到计算多维腔体内的辐射换热研究。有限体积法(FVM)将 4π 球空间离散为不重叠的立体角，在控制体 V_P 和控制立体角 Ω 内对辐射传输方程积分，可得立体角 Ω 内辐射能量守恒方程的有限体积表达式。即立体角 Ω 内从控制体 V 各表面进出的辐射能之和等于该控制体在立体角 Ω 内吸收、发射和散射的净辐射能。有限体积法是通过对辐射传输方程在微元立体角和控制容积中进行积分实现对传递方程的离散，从而保证控制容积、微元立体角内辐射能量守恒关系。

除可确保辐射能量整体守恒外，有限体积法还具有以下优点：对不规则边界适应性强，

易处理各向异性散射,对于任何相函数可以保证入射散射与出射散射的平衡,通常流场计算也采用有限体积法,因此辐射传输计算可采用与流场和浓度场相同的离散网格,易于将辐射强度场与热扩散温度场、流场、化学反应浓度场相耦合[40-42]。有限体积法与离散坐标法有很多相似之处:空间角度离散;选用某种空间差分格式将控制体表面的辐射强度与控制体中心的辐射强度关联起来;用数值积分近似散射积分项;可以采用与流场计算协调的网格等。但是,有限体积法与离散坐标法最根本的区别在于:有限体积法保证在每个控制体积的每个立体角内辐射能量守恒,而离散坐标法无此强制限制条件。

1. 有限体积法的一般原理

为得到计算区域中不同位置、不同方向上的辐射强度离散表达式,需要进行空间离散和角度离散。空间离散是将计算域离散为不重叠的控制体积 V_P,每个控制体积包含一个位于控制体积内部的节点,以笛卡尔坐标系为例,采用六面体网格,如图 2.8 所示,其中下标 e,w,n,s,t,b 分别表示控制体各表面节点。角度离散是将 4π 立体角空间离散为不重叠的立体角 $\Delta\Omega^m$。用方向矢量 s^m 定义每个立体角的中心方向,上标 m 表示空间方向离散的第 m 个立体角,θ^m,φ^m 分别表示 s^m 方向的天顶角(极角)和周向角(水平角),即

$$s^m = \sin\theta^m\cos\varphi^m \cdot i + \sin\theta^m\sin\varphi^m \cdot j + \cos\theta^m \cdot k \tag{2.77}$$

式中,i,j,k 分别表示 x,y,z 方向的单位矢量。

s^m 方向立体角 $\Delta\Omega^m$ 的天顶角和周向角范围分别为 $[\theta^m - \Delta\theta/2, \theta^m + \Delta\theta/2]$ 和 $[\varphi^m - \Delta\varphi/2, \varphi^m + \Delta\varphi/2]$,则

$$\Delta\Omega^m = \int_{\varphi^m-\Delta\varphi/2}^{\varphi^m+\Delta\varphi/2} \mathrm{d}\varphi \int_{\theta^m-\Delta\theta/2}^{\theta^m+\Delta\theta/2} \sin\theta\mathrm{d}\theta \tag{2.78}$$

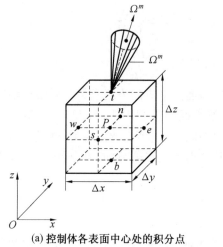
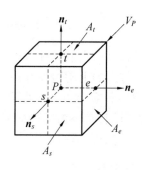

(a) 控制体各表面中心处的积分点　　　　(b) 控制体各表面面积 A_j 和单位外法矢量 n_j

图 2.8　直角坐标系下的控制体

因为有限体积法的基本思想是保证在每个立体角 $\Delta\Omega^m$ 内其辐射能量守恒,所以在控制体积 V_P 和控制立体角 $\Delta\Omega^m$ 内对辐射传输方程积分,可得到立体角 $\Delta\Omega^m$ 内辐射能量守恒方程的有限体积表达式。即立体角 $\Delta\Omega^m$ 内从控制体 V_P 各表面进出的辐射能量之和等于该控制体在立体角 $\Delta\Omega^m$ 内吸收、发射和散射的净辐射能。

$$\int_{\Delta\Omega^m}\int_{\sum A_j} I_j^m(s^m \cdot n_j)\mathrm{d}A_j\mathrm{d}\Omega^m =$$

$$\int_{\Delta\Omega^m}\int_{V_P}\Big[-\beta I^m+\kappa I_{\mathrm{b}}+\frac{\sigma_{\mathrm{s}}}{4\pi}\int_{\Omega^{m'}=4\pi}I^{m'}\Phi(s^m,s^{m'})\mathrm{d}\Omega^{m'}\Big]\mathrm{d}V\mathrm{d}\Omega^m \tag{2.79}$$

式中，A_j 为控制体各表面面积；V_P 为控制体体积，$V_P=\int_{V_P}\mathrm{d}V=\int_{V_P}\mathrm{d}A^m\mathrm{d}l$；$A^m$ 为该控制体沿 s^m 方向的截面面积；$\pmb{n}_j$ 为控制体表面 A_j 外法向单位矢量；I_j^m 为控制体各表面的辐射强度。

　　设控制体积 V_P、控制立体角 $\Delta\Omega^m$ 内的辐射强度 I^m 相等，近似由位于控制体内节点 P 的值 I_P^m 表示；上式中的积分项近似由一数值积分代替。则方程右侧可近似为

$$\int_{\Delta\Omega^m}\int_{V_P}\Big[-\beta I^m+\kappa I_{\mathrm{b}}+\frac{\sigma_{\mathrm{s}}}{4\pi}\int_{\Omega^{m'}=4\pi}I^{m'}\Phi(s^m,s^{m'})\mathrm{d}\Omega^{m'}\Big]\mathrm{d}V\mathrm{d}\Omega^m\approx$$

$$\Big[-\beta_P I_P^m+\kappa_P I_{\mathrm{b},P}+\frac{\sigma_{\mathrm{s},P}}{4\pi}I_P^{m'}\Phi(s^m,s^{m'})\Delta\Omega^{m'}\Big]V_P\Delta\Omega^m \tag{2.80}$$

　　对于每一个立体角，假设控制体各表面上的辐射强度各自相等，近似由位于控制体各表面中心处节点 $j(=e,w,n,s,t,b)$ 上的值 I_j^m 表示。若控制体表面由 N_j 个面积为 A_j 的面组成，并用 Q_j^m 表示在立体角 $\Delta\Omega^m$ 内由面 j 离开的辐射能量，则 Q_j^m 可近似表示为

$$Q_j^m=A_j\int_{\Delta\Omega^m}I_j^m(s^m\cdot\pmb{n}_j)\mathrm{d}\Omega^m\approx A_j I_j^m\int_{\Delta\Omega^m}(s^m\cdot\pmb{n}_j)\mathrm{d}\Omega^m=A_j I_j^m D_j^m \tag{2.81}$$

式中，D_j^m 为方向权值，$D_j^m=\int_{\Delta\Omega^m}(s^m\cdot\pmb{n}_j)\mathrm{d}\Omega^m$；下标 $j=e,w,n,s,t,b$ 表示控制体各表面外法线单位矢量。将式 (2.81) 对控制体 N_j 个表面 $(j=1,2,\cdots,N_j)$ 求和，并与式 (2.80) 一起代入式 (2.79)，得

$$\sum_{j=1}^{N_j}Q_j^m=\sum_{j=1}^{N_j}A_j I_j^m D_j^m=\Big[-\beta_P I_P^m+\kappa_P I_{\mathrm{b},P}+\frac{\sigma_{\mathrm{s},P}}{4\pi}I_P^{m'}\Phi(s^m,s^{m'})\Delta\Omega^{m'}\Big]V_P\Delta\Omega^m \tag{2.82}$$

　　可以选用某种空间差分格式将控制体表面的辐射强度与控制体内的辐射强度关联起来。例如，选用阶梯格式，假设控制体下游表面的辐射强度与控制体上游节点的辐射强度相等，即

$$I_j^m A_j D_j^m=\begin{cases}A_j D_j^m I_P^m,&D_j^m>0\\-A_j D_j^m I_j^m,&D_j^m<0\end{cases} \tag{2.83}$$

或统一写成

$$I_j^m A_j D_j^m=\max(A_j D_j^m,0)I_P^m-\max(-A_j D_j^m,0)I_j^m \tag{2.84}$$

　　是下游还是上游由方向权值 D_j^m 的正负来确定。则方程 (2.81) 可以写为

$$a_P^m I_P^m=a_E^m I_E^m+a_W^m I_W^m+a_N^m I_N^m+a_S^m I_S^m+a_T^m I_T^m+a_B^m I_B^m+b_P^m \tag{2.85}$$

式中

$$a_P^m=\sum_{j=e,w,n,s,t,b}\max(A_j D_j^m,0)+\beta_P V_P\Delta\Omega^m \tag{2.86}$$

$$a_J^m=\max(-A_j D_j^m,0),\quad J=E,W,N,S,T,B \tag{2.87}$$

$$b_P^m=\beta_P S_P^m V_P\Delta\Omega^m \tag{2.88}$$

$$S_P^m=(1-\omega_P)\frac{\sigma T_P^4}{\pi}+\frac{\omega_P}{4\pi}\sum I_P^{m'}\Phi(s^m,s^{m'})\Delta\Omega^{m'} \tag{2.89}$$

式中，下标 $J=E,W,N,S,T,B$ 代表与 P 控制体相邻各控制体中心节点；下标 $j=e,w,n,s,t,b$ 代表控制体 P 各表面节点；ω_P 为反照率，$\omega_P=\sigma_{\mathrm{s}}/(\kappa+\sigma_{\mathrm{s}})$。

2. 贴体坐标下辐射传递的有限体积法

对于求解复杂几何形体内辐射传递问题,如果采用直角坐标系,在边界处难以保证物面与坐标线相一致,需要通过插值的方法将边界条件转移到邻近的网格点上,当壁面处物理量的变化很大时,会带来较大的计算误差。采用贴体坐标变换可以将物理域上的不规则形状映射为计算域上的规则形状,从而可以简捷地处理边界条件,便于网格的局部加密处理。

贴体坐标系(Body-Fitted Coordinates,BFC)是近些年来发展起来的一种网格坐标系统,可以看作直角坐标网格系统的收缩和扭曲。它能使网格边界与具有复杂几何形状的固体表面相吻合。贴体坐标有如下优点:①能适用于具有复杂几何形状的积分区域;②能够在近固壁处布置较密网格,以适应近壁区参数变化剧烈的求解要求,较准确地体现固壁对物理场的影响;③使网格线与流线的方向一致或接近,可以减少一些常用差分格式(如线性上风格式)的数值扩散误差。基于贴体坐标系以上的优点,虽然采用贴体坐标会使微分方程和数值方法复杂化,但是仍被广泛应用。

贴体坐标变换的具体计算方法如下(图2.9)。

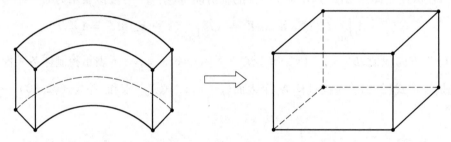

图 2.9　贴体坐标转换示意图

曲线坐标系 (ξ,η,ζ) 与笛卡尔坐标系 (x,y,z) 之间的转换关系为

$$\xi=\xi(x,y,z),\eta=\eta(x,y,z),\zeta=\zeta(x,y,z) \tag{2.90}$$

$$\frac{\partial(x,y,z)}{\partial(\xi,\eta,\zeta)}\cdot\frac{\partial(\xi,\eta,\zeta)}{\partial(x,y,z)}=\begin{bmatrix} x_\xi & x_\eta & x_\zeta \\ y_\xi & y_\eta & y_\zeta \\ z_\xi & z_\eta & z_\zeta \end{bmatrix}\cdot\begin{bmatrix} \xi_x & \xi_y & \xi_z \\ \eta_x & \eta_y & \eta_z \\ \zeta_x & \zeta_y & \zeta_z \end{bmatrix}=\boldsymbol{IE} \tag{2.91}$$

式中,$\boldsymbol{IE}$ 为单位矩阵。坐标矩阵各参量表达式为

$$\xi_x=J(y_\eta z_\zeta-z_\eta y_\zeta),\xi_y=J(z_\eta x_\zeta-x_\eta z_\zeta),\xi_z=J(x_\eta y_\zeta-y_\eta x_\zeta)$$
$$\eta_x=J(y_\zeta z_\xi-z_\zeta y_\xi),\eta_y=J(z_\zeta x_\xi-x_\zeta z_\xi),\eta_z=J(x_\zeta y_\xi-y_\zeta x_\xi) \tag{2.92}$$
$$\zeta_x=J(y_\xi z_\eta-z_\xi y_\eta),\zeta_y=J(z_\xi x_\eta-x_\xi z_\eta),\zeta_z=J(x_\xi y_\eta-y_\xi x_\eta)$$

式中,J 为雅可比行列式,即

$$J=\left|\frac{\partial(\xi,\eta,\zeta)}{\partial(x,y,z)}\right|=\left|\frac{\partial(x,y,z)}{\partial(\xi,\eta,\zeta)}\right|^{-1} \tag{2.93}$$

(x,y,z) 空间内微元体积 ΔV 与在 (ξ,η,ζ) 空间内微元体积 $\mathrm{d}\xi\mathrm{d}\eta\mathrm{d}\zeta$ 可以由雅可比行列式联系在一起,即

$$\Delta V=J^{-1}\mathrm{d}\xi\mathrm{d}\eta\mathrm{d}\zeta \tag{2.94}$$

通过贴体坐标系转化,将物理空间复杂的几何形体转化为计算平面上的规则形状,然后按照上述正交坐标系下的有限体积法模型进行计算。

3. 非结构网格有限体积法

非结构化网格技术是处理复杂几何形状物理问题的一种有效方法,网格划分采用最常见的四面体控制体(图 2.10),角度划分如图 2.11 所示[43]。n_1,n_2,n_3,n_4 分别为四个面的外法线方向。其中,n_1 为顶点 1 所对应边的外法线方向,n_2,n_3,n_4 与 n_1 类似。A_1,A_2,A_3,A_4 分别为四个面的面积。其中,A_1 为顶点 1 所对应面的面积,A_2,A_3,A_4 与 A_1 类似,V_P 为该四面体的体积。

与直角坐标系结构化有限体积法相比,直角坐标系非结构化有限体积法是用非结构控制体进行空间离散,即将计算区域离散为不重叠的控制体积 V_P,每个控制体积包含一个位于控制体积内部的节点,如图 2.10 所示,其中①~④分别表示控制体各表面中心处的积分点;P 表示控制体中心积分点。

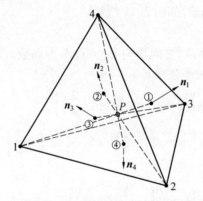

图 2.10　四面体型非结构控制体

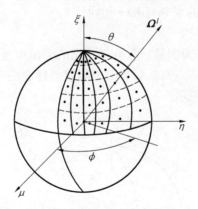

图 2.11　空间立体角角度离散

式(2.85)可以写成

$$a_P^m I_P^m = a_1^m I_1^m + a_2^m I_2^m + a_3^m I_3^m + a_4^m I_4^m + b_P^m \qquad (2.95)$$

式中

$$a_P^m = \sum_{j=1,2,3,4} \max(A_j D_j^m, 0) + \beta_P V_P \Delta \Omega^m \qquad (2.96)$$

$$a_J^m = \max(-A_j D_j^m, 0), \quad J = 1,2,3,4 \qquad (2.97)$$

$$b_P^m = \beta_P S_P^m V_P \Delta \Omega^m \qquad (2.98)$$

$$S_P^m = (1 - \omega_P)\frac{\sigma T_P^4}{\pi} + \frac{\omega_P}{4\pi}I_P^{m'}\Phi(s^m, s^{m'})\Delta\Omega^{n'} \tag{2.99}$$

式中,下标 $J=1,2,3,4$ 代表与 P 控制体相邻各控制体的中心节点;下标 $j=1,2,3,4$ 代表控制体 P 各表面积分点。关于圆柱坐标系下的有限体积法求解过程,本节不再赘述,读者可参阅文献[44]。

4. 空间立体角离散格式对有限体积法计算结果的影响

不同的空间立体角度的离散格式将影响计算结果的精度。以下讨论空间立体角的离散格式对计算精度的影响,散射相函数取各向同性散射。空间立体角的划分采用如下三种格式[44]。

(1) FA1。

天顶角和圆周角均匀离散,如图 2.11 所示。

(2) FA2。

天顶角的划分,先将 $[-1,1]$ 之间均匀分为 N(N 为偶数)份,然后由对应的余弦值计算出对应的角度值,天顶角的大小依次是

$$
\begin{aligned}
\theta_1 &= \frac{1}{2}\times\left[\arccos 1 + \arccos\left(1 - \frac{2}{N}\right)\right] \\
\theta_2 &= \frac{1}{2}\times\left[\arccos\left(1 - \frac{2}{N}\right) + \arccos\left(1 - \frac{2}{N}\times 2\right)\right] \\
&\vdots \\
\theta_n &= \frac{1}{2}\times\left\{\arccos\left[1 - \frac{2}{N}\times(n-1)\right] + \arccos\left(1 - \frac{2}{N}\times n\right)\right\}
\end{aligned}
\tag{2.100}
$$

式中,$n=1,2,\cdots,N$。圆周角的划分与 FA1 相同。

(3) FA3。

天顶角均匀划分为 N(N 为偶数)份,在每一层的天顶角范围内相应的圆周角依次划分为 $4,8,12,\cdots,2N-4,2N,2N-4,\cdots,8,4$,类似于离散坐标法的角度离散,这样总的立体角的个数为 $N(N+2)$,如图 2.12 所示。

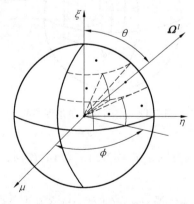

图 2.12　FA3 空间立体角离散示意图

三种不同的划分方法所得的立体角分布如图 2.13 所示,分别采用 $N\theta\times N\phi=6\times 8, 8\times 10,$ 10×12 的划分。从图中可以看出,就立体角的大小相对而言,FA2 和 FA3 比 FA1 划分得更加均匀。本节采用简化炉膛的算例对三种不同角度离散方案对计算精度的影响进行分析。

图 2.14 所示为简化立方体炉膛,内有一个均匀的内热源,$\dot{q}=5$ kW/m³,无散射,其介质的吸收系数 $\kappa=0.5$ m⁻¹。几何尺寸和边界条件如下:$L_X=2$ m;$L_Y=2$ m;$L_Z=4$ m;$Z=0$:$T=1\,200$ K,$\varepsilon_w=0.85$;$Z=L$:$T=400$ K,$\varepsilon_w=0.7$;其余:$T=900$ K,$\varepsilon_w=0.7$。

本算例只考虑辐射换热,忽略其他换热方式,因此能量方程为

$$\dot{q}=\kappa\left[4\pi I_b(\boldsymbol{r})-\int_{4\pi}I(\boldsymbol{r},\boldsymbol{s})\,\mathrm{d}\Omega\right] \tag{2.101}$$

空间网格的划分采用均匀划分:$N_X\times N_Y\times N_Z=19\times19\times19$。FVM 的计算结果与 MCM(作为标准值)相比较的结果如图 2.15 所示。

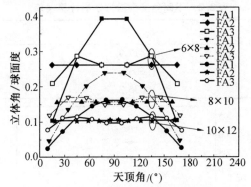

图 2.13 三种立体角离散格式的比较

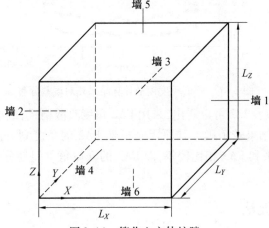

图 2.14 简化立方体炉膛

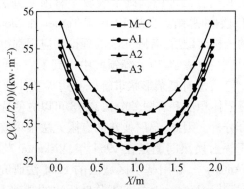

图 2.15 不同角度离散计算结果比较

本节采用最大的相对误差为

$$E_{\max} = \max \left| \frac{Q_{\mathrm{FVM}} - Q_{\mathrm{MC}}}{Q_{\mathrm{MC}}} \right| \times 100\%$$

最小二乘法误差为

$$\mathrm{Error} = \sqrt{\frac{1}{n}\sum_{i=1}^{n}\left(Q_{i,\mathrm{FVM}} - Q_{i,\mathrm{MC}}\right)^{2}}$$

所得三种角度离散格式的误差见表 2.2 和图 2.16 所示。

表 2.2　不同角度离散方法的计算误差

角度离散格式	$E_{\max}/\%$	误差/kW
FA1	1.417 9	0.304 11
FA2	1.606 8	0.628 49
FA3	1.035 3	0.094 36

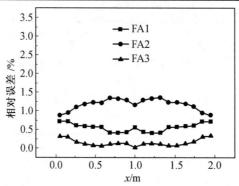

图 2.16　不同角度离散计算结果相对误差分布

从图 2.15,2.16 和表 2.2 可以看出,采用 FA2 角度离散格式,最小二乘法误差和绝对误差均最大,FA3 的计算结果较精确。其原因是虽然 FA2 的角度划分的立体角大小很均匀,但总体空间分布与 FA1 和 FA3 相比较差,而 FA3 的立体角空间划分和大小都很均匀,故精度较高,推荐采用。

2.3.4　有限单元法

有限单元法(FEM)是在变分法理论基础上吸收了有限差分法的基本思想而发展起来的,是对古典近似计算的归纳和总结。自从 1956 年 Turner 和 Clough[45]等人应用有限元法成功地解决了飞机结构的分析问题后,有限元法的理论和应用都得到了迅速而持续的发展,这一方法已经在力学、传热学、电磁学、声学等领域中得到了广泛的应用。作为一个成熟的数值方法,它有如下优点[46-49]:①对复杂形状求解域和边界条件的适应能力强;②对离散单元内变量的近似程度较有限体积法和有限差分法高;③可以方便地实现并行计算;④易于发展与其他模拟兼容的耦合分析。因此,辐射换热的有限元法很早就被研究者关注。

有限单元法最初用于辐射换热问题是在 1964 年,Viskanta[50]就用 FEM 法求解了辐射换热的一维问题。近期,Anteby[51]等用基于区域法的 FEM 法研究了二维各向同性半透明介质内的导热−辐射耦合换热。Fiveland[52]在离散坐标法的基础上发展了一个偶宇称形式的有限元模型,这是第一次离散坐标法与有限元的结合,但该模型仍不能求解各向异性散射问题。近期,刘林华等[53]提出了可以模拟各向异性散射问题的有限元模型,这个模型也是建立在离散坐标和标准 Galerkin 有限元的基础上。安巍、阮立明等[54,55]考察了这个模型在各向异性介质中的精度,并且将这个模型扩展到了三维问题。在对这一方法进一步的研究中发现,应用标准 Galerkin 法对辐射换热进行模拟时,求解得到的结果往往会出现数值振荡现象,并且通过网格的细化和高阶的插值函数也不能有效地消除这种现象。自 2005 年起,多维辐射传输问题的求解受到了广泛的关注,一些新的数值方法不断涌现。除了最小二乘有限元法外,其中比较重要的方法有间断有限元法[56,57]、无网格法[58,59]、谱元法[60-62]等。与连续有限元相比,间断有限元在空间离散中增加了对单元边界的积分项,这样就使有限元对求解空间的连续性要求进一步放松,因而可以对一些非连续的物理现象做出高精度地模拟。但由于对单元边界的积分计算,也使得这种有限元对网格的要求更高,计算花费的时间也更长。无网格法解决了有限元法中前处理复杂以及难以有效处理诸如裂纹扩展和大变形等问题,然而其自身也存在着计算量大,边界条件和不连续场变量及其导数处理上的困难[63]。与传统的有限元法相比,无网格法不需要耗时的网格划分,但其形函数的构造较有限元法的复杂。此外,无网格法目前仍停留在研究阶段,还没有基于其原理的商业软件发布。目前,许多学者热衷于研究如何将这种方法与有限元法等传统方法耦合在一起进行计算。

有限单元法的基本思想是:把所研究的连续求解区域离散成一组有限且按一定方式相互连接在一起的单元的组合体,然后对每一个小块做变分计算,最后总体合成。对于无法获得对应的泛函的物理问题,有限元法通常从描述该物理过程的微分方程出发,根据方程余量与权函数的正交化原理,建立起微分方程对应的加权余量表达式。权函数的选取有各种不同的方式,不同的权函数的选取对应不同的数值方法。本小节主要对求解均匀折射率介质内辐射传输方程的 Galerkin 有限元法和最小二乘有限元法进行简要的介绍。

1. Galerkin 有限元法

均匀折射率半透明介质内辐射传输的离散坐标方程可以写为[64]

$$\mu_m \frac{\partial I^m}{\partial x} + \eta_m \frac{\partial I^m}{\partial y} + \xi_m \frac{\partial I^m}{\partial z} = -\beta I^m + \kappa I_b + \frac{\sigma_s}{4\pi} \sum_{m'=1}^{M} I^{m'} \Phi^{m'm} \omega^{m'} \qquad (2.102)$$

对于不透明漫射边界而言,边界条件可表示为

$$I_w^m = \varepsilon_w I_{bw} + \frac{1-\varepsilon_w}{\pi} \sum_{|n_w \cdot s^{m'}| < 0} I_w^{m'} \mid n_w \cdot s^{m'} \mid \omega^{m'} \qquad (2.103)$$

将式(2.102)中的前向散射从右端移到左端,则

$$\mu_m \frac{\partial I^m}{\partial x} + \eta_m \frac{\partial I^m}{\partial y} + \xi_m \frac{\partial I^m}{\partial z} + \left(\beta - \frac{\sigma_s}{4\pi} \Phi^{mm} \omega^m \right) I^m =$$

$$\kappa I_b + \frac{\sigma_s}{4\pi} \sum_{m'=1, m' \neq m}^{M} I^{m'} \Phi^{m'm} \omega^{m'}, \quad m = 1, 2, \cdots, M \qquad (2.104)$$

通过形函数,I^m 的近似解可以写为[65]

$$I^m = \sum_{l=1}^{N} I_l^m \Gamma_l \qquad (2.105)$$

式中,I_l^m 为节点 l 处的近似值;Γ_l 是形函数。未知量 I^m 对坐标的导数可以写成

$$\frac{\partial I^m}{\partial x} = \sum_{l=1}^{N} \frac{\partial \Gamma_l}{\partial x} I_l^m \qquad (2.106)$$

$$\frac{\partial I^m}{\partial y} = \sum_{l=1}^{N} \frac{\partial \Gamma_l}{\partial y} I_l^m \tag{2.107}$$

$$\frac{\partial I^m}{\partial z} = \sum_{l=1}^{N} \frac{\partial \Gamma_l}{\partial z} I_l^m \tag{2.108}$$

采用加权余量法[64],用形函数作为权函数,对方程(2.104)在计算区域上加权积分,并令其残差积分为零,即

$$R_l^m = \int_V \left[\mu_m \frac{\partial I^m}{\partial x} + \eta_m \frac{\partial I^m}{\partial y} + \xi_m \frac{\partial I^m}{\partial z} + \left(\beta - \frac{\sigma_s}{4\pi} \Phi^{mm} \omega^m \right) I^m \right] \Gamma_l \mathrm{d}V$$

$$- \int_V \left[\kappa I_b + \frac{\sigma_s}{4\pi} \sum_{m'=1, m' \neq m}^{M} I^{m'} \Phi^{m'm} \omega^{m'} \right] \Gamma_l \mathrm{d}V = 0, m = 1,2,\cdots,M; l = 1,2,\cdots,N \tag{2.109}$$

在每个单元中,残差积分可以表示为

$$\{R_l^m\}^e = \sum_j I_j^m \int_{V^e} \left[\mu_m \frac{\partial \Gamma_j}{\partial x} + \eta_m \frac{\partial \Gamma_j}{\partial y} + \xi_m \frac{\partial \Gamma_j}{\partial z} + \left(\beta - \frac{\sigma_s}{4\pi} \Phi^{mm} \omega^m \right) \Gamma_j \right] \Gamma_l \mathrm{d}V$$

$$- \int_{V^e} \left[\kappa I_b + \frac{\sigma_s}{4\pi} \sum_{m'=1, m' \neq m}^{M} I^{m'} \Phi^{m'm} \omega^{m'} \right] \Gamma_l \mathrm{d}V \tag{2.110}$$

将计算区域分成若干个单元,采用等参数法,总残差积分为各单元残差积分之和,即

$$R_l^m = \sum_e \{R_l^m\}^e, m = 1,2,\cdots,M; l = 1,2,\cdots,N \tag{2.111}$$

可将式(2.110)写成代数方程组的形式,即

$$a_{lj}^m I_j^m = b_l^m, m = 1,2,\cdots,M; l = 1,2,\cdots,N \tag{2.112}$$

式中

$$a_{lj}^m = \int_{V^e} \left[\mu_m \frac{\partial \Gamma_j}{\partial x} + \eta_m \frac{\partial \Gamma_j}{\partial y} + \xi_m \frac{\partial \Gamma_j}{\partial z} + \left(\beta - \frac{\sigma_s}{4\pi} \Phi^{mm} \omega^m \right) \Gamma_j \right] \Gamma_l \mathrm{d}V \tag{2.113}$$

$$b_l^m = \int_{V^e} \left(\kappa I_b + \frac{\sigma_s}{4\pi} \sum_{m'=1, m' \neq m}^{M} I^{m'} \Phi^{m'm} \omega^{m'} \right) \Gamma_l \mathrm{d}V \tag{2.114}$$

在每一个方向上独立求解方程(2.114),并用点配置法施加热流边界条件。因在每个方向 m 上离散坐标方程的入射散射项包含其他方向上的辐射强度,所以需要采用类似于离散坐标法的全局迭代。

2. 最小二乘有限元法

采用标准的 Galerkin 有限元法(GFEM)对辐射传输方程进行求解时,会产生一些虚假的数值振荡。这种现象是有限元求解对流占优型微分方程所特有的。而且,这种现象在多维辐射传输问题的求解中还会与射线效应和数值扩散现象相互作用、相互影响。更不幸的是,通过单纯的空间网格的加密或是提高单元插值函数的阶数都不能有效地改善这种数值误差。为了消除这种数值振荡,一些非标准的有限元方法被提出去改进标准的 Galerkin 方法。Petrov-Galerkin 法、Taylor-Galerkin 法及最小二乘法是其中最成功的代表。Petrov-Galerkin 法和 Taylor-Galerkin 法都是通过加入人造扩散项的方法来实现有效的迎风阻尼从而消除振荡的。对于 Petrov-Gakerkin 法,如流线迎风有限元法(Streamline Upwind Petrov-Galerkin Method)[66]中至少有一个与网格有关的自由参数需要调试。而 Taylor-Galerkin[67]法是在空间离散之前用 Taylor 多项式对时间项进行离散。正如 Burrell[68]所总结的,最小二乘法在流

动问题中成功应用的原因是基于以下优势:首先,不像 Galerkin 法和 Petrov-Galerkin 法,最小二乘有限元法的刚度矩阵是对称正定的。因而,仅仅需要存储一半的稀疏矩阵,一些高效的矩阵求解方法如预条件共轭梯度法、Cholesky 分解法等可以用来求解这种对称正定系数矩阵。而对于 Galerkin 法和 Petrov-Galerkin 法,它们产生的系数矩阵都是稀疏非对称的,因而需要非常有效的迭代求解方法,而且在多维问题的模拟中需要非常大的内存存储空间和计算时间。其次,在最小二乘法中,没有自由参数需要调试。最小二乘有限元法(LSFEM)可以在与标准 Galerkin 法非常相似的框架下直接应用。最小二乘法的程序也可以通过对标准 Gadrkin 法的很小的更改来实现。最后,最小二乘法的高阶有限元插值也不需要对原有的插值方程进行修改。而对于 Petrov-Galerkin 法来说,高阶的有限元插值中自由参数的选择一般是不同的。因此,在下面的章节中,我们将最小二乘有限元法作为改善数值振荡的主要方法进行说明。

与 Galerkin 有限元法类似,最小二乘有限元法的离散仍然是在辐射传递的离散坐标方程上展开的。其总体求解步骤与 Galerkin 有限元法相似,区别在于采用最小二乘加权余量近似。通过使用形函数近似,辐射强度 I^m 的近似解可以表示为

$$I^{m,n} = \sum_l I_l^m \Gamma_l \tag{2.115}$$

应用加权余量法,对离散坐标方程取加权余量,可得[65]

$$\int_V (\boldsymbol{\Omega}^m \cdot \nabla I^m + \beta I^m) W_l \mathrm{d}V - \int_V \left(I_\mathrm{b} + \frac{\sigma_\mathrm{s}}{4\pi} \sum_{m'=1}^{} I^{m'} \Phi^{m,m'} \omega^{m'} \right) W_l \mathrm{d}V = 0 \tag{2.116}$$

在有限元法中,采用不同的权函数 W_l,可以得到不同的有限元方法。对于最小二乘有限元法,权函数取为

$$W_l = \boldsymbol{\Omega}^m \cdot \nabla \Gamma_l^m + \beta \Gamma_l^m \tag{2.117}$$

将方程(2.116) 带入方程(2.117),可得

$$K_{ij} I_j = f_i, \quad i,j = 1,2,\cdots,N \tag{2.118}$$

式中

$$K_{ij} = \int_V (\boldsymbol{\Omega}^m \cdot \nabla \Gamma_j + \beta \Gamma_j)(\boldsymbol{\Omega}^m \cdot \nabla \Gamma_i^m + \beta \Gamma_i^m) \mathrm{d}V \tag{2.119}$$

$$f_i = \int_V \left(\kappa I_\mathrm{b} + \frac{\sigma_\mathrm{s}}{4\pi} \sum_{m=1}^{M} I^{m'} \Phi^{m,m'} \omega^{m'} \right) (\boldsymbol{\Omega}^m \cdot \nabla \Gamma_i + \beta \Gamma_i) \mathrm{d}V \tag{2.120}$$

由方程(2.120)可以看出,最小二乘有限元法产生的系数矩阵是对称正定的,它只需要存储一半的矩阵系数,而且可以采用一些高效的对称正定矩阵的迭代求解法进行求解,如 Cholesky 分解法、预条件共轭梯度法等。下面针对二维正方形封腔内的辐射换热问题,具体阐述最小二乘有限元对于数值振荡的改善作用[69]。

如图 2.17 所示,我们考虑在一个正方形封腔内的辐射换热。边界为不透明的具有发射率为 0.8 的漫射表面,在下边界面为较高的温度 $T_\mathrm{hot} = 1\,000$ K,其他表面温度相等,为 $T_\mathrm{cold} = 500$ K,介质光学厚度 τ_L 为 1.0。介质为吸收、各向异性散射介质,反照率为 0.1,散射相函数可以表示为一系列 Legendre 多项式的和,如

$$\Phi(\boldsymbol{\Theta}) = 1 + \sum_{n=1}^{N} A_n P_n(\cos \boldsymbol{\Theta}) \tag{2.121}$$

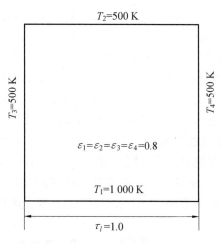

图 2.17　二维正方形封腔

式中, P_n 为 Legendre 多项式; A_n 为多项式系数, 详细值见表 2.3。

这个算例的目的是展示 GFEM 结果中产生的振荡现象, 并从理论角度解释网格加密后为何不能有效地消除这种振荡。同时, 将最小二乘法的结果同蒙特卡洛法(MCM)和 GFEM 的结果做了比较。在这个例子中, 采用了 S_{16} 的角度离散, 空间离散分别采用了 20×20 和 40×40 的结构化四边形网格。

表 2.3　散射相函数的 Lengdre 多项式系数

A_1	A_2	A_3	A_4	A_5	A_6
2.536 02	3.565 49	3.979 76	4.002 92	3.664 01	3.016 01

A_7	A_8	A_9	A_{10}	A_{11}	A_{12}
2.233 04	1.302 51	0.524 63	0.201 36	0.054 80	0.010 99

如图 2.18 所示, 对于标准 Galerkin 有限元法, 在稀疏网格和细密网格的结果中都发生明显的振荡。而且对于细密网格, 这种现象不但没有被消除和减弱, 反而有所增强。这种现象并非有限元方法独有, 在辐射换热的有限体积法中, 它已经被 Raithby 等[70]研究和分析。正如 Raithby 所说, 由立体角方向离散引起的误差试图将辐射热流集中在离散方向的中心线上, 而由空间离散引起的误差通常导致辐射强度的数值扩散(假扩散)效应, 所以这两种误差作用的结果趋于相互抵消。因而, 在一定的方向离散条件下, 细密空间网格的结果出现较大的误差也就不值得奇怪了, 这是因为细密的空间网格破坏了这种误差的相互抵消作用。然而, 把这种数值振荡现象完全归结为这两种误差的相互作用也是不全面的。对于高阶的空间离散格式(如有限元高阶插值函数), 很有可能会在一个立体角方向上导致较大的数值振荡, 从而在整个辐射场的求解中出现严重的数值振荡现象。因此, 在通过细化网格提高计算精度时, 应该同时增加空间网格和立体角离散方向的数目, 以确保两种离散产生的误差能够相互抵消。同时, 也应该考察离散格式对计算精度的影响。

一般而言, 当前的有限元方法在求解多维辐射问题中, 单位光学厚度空间网格应该不少于 20, 同时, 立体角离散不低于 S_8 型离散格式(80 个离散方向)。但对于介质温度、辐射物性变化剧烈的辐射问题, 在模拟中应该进一步加密空间网格, 同时也应该采用高阶的立体角离散格式, 以便得到准确、光滑的模拟结果。

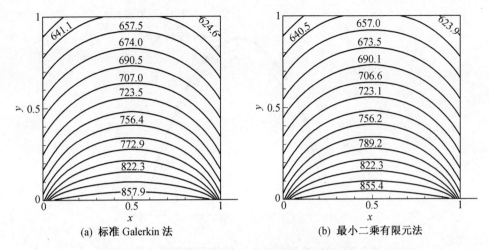

(a) 标准 Galerkin 法　　　　　　　　　　　(b) 最小二乘有限元法

图 2.18　20×20 稀疏空间网格的温度场结果

当采用最小二乘法代替标准 Galerkin 法时,相当于在立体角方向上增加了一个有效的迎风阻尼。由图 2.19 可以看出,与 GFEM 的结果相比,LSFEM 的结果看起来要更加光滑。对于细密的网格下 GFEM 中出现的数值振荡也没有在 LSFEM 的结果中明显出现。如图 2.20 和图 2.21 所示,对于边界热流而言,与 MCM 的结果相比,LSFEM 的结果比 GFEM 的结果更准确、光滑。在粗糙网格下,GFEM 和 LSFEM 的结果的最大相对误差分别为 3.2% 和 2.0%;在细密网格下则分别为 2.9% 和 1.9%。这里应该提及的是,对于其他边界上热流的结果,GFEM 与 MCM 的结果非常接近,没有出现较大的数值振荡。这说明数值振荡现象总是在靠近低温边界处积累的。

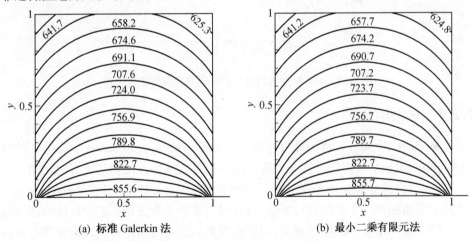

(a) 标准 Galerkin 法　　　　　　　　　　　(b) 最小二乘有限元法

图 2.19　40×40 加密空间网格的温度场结果

总之,通过对于二维和三维辐射传热问题的研究[69],结果表明:标准 Galerkin 法产生的数值振荡现象总是在靠近低温边界处比较明显;在通过细化网格提高计算精度时,应该同时增加空间网格和立体角离散方向的数目,以确保两种离散产生的误差能够相互抵消。同时,也应该考察离散格式对计算精度的影响;最小二乘有限元法可以明显地消除 Galerkin 法产生的数值振荡现象,能够得到准确、光滑的计算结果。

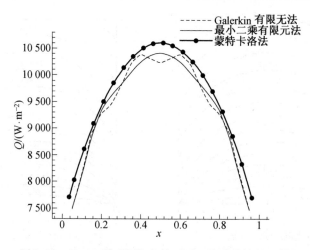

图 2.20　20×20 稀疏网格条件下顶面热流的结果比较

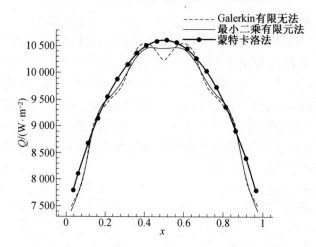

图 2.21　40×40 加密网格条件下顶面热流的结果比较

2.3.5　球谐函数法

矩法(Moment Method)又称为微分近似法(Differential Approximation),是用有限组数的矩方程来近似表示辐射传递积分微分方程。矩方程是由坐标方向和强度方向之间夹角余弦的某个方次乘以传递方程而得到的。球谐函数法(Spherical Harmonics Method)又称 P_N 近似法,实际上是矩法的一个变种。与矩法不同的是,球谐函数法用有正交性质的球谐函数将辐射强度展开,不考虑实际的物理意义,辐射强度被表示为与位置有关的系数和与方向有关的标准球谐函数两部分乘积的正交级数。辐射传输方程中的散射积分项也是用正交球谐波函数级数展开。实际计算中不可能取无穷级数,而通常仅保留前 N 项,随着保留项数的增加,数值计算精度有所提高,但数学处理的复杂性也会急剧增大。综合考虑精度与处理复杂性,广泛使用的此种方法为 P_1 和 P_3 近似。球谐函数法的优点在于其不需要空间方向离散,而且便于与其他空间离散方法(如有限元法等)结合使用。空间角度用球谐函数离散,空间位置用有限元离散,两者结合起来就形成了球谐函数有限元法。

球形谐波法首先由 Jeans[71] 在研究星际辐射传输时提出,后来经进一步完善并应用于中子传输问题中[72-74]。P_N 法最初主要用求解一维平行平板介质辐射传热问题,Barazitoglu 等[75]使用 P_3 近似计算了一维柱体和球体介质。随后,Ratzel 和 Howell[76]使用 P_3 近似求解了二维介质内的辐射传输问题。Cheng[77]详细推导了三维直角坐标系中通用的 P_N 法表达式,但并没有给出具体的求解方法。Ou 等[78]发展得到了求解任意坐标系下三维介质内辐射传输的 P_N 近似方法。近年来,为改善低阶 P_N 近似方法的计算准确性,人们在 P_N 近似方法的基础上相继发展出修正差分近似(Modified Differential Approximation, MDA)[79,80]和改进差分近似(Improved Differential Approximation, IDA)[81]方法。下面介绍球形谐波法的具体推导过程。

设介质内在 $\boldsymbol{r}$ 处的辐射强度场 $I(\boldsymbol{r},\boldsymbol{s})$ 是以 $\boldsymbol{r}$ 为中心的单位圆球表面的标量函数值。此函数可以表示成级数的形式,即

$$I(\boldsymbol{r},\boldsymbol{s}) = \sum_{n=0}^{\infty} \sum_{m=-l}^{l} I_{n,m}(\boldsymbol{r}) Y_{n,m}(\boldsymbol{s}) \tag{2.122}$$

式中,$I_{n,m}(\boldsymbol{r})$ 是与位置相关的系数;$Y_{n,m}(\boldsymbol{s})$ 是球谐函数,即

$$Y_{n,m}(\boldsymbol{s}) = Y_{n,m}(\theta,\varphi) = (-1)^{(m+|m|)/2} \left[\frac{(n-|m|)!}{(n+|m|)!} \right]^{1/2} \exp(im\varphi) P_n^{|m|}(\cos\theta) \tag{2.123}$$

上式,θ 和 ψ 分别为描述单位方向矢量 $\boldsymbol{s}$ 的天顶角和圆周角;$i = \sqrt{-1}$;$P_l^{|m|}(\cos\theta)$ 为第一类伴随 Legendre 多项式,其表达式为

$$P_l^m = (-1)^m (1-x^2)^{m/2} \frac{\mathrm{d}^m P_l(x)}{\mathrm{d}x^m}, \quad m = 0,1,\cdots,l \tag{2.124}$$

式(2.123)满足球坐标系中的 Laplace 方程。

特别地,如果辐射强度与圆周角无关,则式(2.124)中 m 只能为零,球谐函数可以进一步简化为

$$Y_{n,m}(\boldsymbol{s}) = Y_{n,m}(\theta) = P_n^0(\cos\theta) = P_n(\cos\theta) \tag{2.125}$$

此时球谐函数简化为 Legendre 多项式,辐射强度的表达式简化为

$$I(\boldsymbol{r},\boldsymbol{s}) = I(\boldsymbol{r},\theta) = \sum_{n=0}^{\infty} I_n(\boldsymbol{r}) P_n(\cos\theta) \tag{2.126}$$

假设为各向同性散射,一维介质内辐射传输方程为

$$\cos\theta \frac{\mathrm{d}I(\tau,\theta)}{\mathrm{d}\tau} + I(\tau,\theta) = (1-\omega)I_b + \frac{\omega}{2} \int_0^\pi I(\tau,\theta_i) \sin\theta_i \mathrm{d}\theta_i \tag{2.127}$$

将 $\mu = \cos\theta$ 代入式(2.94)中,得

$$\mu \frac{\mathrm{d}}{\mathrm{d}\tau} \left[\sum_{n=0}^{\infty} I_n(\tau) P_n(\mu) \right] + \sum_{n=0}^{\infty} I_n(\tau) P_n(\mu) = (1-\omega)I_b + \frac{\omega}{2} \int_{-1}^{1} \sum_{n=0}^{\infty} I_n(\tau) P_n(\mu_i) \mathrm{d}\mu_i \tag{2.128}$$

由于 $P_n(\mu)$ 与位置变量 τ 无关,而 $I_n(\tau)$ 与角度变量 μ 无关,则

$$\sum_{n=0}^{\infty} \mu P_n(\mu) \frac{\mathrm{d}I_n(\tau)}{\mathrm{d}\tau} + \sum_{n=0}^{\infty} P_n(\mu) I_n(\tau) = (1-\omega)I_b + \frac{\omega}{2} \sum_{n=0}^{\infty} I_n(\tau) \int_{-1}^{1} P_n(\mu_i) \mathrm{d}\mu_i \tag{2.129}$$

利用 Legendre 多项式的递推关系式

$$\mu P_n(\mu) = \frac{n+1}{2n+1} P_{n+1}(\mu) + \frac{n}{2n+1} P_{n-1}(\mu) \tag{2.130}$$

结合 Legendre 多项式的性质,即

$$\int_{-1}^{1} P_n(\mu)\,\mathrm{d}\mu = \begin{cases} 2, n = 0 \\ 0, n \neq 0 \end{cases} \tag{2.131}$$

可得散射积分项为

$$\sum_{n=0}^{\infty} I_n(\tau) \int_{-1}^{1} P_n(\mu_i)\,\mathrm{d}\mu_i = I_0(\tau) \int_{-1}^{1} P_0(\mu_i)\,\mathrm{d}\mu_i + \sum_{n=1}^{\infty} I_n(\tau) \int_{-1}^{1} P_n(\mu_i)\,\mathrm{d}\mu_i = 2I_0(\tau) \tag{2.132}$$

代入辐射传输方程得

$$\sum_{n=0}^{\infty} \frac{n+1}{2n+1} P_{n+1}(\mu) \frac{\mathrm{d}I_n(\tau)}{\mathrm{d}\tau} + \sum_{n=0}^{\infty} \frac{n}{2n+1} P_{n-1}(\mu) \frac{\mathrm{d}I_n(\tau)}{\mathrm{d}\tau} + \sum_{n=0}^{\infty} P_n(\mu) I_n(\tau) =$$
$$(1-\omega) I_b + \omega I_0(\tau) \tag{2.133}$$

将上式两边同乘 $P_m(\mu)$, $m = 0,1,\cdots,\infty$, 并在 $[-1,1]$ 区间积分, 对应不同的 m 值, 得到无穷多个偏微分方程

$$\sum_{n=0}^{N} \frac{n+1}{2n+1} \frac{\mathrm{d}I_n(\tau)}{\mathrm{d}\tau} \int_{-1}^{1} P_{n+1}(\mu) P_m(\mu)\,\mathrm{d}\mu + \sum_{n=0}^{N} \frac{n}{2n+1} \frac{\mathrm{d}I_n(\tau)}{\mathrm{d}\tau} \int_{-1}^{1} P_{n-1}(\mu) P_m(\mu)\,\mathrm{d}\mu +$$
$$\sum_{n=0}^{N} I_n(\tau) \int_{-1}^{1} P_n(\mu) P_m(\mu)\,\mathrm{d}\mu = \left[(1-\omega) I_b + \omega I_0(\tau)\right] \int_{-1}^{1} P_m(\mu)\,\mathrm{d}\mu \tag{2.134}$$

实际计算时取有限项 N, $m = 0,1,\cdots,N$, 对应不同的 m 值, 得到 $N+1$ 个偏微分方程, 构成偏微分方程组

$$\sum_{n=0}^{N} \frac{n+1}{2n+1} \frac{\mathrm{d}I_n(\tau)}{\mathrm{d}\tau} \int_{-1}^{1} P_{n+1}(\mu) P_m(\mu)\,\mathrm{d}\mu + \sum_{n=0}^{N} \frac{n}{2n+1} \frac{\mathrm{d}I_n(\tau)}{\mathrm{d}\tau} \int_{-1}^{1} P_{n-1}(\mu) P_m(\mu)\,\mathrm{d}\mu +$$
$$\sum_{n=0}^{N} I_n(\tau) \int_{-1}^{1} P_n(\mu) P_m(\mu)\,\mathrm{d}\mu = \left[(1-\omega) I_b + \omega I_0(\tau)\right] \int_{-1}^{1} P_m(\mu)\,\mathrm{d}\mu \tag{2.135}$$

根据 Legendre 多项式正交性

$$\int_{-1}^{1} P_n(\mu) P_m(\mu)\,\mathrm{d}\mu = \begin{cases} \dfrac{2}{2n+1}, & m = n \\ 0, & m \neq n \end{cases} \tag{2.136}$$

当 $m = 0$ 时, 有

$$\frac{1}{3} \frac{\mathrm{d}I_1(\tau)}{\mathrm{d}\tau} + I_0(\tau) = \left[(1-\omega) I_b + \omega I_0(\tau)\right] \tag{2.137}$$

当 $m > 0$ 时, 有

$$\frac{m}{2m-1} \frac{\mathrm{d}I_{m-1}(\tau)}{\mathrm{d}\tau} + \frac{m+1}{2m+3} \frac{\mathrm{d}I_{m+1}(\tau)}{\mathrm{d}\tau} + I_m(\tau) = 0 \tag{2.138}$$

当 $m = N$ 时, 有

$$\frac{N}{2N-1} \frac{\mathrm{d}I_{N-1}(\tau)}{\mathrm{d}\tau} + I_N(\tau) = 0 \tag{2.139}$$

由辐射传输方程(2.6), 并注意到式(2.5), 得

$$\frac{\mathrm{d}I}{\mathrm{d}\tau} + I = s \cdot \nabla_\tau I + I = (1-\omega) I_b + \frac{\omega}{4\pi} \int_{\Omega_i = 4\pi} I(s_i) \Phi(s_i, s)\,\mathrm{d}\Omega_i \tag{2.140}$$

散射相函数项展开成为一系列形如

$$\Phi^*(\Theta) = 1 + \sum_{n=1}^{M} A_n^* P_n(\cos \Theta) \tag{2.141}$$

所示的 Legendre 多项式与 Y_k^n 相乘,然后在所有的方向上积分。利用球谐函数的正交性,可以获得无限多个与位置相关的函数 $I_l^m(\boldsymbol{r})$ 的偏微分方程。

从这一点来说,上述表达式是用来确定辐射强度场的精确解法。为了简化这个问题,下一步骤是用有限个数的偏微分方程来近似无限个偏微分方程,即在若干项以后截断方程(2.122)所示级数,可以得到一个近似解。式(2.140)中的未知量 I 是空间位置和方向的函数。将式(2.140)乘以 Y_k^m 并且在所有的方向上积分,可以得到 $1+3+\cdots+(2N+1)=(N+1)^2$ 个未知量 I_l^m(空间位置的函数)的方程,用来替代一个未知量 I。保留 l 的最大值 N,这样就给出了这种方法的阶数和名称 P_N 法。当 $l=0,1$ 时,球形谐波法称为 P_1 近似;当 $l=0,1,2,3$ 时,称为 P_3 近似;依此类推,当 $l=0,1,\cdots,N$ 时,称为 P_N 近似。从中子传输理论得知,奇数阶的近似比高一阶的偶数阶近似更精确,所以 P_2 法从来不使用。理论上,随着近似阶数 N 的增大,解的精度不断缓慢提高,当 $N\to\infty$ 时,趋近于精确解。然而,随着近似阶数的增大,数学上的复杂性也急剧增加,而低阶近似,如 P_1、P_3 近似,数学上相对简单,但它仅对光学厚介质能有较好精度。

2.3.6 积分方程法

辐射积分传输方程的数学模型是第二类 Fredholm 积分方程,是将辐射传输方程对全立体角范围内积分而得到,所以完全消除了立体角对方程的影响,使计算结果比其他数值方法更加精确。虽然辐射传输积分方程中只与空间位置变量有关,但是除了简单的一维问题,在其他情况下,积分方程法求解辐射传输方程的精确解析解是很难求出的。

辐射强度的积分表达式为

$$I(\tau_s,\boldsymbol{s})=I(0,\boldsymbol{s})\exp(-\tau_s)+\int_0^{\tau_s}S(\tau_s^*,\boldsymbol{s})\exp[-(\tau_s-\tau_s^*)]\mathrm{d}\tau_s^* \tag{2.142}$$

辐射源函数 $S(\tau_s^*,\boldsymbol{s})$ 为

$$S(\tau_s^*,\boldsymbol{s})=(1-\omega)I_b(\tau_s^*)+\frac{\omega}{4\pi}\int_{\Omega_i=4\pi}I(\tau_s^*,\boldsymbol{s}_i)\Phi(\boldsymbol{s}_i,\boldsymbol{s})\mathrm{d}\Omega_i \tag{2.143}$$

对于线性各向异性散射介质,其散射相函数表达式为

$$\Phi(\boldsymbol{s}_i,\boldsymbol{s})=1+A_1\cos(\boldsymbol{s}_i,\boldsymbol{s}) \tag{2.144}$$

则辐射源函数为

$$S(\tau_s^*,\boldsymbol{s})=(1-\omega)I_b(\tau_s^*)+\frac{\omega}{4\pi}\int_{\Omega_i=4\pi}I(\tau_s^*,\boldsymbol{s}_i)\Phi(\boldsymbol{s}_i,\boldsymbol{s})\mathrm{d}\Omega_i=$$

$$(1-\omega)I_b(\tau_s^*)+\frac{\omega}{4\pi}\Big[\int_{\Omega_i=4\pi}I(\tau_s^*,\boldsymbol{s}_i)\mathrm{d}\Omega_i+A_1\int_{\Omega_i=4\pi}I(\tau_s^*,\boldsymbol{s}_i)\cos(\boldsymbol{s}_i,\boldsymbol{s})\mathrm{d}\Omega_i\Big]$$

$$\tag{2.145}$$

根据投射辐射力 $G(\tau_s^*)$ 和投射辐射热流密度 $\boldsymbol{q}(\tau_s^*,\boldsymbol{s})$ 的定义式

$$G(\tau_s^*)=\int_{\Omega_i=4\pi}I(\tau_s^*,\boldsymbol{s}_i)\mathrm{d}\Omega_i \tag{2.146}$$

$$\boldsymbol{q}(\tau_s^*,\boldsymbol{s})=\int_{\Omega_i=4\pi}I(\tau_s^*,\boldsymbol{s}_i)\cos(\boldsymbol{s}_i,\boldsymbol{s})\mathrm{d}\Omega_i \tag{2.147}$$

因此,辐射源函数 $S(\tau_s^*,\boldsymbol{s})$ 为

$$S(\tau_s^*, s) = (1-\omega)I_b(\tau_s^*) + \frac{\omega}{4\pi}\left[G(\tau_s^*) + A_1 \boldsymbol{q}(\tau_s^*, s) \right] \tag{2.148}$$

对于通过引入投射辐射和投射辐射热流密度消除了方向积分,将强度表达式(2.142)代入式(2.146)和式(2.147),分别得到 $G(\tau_s) = f_G(I_b, G, \boldsymbol{q})$ 和 $\boldsymbol{q}(\tau_s^*, s) = f_q(I_b, G, \boldsymbol{q})$。当温度分布已知时,即辐射强度 I_b 已知,联立式(2.146)和式(2.147)可以求解投射辐射和投射辐射热流密度。

由于总热流是矢量,不同点热流矢量的方向是变化的,因此在具体应用积分方程法求解时通常采用坐标轴方向分热流的表达式,即

$$\begin{aligned}
G(\tau_s) &= f_G(I_b, G, q_x, q_y, q_z) \\
q_x(\tau_s^*, s_x) &= f_{qx}(I_b, G, q_x, q_y, q_z) \\
q_y(\tau_s^*, s_y) &= f_{qy}(I_b, G, q_x, q_y, q_z) \\
q_z(\tau_s^*, s_z) &= f_{qz}(I_b, G, q_x, q_y, q_z)
\end{aligned} \tag{2.149}$$

当介质温度已知,即 I_b 已知时,关于辐射强度的辐射传输方程转化为四个量组成的方程组,对于任一点都可以列出相应的方程组,因此理论上该方程组可解。通过上面的推导可以看到,积分方程法适用于线性各向异性散射和各向同性散射介质。

积分方程法是采用数值积分方法直接求解辐射传输方程,将辐射传输方程对全部立体角进行积分计算,可完全消除立体角离散对求解辐射传输方程的影响,因而理论上计算结果比其他数值方法更加准确。同时,为了更加方便处理非规则几何问题内的辐射换热问题,通常将积分方程法与有限元法结合使用,即积分方程有限元法。国内外学者对积分方程有限元法做了大量的研究,但目前在直角坐标下的积分方程有限元法只能处理各向同性散射问题,而不能处理各向异性散射问题[82]。本课题组在前人研究的基础上,推导出了用于处理线性各向异性散射介质内辐射换热问题的积分方程有限元法的计算公式,然后计算了规则几何体和非规则几何体内介质的辐射换热问题,计算结果与 MCM 的计算结果吻合较好[83],具体推导过程参见文献[82]。

2.4　辐射能量方程

辐射传输方程描述的是 s 方向某一微元段 ds 的辐射能量守恒,而辐射能量方程描写的是辐射场中某一微元体在整个球空间的辐射能量平衡。所以只要将辐射传输方程中各项在 4π 球空间积分,即可得微元体的辐射能量守恒方程。下面以稳态辐射传输方程为例,辐射能量守恒方程为

$$\int_{\Omega=4\pi} \frac{\mathrm{d}I(r,s)}{\mathrm{d}s}\mathrm{d}\Omega = -\int_{\Omega=4\pi} \beta(r)I(r,s)\mathrm{d}\Omega + \int_{\Omega=4\pi} \kappa(r)I_b(r)\mathrm{d}\Omega +$$

$$\frac{\sigma_s(r)}{4\pi}\int_{\Omega=4\pi}\int_{\Omega_i=4\pi} I(r,s_i)\Phi(s_i,s)\mathrm{d}\Omega_i\mathrm{d}\Omega \tag{2.150}$$

上式左端

$$\int_{\Omega=4\pi} \frac{\mathrm{d}I(r,s)}{\mathrm{d}s}\mathrm{d}\Omega = \frac{\partial q_x}{\partial x} + \frac{\partial q_y}{\partial y} + \frac{\partial q_z}{\partial z} = \mathrm{div}\,\boldsymbol{q} \tag{2.151}$$

式中,q_x, q_y, q_z 为辐射热流密度矢量 $\boldsymbol{q}$ 在 x, y, z 坐标上的分量。$\boldsymbol{q}$ 的散度表示射入、射出微

元体辐射热流密度的增量。经过计算可得能量方程中的散射增强和散射衰减项将抵消（因为散射实质并没有减少传输的能量，只是改变了方向，因此放眼整个球空间并不产生辐射能量的变化），最终可得辐射能量方程（注意仅是辐射能量守恒而不是能量守恒）为

$$\text{div } \boldsymbol{q} = 4\pi\kappa(r)I_b(r) - \kappa(r)G(r) = \kappa(r)[4\pi I_b(r) - G(r)] =$$

$$4\pi\kappa(r)\left[I_b(r) - \frac{1}{4\pi}G(r)\right] = 4\pi\kappa(r)[I_b(r) - \bar{I}(r)] \tag{2.152}$$

式中，$G(r)$ 为投射辐射函数；$\bar{I}(r)$ 为平均投射辐射强度。

该式称为辐射热流密度方程或辐射热流散度方程。其物理意义为：微元体辐射能量的净得或净失等于本身发射与吸收辐射能量之差。

如介质处于稳态，无内热源，导热与对流传热忽略不计，仅有热辐射，则射进、射出微元体的辐射能量应当相等，此时称为辐射平衡，即微元体吸收的辐射能量应等于本身发射的辐射能量，即

$$\text{div } \boldsymbol{q} = 4\pi\kappa(r)[I_b(r) - \bar{I}(r)] = 0 \tag{2.153}$$

对于非灰介质，需要在整个光谱范围内积分，则辐射热流密度的散度可表示为

$$\text{div } \boldsymbol{q} = 4\pi\int_0^\infty \kappa_\lambda(r)[I_{b\lambda}(r) - \bar{I}_\lambda(r)]\,\mathrm{d}\lambda = 0 \tag{2.154}$$

不论表面辐射还是介质辐射，在辐射热交换计算中有几个量需要特别关注，即本身辐射、有效辐射、吸收辐射和投射辐射。前两个量是指向外的，后两个量是指向内的，辐射热流密度的散度可以表示为有效辐射和投射辐射之差（辐射能量出进之差），也可以表述为本身辐射与吸收辐射之差（辐射能量失得之差），但不能为其他组合，式(2.152)为后者。

在介质非稳态传热过程中不仅有辐射换热，同时伴有其他传热方式，且要考虑内热源的影响，则能量方程为

$$\rho c_p \frac{\mathrm{D}T}{\mathrm{D}t} = \text{div } (\lambda\,\mathbf{grad}\cdot T - \boldsymbol{q}^r) + q_0 + \varphi + \beta T\frac{\mathrm{D}p}{\mathrm{D}t} \tag{2.155}$$

式(2.155)左端为瞬态能量的储存，称为非稳态项；c_p 为比定压热容；右端第一项为导热与热辐射的贡献；右端第二项是内热源 q_0，如化学能、电能等转化的热能；右端第三项 φ 为黏性耗散函数，表示黏性耗散生成的热量；第四项表示膨胀或压缩时压力做的功，p 为压力，β 为膨胀系数，推导可见文献[84]。此时，辐射热流密度的散度 $\text{div }\boldsymbol{q}^r$ 不为零，称为辐射热源项，该项包含介质的温度信息 $I_b(r) = \sigma T^4(r)/\pi$ 以及投射辐射信息 $G(r)$，而 $G(r)$ 又是该点投射辐射强度在整个球空间的积分。因此如果想通过求解能量方程得到介质内的温度分布，辐射强度在介质内的分布（空间位置坐标和空间方向坐标）需为已知量。与辐射传输方程相比，能量方程消除了相函数的影响，而辐射传输方程只有各向同性散射介质才会得到相应简化。辐射热源项为参与性介质内因热辐射传递而引起的能量变化，该项构成了含辐射耦合换热的特殊性。

辐射传输方程及能量方程构成了求解辐射传输问题完备的控制方程组，辐射传输方程的求解是针对光谱计算的，因此对于非灰介质在空间和方向离散的基础上还需要进行光谱离散，而能量方程的求解是针对整个热射线范围的，因此通常用到的是光谱积分量。辐射控制方程配以必要的定解条件可以求解介质内辐射强度与温度分布。其他参量如热流量、投射辐射等都可以利用辐射强度及介质温度求出。在这两类参量中，辐射强度分布由于其庞

大的数据量,很难作为已知条件给出,而温度分布却可以作为已知参量给出,此时能量方程可以略去,因此辐射传输方程成为大多数辐射传输问题必须用到的控制方程。由于辐射传输方程成为辐射传输计算与其他换热形式计算相区别的标志性方程,因此目前大多数介质内辐射问题数值求解方法的命名与辐射传输方程的处理相关。下面简单介绍一维半透明介质内辐射–导热耦合换热与辐射–相变耦合换热的数学模型及数值处理方法。

2.4.1 辐射–导热耦合换热

在不考虑流动作用时,非稳态辐射–导热耦合换热的控制方程为

$$\rho c_p \frac{\partial T}{\partial t} = \text{div}(\lambda \, \textbf{grad} \, T) - \text{div} \, \boldsymbol{q}^{\text{r}} + S_{\text{nr}} \tag{2.156}$$

式中,S_{nr}表示除辐射以外的内热源大小,主要包括化学反应热、黏性耗散、电能转化成热能等,W/m^3;$\boldsymbol{q}^{\text{r}}$表示辐射热流密度矢量,散度前面的负号表示当吸热时为正,W/m^2。式(2.156)与式(2.155)统一表示(热源、散度)。

在大多数辐射–导热耦合换热过程中,温度响应的速度要比辐射传输的速度慢得多,辐射传输可视为稳态过程,因此辐射强度$I_\lambda(r,s)$只是波长、位置和方向的函数,可以通过求解稳态辐射传输方程得到。除此之外,边界条件也要考虑辐射与导热的耦合。

$$q_{\text{w}} + h_{\text{f}}(T_{\text{f}} - T_{\text{w}}) + \int_0^{+\infty} \varepsilon_0(\dot{\lambda}) \cdot \sigma [B(\dot{\lambda}, T_\infty) T_\infty^4 - B(\dot{\lambda}, T_{\text{w}}) T_{\text{w}}^4] \text{d}\dot{\lambda} =$$

$$\lambda \frac{\partial T}{\partial \boldsymbol{n}}\bigg|_{\text{w}} + \int_0^{+\infty} \varepsilon_1(\dot{\lambda}) \cdot \left[B(\dot{\lambda}, T_{\text{w}}) \sigma T_{\text{w}}^4 - \int_{\boldsymbol{n} \cdot \Omega < 0} I(\dot{\lambda}, \boldsymbol{r}_{\text{w}}, \Omega) \mid \boldsymbol{n} \cdot \Omega \mid \text{d}\Omega \right] \text{d}\dot{\lambda} \tag{2.157}$$

式中,q_{w}为外界环境加到壁面的与温度无关的热流,W/m^2;h_{f}为环境与壁面间对流换热系数,$\text{W/(m}^2 \cdot \text{K})$;$T_{\text{f}}$为环境温度,$\text{K}$;$T_{\text{w}}$为壁面温度,$\text{K}$;$\varepsilon_0(\dot{\lambda})$为面向环境侧的壁面光谱发射率;$T_\infty$为环境的等效黑体温度,$\text{K}$;$\boldsymbol{n}$为壁面外法线方向单位向量;$\varepsilon_1(\dot{\lambda})$为面向介质侧的壁面光谱发射率;$B(\dot{\lambda}, T_\infty)$和$B(\dot{\lambda}, T_{\text{w}})$分别表示在温度$T_\infty$和$T_{\text{w}}$下以$\dot{\lambda}$为中心的谱带模型区域内辐射能占总辐射能的份额。

式(2.157)可以表示各种边界条件,在第一类边界条件时,可将对流换热系数h_{f}设成无穷大,环境流体温度T_{f}设成所需的固定温度;当边界为半透明或者全透明时,可将两侧的发射率$\varepsilon_0(\dot{\lambda})$和$\varepsilon_1(\dot{\lambda})$设置为0。

本节以一维问题为例,求解辐射–导热耦合换热方程。设长度为L的一维平板形灰介质,如图2.22所示,考虑其吸收、发射和各向异性散射,不考虑介质内部流动和光谱特性,介质的折射率n均匀且为1,两侧均为第三类边界条件,其中介质左侧壁面外的环境温度为T_{f1},对流换热系数为h_{f1},右侧壁面外的环境温度为T_{f2},对流换热系数为h_{f2},辐射边界条件为不透明漫射边界,左右两侧壁面的发射率分别为ε_1和ε_2,介质的热导率为λ,吸收系数为κ,散射系数为σ_{s},所有物性参数不随时间变化。

对于这样的一维稳态辐射–导热耦合换热问题,其控制方程如下。

导热微分方程为

$$\lambda \frac{\partial^2 T}{\partial x^2} = \nabla \cdot \boldsymbol{q}^{\text{r}} \tag{2.158}$$

辐射传输方程为

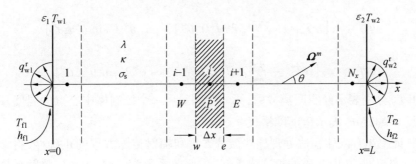

图 2.22　一维辐射-导热耦合换热示意图

$$\mu \frac{\mathrm{d}I(x,\theta)}{\mathrm{d}x} = -\beta I(x,\theta) + \kappa I_b(x) + \frac{\sigma_s}{2} \int_0^\pi I(x,\theta') \Phi(\theta',\theta) \mathrm{d}\theta' \qquad (2.159)$$

式中，μ 表示方向余弦，$\mu = \cos\theta$；辐射源项 $\nabla \cdot q^r$ 由下式求得：

$$\nabla \cdot q^r = 4\pi \cdot \kappa \cdot \left[I_b(x) - \frac{1}{2} \int_0^\pi I(x,\theta) \mathrm{d}\theta \right] \qquad (2.160)$$

边界条件如下。

能量方程边界条件(第三类边界条件) 为

$$q^r_{w1} - \lambda \left. \frac{\partial T}{\partial x} \right|_{x=0} = h_{f1}(T_{f1} - T_{w1}) \qquad (2.161)$$

$$q^r_{w2} + \lambda \left. \frac{\partial T}{\partial x} \right|_{x=L} = h_{f2}(T_{f2} - T_{w2}) \qquad (2.162)$$

辐射传输方程边界条件为

$$I^+(0,\theta) = \varepsilon_1 I_b(0) + 2(1-\varepsilon_1) \int_{\cos\theta'<0} I(0,\theta') \mid \cos\theta' \mid \sin\theta' \mathrm{d}\theta' \qquad (2.163)$$

$$I^-(L,\theta) = \varepsilon_2 I_b(L) + 2(1-\varepsilon_2) \int_{\cos\theta'>0} I(L,\theta') \mid \cos\theta' \mid \sin\theta' \mathrm{d}\theta' \qquad (2.164)$$

式中，$I^+(0,\theta)$ 表示左侧壁面与 x 轴正向夹角小于 90° 方向上的辐射强度，sr；$I^-(L,\theta)$ 表示右侧壁面与 x 轴负向夹角小于 90° 方向上的辐射强度，$W/(sr \cdot m^2)$。其中，壁面净辐射热流密度 q^r_{w1} 和 q^r_{w2} 分别定义为

$$q^r_{w1} = \varepsilon_1 \left[\sigma T_{w1}^4 - \int_{\cos\theta<0} 2\pi I(0,\theta) \mid \cos\theta \mid \sin\theta \mathrm{d}\theta \right] \qquad (2.165)$$

$$q^r_{w2} = \varepsilon_2 \left[\sigma T_{w2}^4 - \int_{\cos\theta>0} 2\pi I(L,\theta) \mid \cos\theta \mid \sin\theta \mathrm{d}\theta \right] \qquad (2.166)$$

对这个辐射 – 导热耦合换热模型采用有限体积法进行求解，计算出介质内部和边界上的辐射强度分布，进而利用下式计算出壁面温度 T_{w1} 和 T_{w2} 以及壁面净辐射热流密度 q^r_{w1} 和 q^r_{w2}。

$$T_{w1} = \frac{2\lambda T_1 + h_{f1} T_{f1} \Delta x - q^r_{w1} \Delta x}{2\lambda + h_{f1} \Delta x} \qquad (2.167)$$

$$T_{w2} = \frac{2\lambda T_{N_x} + h_{f2} T_{f2} \Delta x - q^r_{w2} \Delta x}{2\lambda + h_{f2} \Delta x} \qquad (2.168)$$

$$q_{w1}^{r} = \varepsilon_1 \left[\sigma T_{w1}^4 - \sum_{m=N_\theta/2+1}^{N_\theta} 2\pi I(0,\theta^m) \mid \cos\theta^m \mid \sin\theta^m \Delta\theta^m \right] \tag{2.169}$$

$$q_{w2}^{r} = \varepsilon_2 \left[\sigma T_{w2}^4 - \sum_{m=1}^{N_\theta/2} 2\pi I(L,\theta^m) \mid \cos\theta^m \mid \sin\theta^m \Delta\theta^m \right] \tag{2.170}$$

式中，T_1 和 T_{N_x} 分别表示经空间离散后，第一个和最后一个控制体中心点的温度，K；Δx 表示空间网格尺寸，m；$\Delta\theta^m$ 表示角度网格尺寸。

为了验证上述有限体积法处理导热微分方程和辐射传输方程的正确性，将参数设置成与文献[78]中相同，其中介质的长度为 $L=1$ m，吸收系数为 $\kappa=1.0$ m^{-1}，散射系数为 $\sigma_s=0$，折射率为 $n=1$；两侧边界为定温漫射黑体边界，其中介质两侧的壁温分别为 T_{w1} 和 $T_{w2}=500$ K。

计算当辐射导热参数分别为 $N=\lambda\kappa/4\sigma T_{w1}^3 = 0,0.01,0.1,1$ 和 10 时，无量纲温度 $\Theta = T/T_{w1}$ 随无量纲位置 $\xi=x/L$ 的变化曲线。计算结果如图 2.23 所示，在求解一维稳态辐射-导热耦合换热问题的有限体积法中，空间网格数设置为 $N_x=5\,000$，角度网格数设置为 $N_\theta=100$。

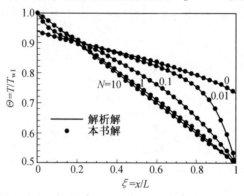

图 2.23　无量纲温度随无量纲位置的变化曲线

从图中可以看出，计算辐射-导热耦合换热的有限体积法的计算结果与文献中的解析解吻合很好，证明了关于一维稳态辐射导热耦合换热问题的有限体积法的正确性，可作为辐射-导热耦合换热逆问题中的正问题求解模型。

2.4.2　辐射-相变耦合换热

半透明材料相变在太阳照射下的冰融化、相变储能材料的工作过程、飞行器隔热材料的烧蚀冷却、晶体的生长成型、激光损伤的光谱诊断等领域有着重要应用。由于辐射和相变过程在物理机制上的耦合作用，给数值求解带来了极大的困难，一方面相变给辐射带来新问题，另一方面辐射对温度场的影响显著改变相变进程[85]。相变模型经历了从简单到复杂的过程，由最初的热平衡积分法到现在的求解基于焓法的能量方程法。

1. 求解方案及控制方程

在固液相变过程中，根据材料相态的不同，可将介质分为液相区、糊状区和固相区，焓法模型可以将三个区内的传热过程统一到一个数学模型中，简化了传热过程的求解。利用基于辐射源项的解耦方式，需要分别求解基于焓法的能量方程和辐射传输方程，有限体积法由于其强大的适应能力，可以很轻松地推广到辐射-相变耦合换热问题的求解当中。

考虑一个厚度为 L 的一维平板形相变介质,如图 2.24 所示,介质置于左右两侧等效黑体温度分别为 $T_{-\infty}$ 和 $T_{+\infty}$ 的环境下,同时受到环境的对流换热作用,其中左右两侧的环境温度分别为 T_{f1} 和 T_{f2},对流换热系数分别为 h_{f1} 和 h_{f2},同时介质的左侧壁面($x=0$)还受到一个工作时间为 t_p、峰值功率为 q_{in} 的平行激光的垂直照射,左右两侧壁面均为不透明漫射灰体壁面,内外侧的发射率相同,分别为 ε_{w1} 和 ε_{w2},介质的相变发生在一个区间内,其中固/糊界面的温度为 T_s,液/糊界面的温度为 T_1,三个相区内的热导率分别为 λ_s,λ_m 和 λ_1,定压比热容分别为 $c_{p,s}$,$c_{p,m}$ 和 $c_{p,1}$,三个相区内的密度 ρ、相变潜热 $\widehat{L}$、折射率 n、吸收系数 κ、散射系数 σ_s 均相同,且不随时间改变,考虑各向同性散射但不考虑辐射的光谱特性,介质的初始温度为 T_0。

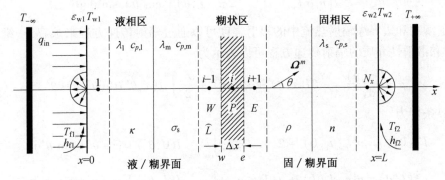

图 2.24　相变介质中的辐射-导热耦合换热示意图

本小节主要考虑辐射和相变的作用,因此不考虑液相区和糊状区的对流换热作用,对于这样一个非稳态的一维辐射-相变耦合换热问题,可以通过求解基于焓法的能量方程和辐射传输方程来处理。介质的总焓可以定义为[86]

$$h = \int_{T_0}^{T} c_p \mathrm{d}T' + f_1 \widehat{L} \tag{2.171}$$

式中,f_1 表示介质的液相率,无量纲;在固相区、糊状区和液相区,它有如下关系:

$$f_1 = \begin{cases} 0, h < h_s \\ \dfrac{h - h_s}{h_1 - h_s}, h_s \leqslant h \leqslant h_1 \\ 1, h > h_1 \end{cases} \tag{2.172}$$

式中,h_s 表示固相临界焓值,J/kg;$h_s = c_{p,s}T_s$;h_1 表示液相临界焓值,J/kg,$h_1 = h_s + c_{p,m}(T_1 - T_s) + \widehat{L}$。

基于焓法的一维非稳态辐射-相变耦合换热能量方程可以写成

$$\frac{\partial(\rho h)}{\partial t} = -\frac{\partial}{\partial x}\left(-\lambda\,\frac{\partial T}{\partial x}\right) - \nabla \cdot \boldsymbol{q}^r \tag{2.173}$$

式中,辐射源项 $\nabla \cdot \boldsymbol{q}^r$ 可由式(2.160)表示。

假设每个相区内的物性分别相等,则代入式(2.171)后,式(2.173)可化为[87]

$$\rho c_p \frac{\partial T}{\partial t} = \lambda\,\frac{\partial^2 T}{\partial x^2} - \nabla \cdot \boldsymbol{q}^r - \rho \widehat{L}\frac{\partial f_1}{\partial t} \tag{2.174}$$

初始条件为
$$T(x,0) = T_0 \tag{2.175}$$

边界条件为

$$\varepsilon_{w1} q_{in} + h_{f1}(T_{f1} - T_{w1}) + \varepsilon_{w1}\sigma(T_{-\infty}^4 - T_{w1}^4) = q_{w1}^r - \lambda\left.\frac{\partial T}{\partial x}\right|_{x=0} \tag{2.176}$$

$$h_{f2}(T_{f2} - T_{w2}) + \varepsilon_{w2}\sigma(T_{+\infty}^4 - T_{w2}^4) = q_{w2}^r + \lambda\left.\frac{\partial T}{\partial x}\right|_{x=L} \tag{2.177}$$

式中,边界的净辐射热流密度 q_{w1}^r 和 q_{w2}^r 可以分别表示为

$$q_{w1}^r = \varepsilon_{w1}\left[n^2\sigma T_{w1}^4 - \int_{\cos\theta<0} 2\pi I(0,\theta)\mid\cos\theta\mid\sin\theta d\theta\right] \tag{2.178}$$

$$q_{w2}^r = \varepsilon_{w2}\left[n^2\sigma T_{w2}^4 - \int_{\cos\theta>0} 2\pi I(L,\theta)\mid\cos\theta\mid\sin\theta d\theta\right] \tag{2.179}$$

辐射源项和边界净辐射热流中的辐射强度可以通过辐射传递方程来求解,一维稳态吸收、发射和散射性介质的辐射传递方程可以表示为

$$\mu\frac{dI(x,\theta)}{dx} = -\beta I(x,\theta) + \kappa I_b(x) + \frac{\sigma_s}{2}\int_0^\pi I(x,\theta')\Phi(\theta',\theta)d\theta' \tag{2.180}$$

边界条件为

$$I^+(0,\theta) = n^2\varepsilon_{w1}I_b(0) + 2(1-\varepsilon_{w1})\int_{\cos\theta'<0} I(0,\theta')\mid\cos\theta'\mid\sin\theta' d\theta' \tag{2.181}$$

$$I^-(L,\theta) = n^2\varepsilon_{w2}I_b(L) + 2(1-\varepsilon_{w2})\int_{\cos\theta'>0} I(L,\theta')\mid\cos\theta'\mid\sin\theta' d\theta' \tag{2.182}$$

由于一维非稳态辐射 – 相变耦合换热模型受很多参数的影响,为了便于分析,需要对上面的控制方程、初始条件以及边界条件进行无量纲化处理。

首先选取一个参考温度 T_{ref},令无量纲温度为 $T^* = \dfrac{T}{T_{ref}}$,无量纲时间为 $t^* = \dfrac{\lambda\beta^2 t}{\rho c_p}$,无量纲热流为 $q^* = \dfrac{q}{4n^2\sigma T_{ref}^4}$,无量纲辐射强度为 $I^* = \dfrac{\pi I}{\sigma T_{ref}^4}$,无量纲对流换热系数为 $h_f^* = \dfrac{h_f}{4n^2\sigma T_{ref}^3}$,导热辐射参数为 $N_{cr} = \dfrac{\lambda\beta}{4n^2\sigma T_{ref}^3}$,斯蒂芬数为 $St = \dfrac{c_p T_{ref}}{\hat{L}}$。

则基于焓法的能量方程及其初始条件和边界条件的无量纲形式为

$$\frac{\partial T^*}{\partial t^*} = \frac{\partial^2 T^*}{\partial\tau^2} - \frac{1}{N_{cr}}\frac{\partial q^{r*}}{\partial\tau} - \frac{1}{St}\frac{\partial f_1}{\partial t^*} \tag{2.183}$$

$$T^*(\tau,0) = T_0^* \tag{2.184}$$

$$\varepsilon_{w1}q_{in}^* + h_{f1}^*(T_{f1}^* - T_{w1}^*) + \frac{\varepsilon_{w1}}{4n^2}(T_{-\infty}^{*4} - T_{w1}^{*4}) = q_{w1}^{r*} - N_{cr}\left.\frac{\partial T^*}{\partial\tau}\right|_{\tau=0} \tag{2.185}$$

$$h_{f2}^*(T_{f2}^* - T_{w2}^*) + \frac{\varepsilon_{w2}}{4n^2}(T_{+\infty}^{*4} - T_{w2}^{*4}) = q_{w2}^{r*} + N_{cr}\left.\frac{\partial T^*}{\partial\tau}\right|_{\tau=\tau_L} \tag{2.186}$$

辐射传递方程及其边界条件的无量纲形式为

$$\mu\frac{dI^*(\tau,\theta)}{d\tau} = -I^*(\tau,\theta) + n^2(1-\omega)T^{*4}(\tau) + \frac{\omega}{2}\int_0^\pi I^*(\tau,\theta')\Phi(\theta',\theta)d\theta' \tag{2.187}$$

$$I^{*+}(0,\theta) = n^2 \varepsilon_{w1} T_{w1}^{*4} + 2(1 - \varepsilon_{w1}) \int_{\cos\theta'<0} I^*(0,\theta') \mid \cos\theta' \mid \sin\theta' d\theta' \quad (2.188)$$

$$I^{*-}(\tau_L,\theta) = n^2 \varepsilon_{w2} T_{w2}^{*4} + 2(1 - \varepsilon_{w2}) \int_{\cos\theta'>0} I^*(\tau_L,\theta') \mid \cos\theta' \mid \sin\theta' d\theta' \quad (2.189)$$

对基于焓法的能量方程和辐射传递方程应用有限体积法进行空间离散和角度，求解后可以得到两个边界的温度，即

$$T_{w1}^{m+1} = \frac{2\lambda T_1 + h_{f1} T_{f1} \Delta x - q_{w1}^r \Delta x}{2\lambda + h_{f1} \Delta x} + \varepsilon_{w1} \Delta x \cdot \frac{\sigma(T_{-\infty}^4 - T_{w1}^{m4}) + q_{in}[H(t) - H(t-t_p)]}{2\lambda + h_{f1} \Delta x} \quad (2.190)$$

$$T_{w2}^{m+1} = \frac{2\lambda T_{N_x} + h_{f2} T_{f2} \Delta x - q_{w2}^r \Delta x + \varepsilon_{w2} \sigma(T_{+\infty}^4 - T_{w2}^{m\,4}) \Delta x}{2\lambda + h_{f2} \Delta x} \quad (2.191)$$

式中，上标 $m+1$ 表示当前迭代时的值，m 表示上一次迭代时的值。

为了验证有限体积法的计算精度，选取文献[89]中参数进行计算，有一半无限大平板，它的密度为 $\rho = 1\,000 \text{ kg/m}^3$，不考虑对流的作用，介质在三个相区的热导率分别为 $\lambda_s = 10 \text{ W/(m·K)}$，$\lambda_m = 7.6 \text{ W/(m·K)}$ 和 $\lambda_1 = 6 \text{ W/(m·K)}$，在三个相区的定压比热容分别为 $c_{p,s} = 1\,000 \text{ J/(kg·K)}$，$c_{p,m} = 1\,120 \text{ J/(kg·K)}$ 和 $c_{p,1} = 1\,200 \text{ J/(kg·K)}$，介质左侧边界为定温 $T_{w1} = 0 \text{ ℃}$，介质的固/糊界面温度为 $T_s = 60 \text{ ℃}$，液/糊界面的温度为 $T_1 = 80 \text{ ℃}$，介质的初始温度为 $T_0 = 100 \text{ ℃}$，计算当相变潜热 $\widehat{L}$ 分别为 10^5 J/kg 和 10^6 J/kg 时，在 $t = 10^5 \text{ s}$ 时刻介质的温度场分布以及在 $t < 2 \times 10^5 \text{ s}$ 时间内相变界面的位置。

根据文献[90]中的结论，当时间 $t \leqslant 0.06 x^2 \cdot \rho c_{p,s}/\lambda$ 时，在 x 处的温度可以认为完全不变，即上面的半无限大物体可以转换成厚度 $L = 6 \text{ m}$、右侧绝热的模型，这样应用空间网格数为 $N_x = 1\,000$、时间步长为 $\Delta t = 0.5 \text{ s}$ 的有限体积法求解，计算出在 $t = 10^5 \text{ s}$ 时刻无量纲温度 $T^* = T/T_0$ 的分布和 $t < 2 \times 10^5 \text{ s}$ 时间内固/糊界面和液/糊界面的位置，如图 2.25 所示。从图中可以看出，本书的有限体积法计算结果与文献[89]中的结果吻合得很好，证明了有限体积法对基于焓法的能量方程计算的正确性，可在反演过程中作为正问题的求解模型。

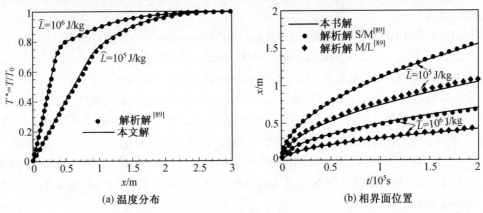

(a) 温度分布 (b) 相界面位置

图 2.25 辐射−相变耦合换热的计算结果

参考文献

[1] BOHREN C F, HUFFMAN D R. Absorption and scattering of light by small particles[M]. New York：John Wiley & Sons, Inc. , 1983.

[2] 姚启钧. 光学教程[M]. 2版. 华东师大光学教材编写组改编. 北京：高等教育出版社, 1989.

[3] 余其铮. 辐射换热原理[M]. 哈尔滨：哈尔滨工业大学出版社, 2000.

[4] 石丸 A. 随机介质中波的传播与散射[M]. 黄润恒, 周诗健, 译. 北京：科学出版社, 1986.

[5] 章冠人. 光子流体动力学基础[M]. 北京：国防工业出版社, 1996.

[6] 谢仲生, 邓力. 中子输运理论数值计算方法[M]. 西安：西北工业大学出版社, 2005.

[7] 过增元. 国际传热研究前沿——微细尺度传热[J] 力学进展, 2000, 30：1-6.

[8] MODEST M F. Radiative heat transfer [M]. New York：Academic Press, 2003.

[9] CARRIER G F, KROOK M, PEARSON C E. Functions of a complex variable：theory and practice[M]. New York：Siam, 2005.

[10] 罗剑峰, 易红亮, 甄欠, 等. 用射线踪迹法解黑表面矩形介质耦合换热[J]. 工程热物理学报, 2010, 1：90-93.

[11] HOTTEL H C, COHEN E S. Radiant heat exchange in a gas-filled enclosure allowance for nonuniformity of gas temperature[J]. AICHE Journal, 1958, 4：3-14.

[12] LOCKWOOD F C, SHAH N G. A new radiation solution method for incorporation in general combustion prediction procedures [C]. Pittsburgh：Proc. 18th Symposium (Int.) on Combustion, 1981：1403-1414.

[13] SCHUSTER A. Radiation through a foggy atmosphere[J]. J. of Astrophys, 1905, 21：1-22.

[14] SCHWARZSCHILD K. Equilibrium of the sun's atmosphere[J]. Akad. Wiss, Gottingen, Math. – Phys. J. of Klasse Nachr. , 1906, 195：41-53.

[15] SELCUK N, SIDDALL G R. Two-flux spherical harmonic modeling of two-dimensional radiative transfer in furnaces[J]. Int. J. of Heat and Mass Transfer, 1976, 19：313-321.

[16] 王应时, 范维澄, 周力行, 等. 燃烧过程数值模拟[M]. 北京：科学出版社, 1986.

[17] 范维澄, 陈义良, 洪茂玲. 计算燃烧学[M]. 合肥：安徽科学技术出版社, 1987.

[18] 王福恒. 高速飞行体尾喷焰辐射特性研究进展[J]. 力学进展, 1991, 21(1)：39-52.

[19] SIEGEL R, HOWELL J. Thermal radiation heat transfer[M]. 4th ed. New York：Hemisphere Publication, 1999.

[20] 宋跃超. 参与性介质内辐射传输源项六流法模型研究[D]. 哈尔滨：哈尔滨工业大学, 2007.

[21] 阮立明, 齐宏, 王圣刚, 等. 圆柱坐标系下任意方向辐射强度的源项六流法模拟[J]. 计算物理, 2009, 26(3)：437-443.

[22] 赵辉. 参与性介质方向辐射的广义多流法研究[D]. 哈尔滨：哈尔滨工业大学, 2008.

[23] 齐宏, 王大林, 黄细珍, 等. 求解任意方向辐射强度的广义多流法[J]. 工程热物理学报, 2009, 30(7): 1204-1206.

[24] 刘林华, 余其铮, 阮立明, 等. 求解辐射传输方程的离散坐标法[J]. 计算物理, 1998, 15(3): 337-343.

[25] FIVELANDW A. Discrete-ordinates solutions of the radiative transport equation for rectangular enclosures[J]. ASME Journal of Heat Transfer, 1984, 106(2): 699-706.

[26] FIVELAND W A, JESSEE J P. Finite element formulation of the discrete ordinates method for multidimensional geometries [J]. International Journal of Thermophysics and Heat Transfer, 1994, 8: 427-433.

[27] LI B W, YAO Q, CAO X Y, et al. A new angular quadrature set for discrete ordinate method[J]. ASME Journal of Heat Transfer, 1998, 120(2): 514-518.

[28] 李本文, 姚强, 曹新玉, 等. 一种新的辐射换热离散坐标算法[J]. 化工学报, 1998, 49(3): 288-293.

[29] LI B W, LIU R X, TAO W Q. Ray effect in ry tracing method for radiative heat transfer [J]. International Journal of Heat and Mass Transfer, 1997, 40(14): 3419-3426.

[30] 贺志宏. 多维辐射传递与耦合换热研究及其在航天技术中的应用[D]. 哈尔滨: 哈尔滨工业大学, 2001.

[31] CHANDRASEKHAR S. Radiative transfer [M]. New York: Dover Publications Inc., 1960.

[32] LATHROP K D. Use of discrete-ordinate methods for solution of photon transport problems [J]. Nuclear Science and Engineering, 1966, 24: 381-388.

[33] LOVE T J, GROSH R J. Radiative heat transfer in absorbing, emitting and scattering media[J]. ASME Journal of Heat Transfer, 1965, 87: 161-166.

[34] QI H, RUAN L M, SHI M, et al. Application of multi-phase particle swarm optimization technique to inverse radiation problem[J]. Journal of Quantitative Spectroscopy and Radiative Transfer, 2008, 109(3): 476-493.

[35] TAN H P, SHUAI Y, DONG S K. Analysis of rocket plume base heating by using backward monte-carlo method[J]. AIAA J. of Thermophysics and Heat Transfer, 2005, 19(1): 125-127.

[36] CHAI J C, LEE H S, PATANKAR S V. Improved treatment of scattering using the discrete ordinates method[J]. Journal of heat transfer, 1994, 116(1): 260-263.

[37] CHAI J C, PATANKAR S V, LEE H S. Evaluation of spatial differencing practices for the fiscrete-ordinates method[J]. Journal of Thermophysics and Heat Transfer, 1994, 8(1): 140-144.

[38] RAITHBY G D, CHUI E H. A finite-volume method for predicting a tadiant heat transfer in enclosures with participating media[J]. ASME J. Heat Transfer, 1990, 112: 410-415.

[39] CHAI J C, LEE H S, PANTANKAR S V. Finite-volume method for radiation heat transfer [J]. International Journal of Thermophysics and Heat Transfer, 1994, 8(3): 419-425.

[40] MODER J L P, CHAI J C, PARTHASARATHY G, et al. Nonaxisymmetric radiative trans-

fer in cylinderical enclosures[J]. Numerical Heat Transfer, Part B, 1996, 30: 437-452.

[41] BAEK S W, KIM M Y. Analysis of radiative heating of a rocket plume base with the finite volume method[J]. International Journal of Heat and Mass Transfer, 1997, 40(7): 1501-1508.

[42] 贺志宏, 谈和平, 刘林华. 有限体积法解多场耦合下散射性非灰介质内的辐射换热[J]. 化工学报, 2001, 52(5): 434-439.

[43] 齐宏, 阮立明, 董士奎, 等. 离散格式对辐射换热有限体积法精度的影响[J]. 哈尔滨工业大学学报, 2005, 37(12): 1621-1624.

[44] KIM M Y, BAEW S W, PARK J H. Unstrctured finite-volume method for radiative heat transfer in a complex two-dimension geometry with obstacles[J]. Numerical Heat Transfer, Part B-Fundamentals, 2011, 39: 617-635.

[45] COURANT R. Variational method for solution of problems of equilibrium and vibrations [J]. Bulletin of the American Mathematical Society, 1943, 49: 1-23.

[46] 孔祥谦. 有限单元法在传热学中的应用[M]. 北京: 科学出版社, 1998.

[47] 王勖成, 邵敏. 有限单元法基本原理和数值方法[M]. 北京: 清华大学出版社, 1995.

[48] 齐宏, 阮立明, 谭建宇. 矩形介质内辐射换热的有限元法[J]. 计算物理, 2004, 21 (6): 547-550.

[49] 齐宏, 阮立明, 菅立川, 等. 导弹尾喷焰红外辐射特性的有限单元法研究[J]. 装备指挥技术学院学报, 2007, 18(3): 72-76.

[50] VISKANTA R. Heat transfer by conduction and radiation in absorbing and scattering materials[J]. ASME Journal of Heat Transfer, 1965, 87: 143-150.

[51] ANTEBY I, SHAI I, ARBEL A. Numerical calculations for combined conduction and radiation transient heat transfer in a semitransparent media[J]. Numerical Heat Transfer, Part A, 2000, 37: 359-371.

[52] FIVELAND W A. Finite element formulation of the discrete ordinates method for multidimensional geometries[J]. AIAA Journal of Thermophysics and Heat Transfer, 1994, 8: 426-433.

[53] LIU L H . Finite element simulation of radiative heat transfer in absorbing and scattering media[J]. AIAA Journal of Thermophysics and Heat Transfer, 2004, 18 (4): 555-557.

[54] AN W, RUAN L M, QI H, et al. Finite element method for radiative heat transfer in absorbing and anisotropic scattering media[J]. Journal of Quantitative Spectroscopy Radiative Transfer, 2005, 96(3-4): 409-422.

[55] RUAN L M, AN W, TAN H P, et al. Least-squares finite element method for multidimensional radiative heat transfer in absorbing and scattering media[J]. Numerical Heat Transfer, Part A, 2007, 51: 657-677.

[56] CUI X, LI B Q . Discontinuous finite element solution of 2D radiative transfer with and without axisymmetry[J]. Journal of Quantitative Spectroscopy Radiative Transfer, 2005, 96(3-4): 383-407.

[57] CUI X, LI B Q . A discontinuous finite element formulation for internal radiation problems

［J］. Numerical Heat Transfer, Part A, 2004, 46(3): 223-242.

［58］ LIU L H . Meshless local petrov-galerkin method for solving radiative transfer equation［J］. AIAA Journal of Thermophysics and Heat Transfer, 2006, 20(1): 150-154.

［59］ TAN J Y, LIU L H, LI B X . Least-squares collocation meshless approach for coupled radiative and conductive transfer［J］. Numerical Heat Transfer, Part B, 2006, 49: 125-141.

［60］ ZHAO J M, LIU L H . Least-square spectral element method for radiative heat transfer in semitransparent media［J］. Numerical Heat Transfer, Part B, 2006, 50(5): 473-489.

［61］ 赵军明. 求解辐射传输方程的谱元法［D］. 哈尔滨:哈尔滨工业大学, 2007.

［62］ KARNIADAKIS G M. Special/hip element methods for CFD［M］. New York:Oxford University Press,1999.

［63］ LIUL H . Meshless method for radiation heat transfer in graded index medium［J］. International Journal of Heat and Mass Transfer, 2006, 49 (1-2): 219-229.

［64］ 谈和平, 夏新林, 刘林华, 等. 红外辐射特性与传输的数值计算——计算热辐射学［M］. 哈尔滨: 哈尔滨工业大学出版社, 2006.

［65］ 刘林华, 赵军明, 谈和平. 辐射传输方程数值模拟的有限元和谱元法［M］. 北京:科学出版社, 2008: 44-53.

［66］ HUGHES T J R, BROOKS A. Streamline upwind/petrov - galerkin formulation for convection dominated flows with particular emphasis on the incompressible navier - stokes equations［J］. Computer Methods in Applied Mechanics and Engineering, 1982, 32: 199-259.

［67］ DONEA J. A taylor-galerkin method for convective transport problems［J］. International Journal for Numerical Methods in Engineering, 1984, 20: 101-119.

［68］ LAURA L B, TANG L Q, TSANG T T H. On a least-squares finite element method for advective transport in air pollution modeling［J］. Atmospheric Environment, 1995, 29(12): 1425-1439.

［69］ 安巍. 求解辐射传输的有限元法及瞬态辐射反问题研究［D］. 哈尔滨:哈尔滨工业大学, 2007.

［70］ RAITHBY G D. Evaluation of discretization errors in finite-volume radiant heat transfer predictions［J］. Numerical Heat Transfer, Part B, 1999, 36: 241-264.

［71］ JEANS J H. The equations of radiativetransfer of energy［J］. Monthly Notices Royal Astronomical Society, 1917, 78: 28-36.

［72］ MURRAY R L. Nuclear reactor physics［M］. Englewood Cliffs: Prentice Hall, 1957.

［73］ DAVISON B. Neutron transport theory［M］. London: Oxford University Press, 1958.

［74］ KOURGANOFF V. Basic methods in transfer problems［M］. New York: Dover Publications, 1963: 36-97.

［75］ BAYAZITOGLU Y, HIGENYI J. The higher-order fifferential rquations of tadiative transfer: P3 approximation［J］. AIAA Journal, 1979, 17: 424-431.

［76］ RATZEL A C, HOWELL J R. Two-dimensional radiation in absorbing-emitting-scattering media using the P_N approximation［J］. Journal of Heat Transfer-Transactions of the ASME,

1983, 105: 333-340.

[77] CHENG P. Dynamics of a radiating gas with application to flow over a wavy wall[J]. AIAA Journal, 1966, 4(2): 238-245.

[78] OU S C S, LIOU K N. Generalization of the spherical harmonic method to radiative transfer in multi-dimensional space[J]. Journal of Quantitative Spectroscopy and Radiative Transfer, 1982, 4(28): 271-288.

[79] MENGUC M P, VISKANTA R. Radiative transfer in three-dimensional rectangular enclosures containing inhomogeneous, anisotropically scattering media[J]. Journal of Quantitative Spectroscopy and Radiative Transfer, 1985, 33(6): 533-549.

[80] MODEST M F. The modified differential approximation for radiative transfer in general three-dimensional media[J]. Journal of Thermophysics and Heat Transfer, 1989, 3(3): 283-288.

[81] MODEST M F. The improved differential approximation for radiative transfer in multi-dimentional media[J]. ASME Journal of Heat Transfer, 1990, 112: 819-821.

[82] 王希影. 气溶胶粒子光学常数的实验研究及辐射传输的数值模拟[D]. 哈尔滨:哈尔滨工业大学, 2012.

[83] WANG X Y, QI H, WANG S G, et al. The combined radiative integral equations and finite element method for radiation in anisotropic scattering media[J]. Numerical Heat Transfer Part B, 2012, 61: 387-411.

[84] 余其铮. 辐射换热原理[M]. 哈尔滨:哈尔滨工业大学出版社, 2000.

[85] YI H L, TAN H P, ZHOU Y. Coupled radiation and solidification heat transfer inside a graded index medium by finite element method[J]. International Journal of Heat and Mass Transfer, 2011, 54(13): 3090-3095.

[86] RAJ R, PRASAD A, PARIDA P R, et al. Analysis of solidification of a semitransparent planar layer using the lattice boltzmann method and the discrete transfer method[J]. Numerical Heat Transfer, Part A: Applications, 2006, 49(3): 279-299.

[87] MISHRA S C, BEHERA N C, GARG A K, et al. Solidification of a 2-D semitransparent medium using the lattice boltzmann method and the finite volume method[J]. International Journal of Heat and Mass Transfer, 2008, 51(17-18): 4447-4460.

[88] ZHANG Y, YI H L, TAN H P. Natural element method for radiative heat transfer in two-dimensional semitransparent medium[J]. International Journal of Heat and Mass Transfer., 2013, 56(1): 411-423.

[89] JIAUNG W S, HO J R, KUO C P. Lattice boltzmann method for the heat conduction problem with phase change[J]. Numerical Heat Transfer, Part B: Fundamentals, 2001, 39(2): 167-187.

[90] 杨世铭, 陶文铨. 传热学[M]. 4版. 北京:高等教育出版社, 2006.

第3章 辐射传输逆问题求解的群体智能优化理论

辐射逆问题在工程技术领域中具有重要的应用背景,本章旨在对辐射逆问题求解的群体智能优化算法进行系统的介绍。逆问题是根据事物的演化结果,由可观测的现象来探求事物的内部规律或所受外部的影响,由表及里,索隐探秘,起着倒果求因的作用。逆问题在近几十年来,已经成为发展最快的学科之一。在热辐射传输领域,辐射逆问题也得到了广泛的重视和研究。

逆问题的实质是优化,即指在合理的时间范围内为一个优化问题寻找最优可行解的过程。所谓优化问题,就是在满足一定的约束条件下,寻找一组参数值,以使系统(或函数)的某些最优性度量得到满足,使系统的某些性能指标达到最大或最小。寻求问题最优可行解过程的第一步是要对问题进行描述和建立问题的数学模型,即利用数学方程式和不等式来描述说明所求的优化问题,其中包括目标函数和约束条件,而识别目标、确定目标函数的数学表达形式尤为关键。不失一般性,假设所考虑的优化问题为

$$\begin{cases} \min F_{\text{obj}} = f(X) \\ \text{s. t. } X \in S = \{X \mid g_i(X) \leqslant 0, i = 1, \cdots, m\} \end{cases} \tag{3.1}$$

式中,$F_{\text{obj}} = f(X)$ 为目标函数;$g_i(X)$ 为约束函数;S 为约束域;X 为 n 维优化变量。当 X 为连续变量时,最优化问题为函数优化问题;当 X 为离散变量时,最优化问题为组合优化问题。当 $f(X)$ 和 $g_i(X)$ 为线性函数且 $X \geqslant 0$ 时,上述优化问题为线性规划问题,其求解方法有成熟的单纯形法和卡马卡(Karmarkar)方法[1]。当 $f(X)$,$g_i(X)$ 中至少有一个函数为非线性函数时,上述问题即为非线性规划问题。非线性规划问题相当复杂,其求解方法多种多样,但到目前为止仍然没有一个有效的适合所有问题的方法。辐射传输逆问题是典型的复杂非线性规划问题。

辐射逆问题的求解方法在理论上可以分为两类,即确定性算法和随机性算法。确定性方法一般是从一个给定的初值开始,依据一定的方法寻找下一个解,使得目标函数得到改善,直至满足某种停止准则。成熟的确定性算法有很多,如共轭梯度法、David-Fletcher-Power(DFP)法、Newton-Raphson法、Broyden-Fletcher-Goldfarb-Shann(BFGS)法、Fletcher-Reeves法、Polar-Ribiere法等,还有专门为求解最小二乘问题而发展的 Levenberg-Marquardt(L-M)算法。这些算法均属于局部优化算法,对目标函数有一定的解析性质要求,如 Newton-Raphson 法要求目标函数连续可微,同时要求其一阶导数连续等。随着辐射传输理论及工程应用技术的发展,出现了许多具有非线性、高维、不连续等特点的辐射传输逆问题,如基于超短脉冲激光的瞬态辐射传输逆问题、基于瞬态辐射传输理论的近红外光学成像问题、基于方向辐射能量测量的炉膛火焰温度检测、基于微尺度辐射传输的太阳能薄膜反设计等,这些问题一般都难以用传统的确定性算法来解决。为求解这些问题,学者们提出了智能随机优化思想,并发展了许多智能随机性优化算法,如遗传算法、微粒群算法、蚁群算法、模拟退

火算法等。与传统数学方法相比,智能随机性优化算法的最大特点是不需要建立关于问题本身的精确数学模型,可在信号或数据层直接对输入信息进行处理,非常适合于处理难以建立形式化模型、使用传统算法难以有效求解甚至根本无法解决的问题。因此,智能随机优化算法为各种问题尤其是复杂辐射传输逆问题的求解提供了一个新颖的途径,显示出强大的生命力和广阔的发展前景。

本章主要介绍逆问题求解的智能优化理论的分类及计算原理,在简要介绍智能优化理论和各类优化问题后,详细论述了粒子群和蚁群算法及其重要变体,证明了这些优化算法解决实际问题的能力,重点介绍辐射传输逆问题求解常用的两种群体智能优化算法——微粒群算法和蚁群算法的提出、发展和运用到实际问题的过程以及在解决逆问题求解中的独特优势,同时针对它们各自的缺点,研究人员提出了许多相应的改进措施,以提高其解决实际问题的性能。

3.1　辐射传输逆问题的分类

在辐射介质组成的系统中,由系统向外界出射的辐射信号反演重构系统内部参数或边界条件,这样一类问题称为辐射逆问题。按应用目的可将其分为两类:① 测量问题,如反演介质辐射特性[2,3]、介质内部的温度分布[4]、粒子粒径的大小和分布[5,6]等;② 反设计问题,如辐射罩的设计[7]、红外隐身涂层设计等。根据求解参数的类型,辐射逆问题又可分为辐射特性参数求解的逆问题[8]和辐射源项(温度)分布求解的逆问题[9]。

根据辐射正问题求解所依据控制方程的差异,介质辐射逆问题可分为辐射传输逆问题和辐射源项逆问题两类。基于辐射传输方程求解的逆问题称为辐射传输逆问题,此时温度场已知或介质本身辐射可忽略不计,此类逆问题通常求解对象为辐射物性或几何参数等;当介质本身辐射不可忽略且温度场未知时,除了辐射传输方程之外,能量守恒也应作为求解辐射逆问题所必须依据的另一个控制方程,称为辐射源项逆问题,此类逆问题通常求解对象为温度分布或辐射源项等。

根据辐射传输过程是否与时间相关,辐射传输逆问题可分为稳态辐射传输逆问题和瞬态辐射传输逆问题。稳态辐射传输逆问题,主要是根据有限测量的边界方向辐射强度、辐射热流、透射率、反射率、边界或内部某些位置的温度或其他量来反演介质内部物性参数或边界条件,不考虑辐射强度随时间的变化。瞬态辐射传输逆问题,其根本目标是信息重建,研究重点是将光子作为信息载体,研究低能超短脉冲信号在介质中的瞬态传输过程,通过测量时变(或频变)透射或反射信号来重构介质的内部光学特性,从而得到介质内部的几何结构。

根据反演物理量的不同,稳态辐射传输逆问题还可分为:介质辐射特性的反演,如介质的吸收系数、散射系数、相函数(或其展开系数)和反照率等的反演;介质其他非辐射参量的反演,如非均匀粒子系粒径分布及数密度的反演,大气辐射与遥感、中子传输等问题中常见的粒子大小、数密度、组分浓度和层厚的反演等。

目前,有关介质辐射物性重建逆问题的研究可分为以下三个方面。

1. 反演介质参数的研究

反演介质参数的研究包括介质物性、介质温度分布或辐射源项等。很多学者通过测量介质外部边界处的方向辐射强度或辐射热流来反演介质的辐射源项、吸收系数、散射系数、反照率、相函数和光学厚度等[10-17]，也包括以上各参数的同时反演，例如 1993 年，Li 等[10]利用共轭梯度法(Conjugate Gradient,CG)通过测量边界上的方向辐射强度同时反演了一维吸收、发射和各向同性散射性介质的温度分布及边界的漫反射率；刘林华、谈和平和余其铮等[11]研究了一维介质温度与表面黑度联合反演；2001 年，刘林华等[12]分别利用共轭梯度法和二维网格搜索方法通过边界上的温度和方向辐射强度反演了介质的源项分布和边界发射率，并且分析了测量误差、各向异性散射相函数、单次散射反照率、光学厚度及壁面发射率对反演精度的影响；周怀春等[13]采用正则化算法同时反演二维炉膛系统的温度分布、表面吸收率和介质的吸收系数；Chalhoub[14]提出了一种同时反演自然水体反照率和相函数的方法；周怀春等[15]提出了联合反演一维介质温度和辐射特性的方法；2007 年，安巍和阮立明等[16]通过测量边界上的瞬态反射信号和透射信号反演了一维不均匀半透明介质的吸收系数和散射系数，其中正问题采用最小二乘有限元法(Least-Squares Finite Element Method, LS-FEM)求解，逆问题采用共轭梯度法求解，指出反演精度不仅与正问题求解模型的精度有关，还与测量信号的质量有关；2012 年，Knupp 等[17]利用 L-M 算法(Levenberg-Marquardt Method)通过测量边界上的辐射强度反演了两层介质内的吸收和散射系数，并分析了壁面测量值对反演参数的灵敏度。对于辐射源项或温度场分布的逆问题研究包括对平行平板、球形、圆柱形、矩形和其他三维复杂形体的吸收散射性介质的反演[18-25]。例如 Siewert[18]，Li[19]等在已知辐射特性的条件下，利用介质自身的辐射信号构造反演模型，对一维半透明介质内温度场或辐射源项进行了反演。刘林华和谈和平[20]，范宏武、李炳熙和王如竹等[21]在辐射特性已知的条件下构造反演模型，对多维介质温度场和辐射源项进行了反演。关于多维参数场的反演主要集中在火焰温度场重建和生物医学光学成像领域。1997 年，Saquib 等[22]利用共轭梯度法通过边界上的扩散光信号重建了组织内部的吸收和散射系数场，其中正问题求解方法为有限差分法(Finite Difference Approach)，逆问题求解过程中的梯度计算方法为伴随差分法(Adjoint Differentiation)，利用广义高斯马尔科夫随机场将参数场(Generalized Gaussian Markov Random Field,GGMRF)反演问题转化为一个图像重建的最大后验概率估计(Maximum a Posteriori,MAP)问题。2003 年，周怀春等[23]通过壁面上的辐射能量图像，利用改进的 Tikhonov 正则化方法重建了二维火焰温度场分布。2005 年，Schweiger 等[24]利用正则化高斯-牛顿法(Gauss-Newton Method)，通过边界上频域扩散光重建了介质的吸收散射系数场。2011 年，Balima 等[25]综述了频域扩散光学层析成像的最新进展。

2. 各种不同反演算法的研究

目前，辐射逆问题的研究方法以基于导数(或梯度)计算的共轭梯度法(Conjugate Gradient, CG)、Levenberg-Marquardt 法、最小二乘法等为主。例如，Menguc 等[26]采用 Levenberg-Marquardt 法结合半经验公式近似反演了轴对称圆柱形散射粒子系的衰减系数、散射相函数、非对称因子等辐射物性。但该方法忽略了介质的本身辐射和二次以上的多次散射。Ou 等[27]采用 CG 法结合离散坐标法反演了平行光照射的圆柱形非均匀粒子介质的衰减系数分布、散射反照率和相函数，结果表明反演结果的精度随着反照率的增大而降低，当存在一定的测量误差时，反演结果是比较准确的。除传统的基于导数的逆问题求解方法外，近年来还有一些新的智能反演技术应用于辐射物性逆问题，包括遗传算法(Genetic Algorithm,

GA)、神经网络、微粒群算法(Particle Swarm Optimization, PSO)等。Li 等[28]采用遗传算法反演一维平行平板的散射反照率、光学厚度和相函数。Jones 等[29]采用 GA 法结合角度光散射测量技术,反演火箭发动机喷焰粒子的光学特性和尺寸分布。Bokar 等[30]将神经网络技术应用到辐射物性逆问题求解中,神经网络可根据边界辐射强度的测量值反演单色反照率以及系统的光学厚度。Kim 等[31]采用 GA 法通过边界温度的测量值反演二维非规则吸收、发射和散射性介质的壁面发射率。研究结果指出,在高温环境下,必须精确地测量边界温度才能较准确地反演边界发射率。在反设计问题的研究中,2000 年,Howell 等[32]设计了一个三维工业炉腔,对比了共轭梯度正则化法、Tikhonov 方法和截断奇异值分解(Truncated Singular Value Decomposition,TSVD)三种反设计技术的效果。2006 年,Daun 等[33]对比了共轭梯度正则化方法、截断奇异值分解、Tikhonov 方法、拟牛顿最小化方法(Quasi-Newton Minimization)和模拟退火方法(Simulated Annealing,SA)五种反设计技术在辐射换热器反设计中的优劣。2009 年,谭建宇等[34]利用无网格法作为正问题求解模型,采用零阶正则化方法(Zeroth Order Regularization Method)和共轭梯度法进行二维辐射换热器的几何反设计。2013 年,董健[35]利用遗传算法结合严格耦合波分析法(Rigorous Coupled Wave Analysis)对微结构光栅进行了结构设计。2014 年,Moghadassian 等[36]利用有限体积法进行正问题计算,采用 L-M 方法研究了一个二维方形自然对流和辐射耦合换热的边界条件反设计问题。

3. 粒子基本物性参数的反演研究

粒子基本物性参数的反演研究属于多参数群热辐射逆问题,即粒子光学常数(复折射率)的研究。粒子复折射率属于基本物性参数,是用来表征固体宏观光学性质的物理量,折射率 n 和吸收指数 k 是两个基本的光学常数,二者分别构成复折射率的实部和虚部。实际上,光学常数并非真正意义上的常数,而是入射光波频率的函数,光学常数的这种频率依赖性称为色散关系。复折射率与粒子的组成成分及温度水平等有关,同时也与表面状况有关。与块状材料相比,粒子具有较大的比表面积,导致粒子的复折射率与块状材料不同[37]。很多实验已经验证了块状物质与同材料粒子的光学常数是不同的,并且当粒子直径量级达到与入射光波长可比拟时,不能忽略由于粒径变化引起的光学常数的变化[38]。粒子复折射率不可直接测量(没有直接测量复折射率的仪器),只能利用某种实验结果,结合相应的理论模型,利用逆问题研究方法计算求得。粒子复折射率求解的困难在于:首先是由于很难根据测量的光谱数据得到 n,k 的显示表达式,故除极少特殊情况外,一般不能直接根据透射率、反射率、散射强度等的测量值进行求解,需通过作图、采用近似算法或利用计算机进行数值反演;其次是由于 n,k 不是互相独立的,会导致反演结果的多值性,再加上实验样品粒子与假设的理想条件(均质、球形)之间的差别,使得实际的测量值带有很大的主观性和随意性。求复折射率的实验方法有多种,一般分为测反射率、测方向散射率及测单色透射率光谱,某些研究只测某一种量,而在另外一些研究中则再测另外一个(或几个)量作为补充。总体上讲,研究方法可分为反射法、透射法和散射法三类,具体研究状况参见文献[5]。

目前国内外有关介质辐射逆问题的研究:①主要针对一维问题,多维问题的研究开展得比较少;②一维介质多参数群的联合反演近几年才见报道;②多维散射性介质中多参数群联合反演研究才刚刚起步。而实际工程中,大部分热辐射测量和反设计问题属于多维散射性介质中多参数群的联合反演,此类目标函数均为多峰函数。热辐射逆问题的多峰函数求全局极值有其特殊性,一方面在于逆问题数学求解固有的不稳定性和对初值的依赖性;另一方面在于含粒子介质的物理本质,包括辐射传输的方向性、沿程性以及各向异性散射,导致其控制方程为积分-微分方程,如果反演粒子光学常数,应借助电磁理论,导致问题更为复杂。

3.2　智能优化理论概述

根据模拟对象的不同,现有的计算智能可以分为两类,即模拟物理化学规律所产生的计算智能算法和模拟生物界的智能行为所产生的计算智能算法。其中受自然界中的物理化学规律启发,一些学者提出了相应的计算智能算法,如模拟万有引力定律的中心力算法[39]、模拟磁铁引力与斥力原理的类电磁机制算法[40]以及模拟牛顿第二定律的拟态物理学全局优化算法[41]等。而根据其模拟对象的数量不同,模拟生物界的智能行为所产生的计算智能算法又可分为基于生物种群模拟的方法和基于生物个体模拟的方法两类。基于生物种群模拟的方法是指模拟生物界群体的智能行为所产生的计算智能算法;基于生物个体模拟的方法是指模拟生物个体的智能行为所产生的计算智能算法。

基于种群模拟的计算智能包括进化计算[42]、群体智能[43]及多 Agent 系统[44]等。其中,进化计算模拟了种群进化的方式,主要包括遗传算法[45]、进化规划[46]、进化策略[47]等算法。而群体智能和多 Agent 系统则模拟了种群的协作模式,其中,群体智能包括蚁群算法[48]、微粒群算法[49]、人工蜜蜂算法[50]、组织进化算法[51]、搜索优化算法[52]、视觉扫描优化算法[53]、免疫计算[54]等。基于生物个体的模拟大致包括神经网络[55]、支持向量机[56]等,其中神经网络模拟人脑神经元的结构,支持向量机模拟人的模式识别能力。智能计算的分类如图 3.1 所示。

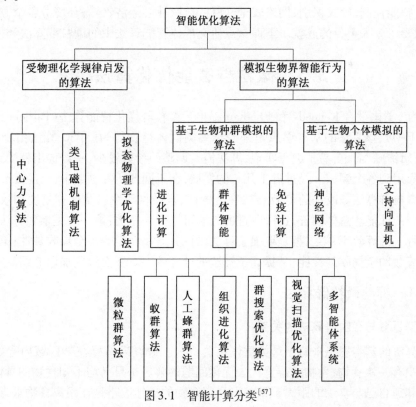

图 3.1　智能计算分类[57]

　　上述各智能优化计算研究分支的产生过程均是相对独立的,并且不同程度上各自发展成为一个较宽广的研究领域,有着不同的计算模型与理论基础,可用来求解各个不同领域中的非线性复杂问题,尤其是现实世界中的各种工程优化问题。但是它们本质上具备共同的智能特征,因此,在发展过程中不可避免地会产生融合,从而形成混合智能计算模型,基于综合集成的观点建立和混合集成智能计算方法的开发,是智能优化算法的重要发展方向之一。

　　智能计算方法是借鉴和模拟生物结构和行为,乃至自然现象、过程及其原理的各种计算方法的总称。这里借用了自然计算的有关概念,"自然"包括生物系统、生态系统和物质系统。智能计算方法在问题求解时具有下述两个显著特点:①智能计算方法主要不是采用数学计算的模式,而是借鉴和模拟自然现象、过程及其原理,利用的是生物智能、物质现象及其规律,并以数据处理、算法(计算模型)构造和参数控制为特征;②智能计算方法并不需要建立关于问题本身的精确(数学或逻辑)模型,而是利用计算过程中的启发式信息(如个体和群体的评价信息、计算进程的状态信息等)指导解的搜索,使之不断趋近最优解的区域,并逐步朝着最优解的方向靠近。因此,智能计算方法也属于启发式方法的范畴,是现代启发式方法,而以往基于数学计算的,包括动态规划法、分支定界法等在内的启发式方法则是传统启发式方法。

　　智能计算方法的上述特点使其在问题求解方面与传统的数学方法相比具有以下优越性:①具有一般性且易于应用;②求解速率快,易于获得满意的结果;③具有分布并行的特点;④具有自组织、自适应和自学习的特性及能力;⑤具有柔性和鲁棒性。因此,智能计算方法受到了世界各国学者和研究人员的普遍关注,得到了迅速发展,而且已经在包括复杂优化问题求解、智能控制、模式识别、网络安全、硬件设计、社会经济、生态环境等各个方面得到了应用,并取得了令人瞩目的成就。下面重点研究群体智能算法中的微粒群算法和蚁群算法。

3.3　微粒群智能优化算法

　　1995 年,美国学者 Kennedy 和 Eberhart 提出了微粒群优化智能算法(Particle Swarm Optimization,PSO),该算法的基本思想是来源于鸟类群体觅食行为。PSO 算法由于自身的优越性,如逻辑清晰、简单,易于编程实现,算法需要调整的参数较少,一经提出就受到了重视,并广泛地应用到各个领域。经过近十几年的发展,在不同的研究领域中,已经发展改进出很多变形的微粒群算法。改进的 PSO 方法在鲁棒性、全局收敛性以及计算精度和效率等方面表现出更好的性能。总体而言,这些改进的方法可以分为三类:第一类是增强算法的全局收敛性而牺牲了计算效率;第二类是增强了算法的计算效率而影响了全局收敛性;第三类则是既增强了算法的全局收敛性能,又提高了算法的计算效率。下面分别加以介绍。

3.3.1　标准微粒群算法

1. 鸟群觅食与微粒群算法的关系

　　PSO 算法的基本思想来源于鸟类群体觅食行为。假设某鸟群在某区域内寻找食物,该搜索区域中有一块食物,食物的位置代表优化问题的解。每只鸟均不知食物的具体方位,然而每只鸟知道自己与食物的距离。该鸟群觅得食物的最佳策略是在距离食物最近的那只鸟的附近区域进行搜寻。如图 3.2 所示,鸟群在寻找食物的过程中,不断地改变自身的飞行速度和飞行方向,现实生活中可以观察到:鸟群在寻找食物的过程中,鸟群开始比较分散,逐渐这些鸟就会聚成一群,该鸟群忽左忽右,忽高忽低,直到寻找到最终的食物。鸟群在捕食的过程中遵循以下原则:①与相邻的鸟不会发生碰撞;②尽量与周围的鸟在速度上保持协调一致;③向邻近个体的平均位置移动,从而最终向群体中心位置聚集。

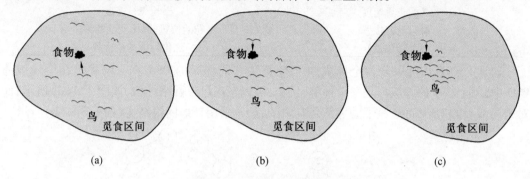

图 3.2　鸟群觅食过程示意图

　　搜索区间内的每只鸟都代表基本 PSO 算法中优化问题的一个潜在解。每只鸟为一个个体,将每个个体看成 N 维搜索空间中的一个没有质量和体积的"微粒"。如图 3.3 所示,每个粒子都有自己的飞行速度,该速度决定了粒子飞行的方向和距离。个体和群体的飞行经验可对粒子飞行速度进行动态调控。

图 3.3　PSO 算法示意图

　　求解优化问题时每次迭代得到逐渐减小的目标函数值称为适应度值。适应度值可以确定出离"食物"最近的最优微粒,其他微粒则追随最优微粒在解空间中搜索。表 3.1 给出了鸟群捕食行为与 PSO 算法的类比关系。鸟群捕食的区域在算法中即为优化问题解的搜索区间。每个个体鸟就是算法中的微粒,个体鸟的飞行速度即为 PSO 算法中个体微粒的飞行速度。个体所在的位置也是需要求解的优化问题中的可能解,"食物"的位置则代表优化问题中的最优解。

表 3.1　鸟群捕食行为与 PSO 算法的类比关系

鸟群捕食	微粒群算法
捕食活动区域	微粒搜索区间
个体鸟	微粒
鸟的飞行速度	微粒飞行速度
每只鸟的位置	微粒的位置,优化问题的某个解
食物(位置)	优化问题的最优解

　　通常 PSO 算法可以分为全局版的 PSO 算法和局部版的 PSO 算法两种。在全局版的 PSO 中,每个粒子的邻域都是整个种群,例如,可以采用星形网络结构,如图 3.4(a)所示;而对于局部版的 PSO,每个粒子的邻域是有限的,如常采用环形网络结构,如图 3.4(b)所示。

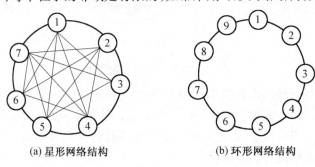

　　　　(a) 星形网络结构　　　　　　　　(b) 环形网络结构

图 3.4　PSO 算法中的经典结构

2. 基本微粒群算法的原理

　　PSO 初始化,即在搜索区域内随机分布粒子,通过迭代搜索得到区域内粒子的最优位置,即优化问题的最优解。粒子在每次迭代时,都会得到两个极值,在下次迭代时根据上次得到的两个极值来更新粒子的位置。其中,第一个极值为个体粒子目前迭代得到的最优位置,称为局部最优值;第二个极值就是整个种群到当前为止找到的最优解,这个值称为全局最优值。PSO 算法的核心就是微粒在解空间追随最优的微粒进行搜索,因此同遗传算法等其他优化算法相比 PSO 算法具有简便清晰、容易实现、不需要调整很多参数等优点。下面介绍基本微粒群算法中微粒速度与位置的进化过程。

　　在 N 维搜索空间内,微粒群由 M 个微粒个体组成,其中第 i 个微粒的速度可表示为 N 维向量 $\boldsymbol{V}_i(v_{i1}, v_{i2}, \cdots, v_{in})$。同理,第 i 个微粒的位置可表示为向量 $\boldsymbol{X}_i(x_{i1}, x_{i2}, \cdots, x_{in})$,第 i 个微粒到目前为止搜索到的最优位置记为 $\boldsymbol{p}_i(p_{i1}, p_{i2}, \cdots, p_{in})$,该群体迄今为止搜索到的最优位置记为 $\boldsymbol{p}_g(p_{i1}, p_{i2}, \cdots, p_{in})$。在基本微粒群算法中第 $t+1$ 代第 i 个微粒的速度和位置进化方程为

$$\boldsymbol{V}_i(t+1) = \boldsymbol{V}_i(t) + C_1 \cdot R_1 \cdot \left[\boldsymbol{P}_i(t) - \boldsymbol{X}_i(t)\right] + C_2 \cdot R_2 \cdot \left[\boldsymbol{P}_g(t) - \boldsymbol{X}_i(t)\right] \tag{3.2}$$

$$\boldsymbol{X}_i(t+1) = \boldsymbol{X}_i(t) + \boldsymbol{V}_i(t+1) \tag{3.3}$$

式中,$i = 1, 2, \cdots, M$;C_1 和 C_2 为加速系数;R_1 和 R_2 是在区间 $[0, 1]$ 上取值的均匀分布随机数;$\boldsymbol{V}_i(t)$ 表示微粒 i 在第 t 代的速度,$\boldsymbol{V}_i(t+1)$ 表示微粒 i 在第 $t+1$ 代的速度,而且我们知道 $\boldsymbol{V}_i \in [-V_{max}, V_{max}]$,当 N 维向量 $\boldsymbol{V}_i$ 中的元素 $v_i > V_{max}$ 时,取 $v_i = V_{max}$,反之当 $v_i < V_{max}$ 时,取 $v_i = -V_{max}$;$\boldsymbol{X}_i(t)$ 表示颗粒 i 的当前位置,它取决于自己和相邻的颗粒的飞行经验;$\boldsymbol{P}_i(t)$ 表示在群体第 t 代时第 i 个微粒的最优位置,即为局部最佳,$\boldsymbol{P}_g(t)$ 表示在第 t 代时,群体所有微粒

中的最优位置,即为全局最佳。$X_i(t)$,$P_i(t)$和$P_g(t)$范围都在搜索空间$[X_{min},X_{max}]$内。

式(3.2)即为基本 PSO 算法速度进化公式,其速度进化更新由三部分组成:公式右侧第一项反映为当前速度的影响,联系微粒的当前速度状态,该部分起到了平衡全局和局部搜索的作用;公式右侧第二项反映了微粒本身的自我认知模式的影响,即微粒本身记忆认知能力的影响,该部分使微粒具有全局搜索能力,避免陷入局部最小;公式右侧第三项反映了微粒群社会模式的影响,即群体信息的影响,体现了个体微粒之间的经验共享与信息合作。PSO算法中微粒位置在每一代的进化更新的三部分方式如图 3.5 所示。

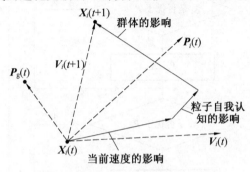

图 3.5　微粒位置进化更新示意图

3.3.2　微粒群算法的计算流程

微粒群优化算法流程图如图 3.6 所示,其计算步骤如下。

第一步:初始化微粒群参数,主要有设定加速系数 c_1,c_2,将当前进化代数设置为1,最大进化代数为 T_{max},随机产生 M 个微粒的位置 $x_1,x_2,\cdots,x_M$ 组成的初始种群 $X(t)$;随机产生各微粒初始位移变化 $v_1,v_2,\cdots,v_M$ 组成的位移变化矩阵 $V(t)$。

第二步:评价种群 $X(t)$,计算每个微粒在每一维空间的适应值。

第三步:比较微粒 i 的适应值与自身最优值 p_i。如果当前值比 p_i 更优,则把 p_i 作为当前值,并设 p_i 位置为搜索空间中的当前位置。

第四步:比较微粒 i 的适应值与种群最优值 p_g。如果当前值比 p_g 更优,则把 p_g 作为当前微粒的矩阵下标和适应值。

第五步:按照式(3.2)和(3.3)更新微粒的位移方向和步长,产生新种群新位置 $X(t+1)$。

第六步:检查结束条件,是否满足达到迭代次数 T_{max} 或给定精度 e 的要求,若满足,则结束搜索输出最优值,若不满足,则跳到第二步继续计算。

3.3.3　微粒群算法的性能评价

Engelbrecht 在其著作中[57]给出了 PSO 算法的性能评价,包括准确性、可靠性、鲁棒性、效率、多样性及连贯性。下面仅做简单介绍,详见 Engelbrecht 的著作[58]。

1. 准确性

准确性指获得的全局最优位置与理论最优解之间的差异,例如算法 A 求得的解为 $\hat{y}(t)$,定义准确度为

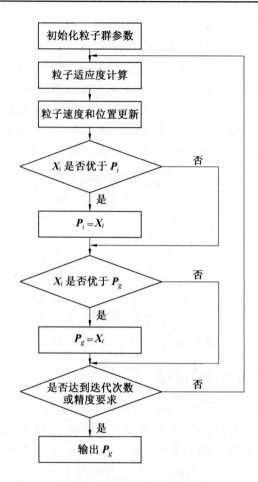

图 3.6　微粒群优化算法流程

$$\text{Accuracy}(A,t) = |\hat{y}(t) - f(x^*)| \tag{3.4}$$

当无法获知最优解的信息时,可以用适应度值的大小来衡量。衡量一个算法的准确性高低需要在同一标准下进行,如在固定迭代次数、固定时间、固定评价函数的运行次数等情况下考察算法的性能。常用的两种方式是固定迭代次数和评价函数运行次数。如果是串行计算方法,相对合理的标准应是固定评价函数的运行次数。如果可能,更合理的方法是计算时间和计算复杂度。

2. 多样性

多样性是衡量种群性能的重要指标,对算法寻优效果有很大影响,它反映了种群中个体搜索空间的覆盖面,以下给出三种基本方法:

$$Diversity = \text{mean}(粒子与平均值之间的欧式距离) \tag{3.5}$$

$$Diversity = \frac{\text{mean}(粒子与平均值之间的欧式距离)}{种群直径} \tag{3.6}$$

$$Diversity = \frac{平均距离-最小距离}{最大距离-最小距离} \tag{3.7}$$

以上计算均按照每一维度进行计算后求取平均,不依赖于维度和粒子数。

3. 可靠性

可靠性指一个算法在数次随机初始情况下成功的比例。其中,成功可以用达到一定准确度表示。这项指标反映出应用该算法可能成功概率有多高。

4. 鲁棒性

鲁棒性反映了算法多次运行时,其性能变化的幅度,变化越小表示鲁棒性越高。

5. 计算效率

计算效率表示算法找到可接受解需要的迭代次数或时间。

3.3.4　标准微粒群算法

在微粒群优化算法中微粒搜索时存在探测(Exploration)和开发(Exploitation)两种现象。探测是指有的微粒离开原先的寻优轨迹,在其他新方向进行搜索。开发是指微粒继续原先的搜索轨迹进行搜索。为了更好地控制 PSO 算法的探测和开发能力,1998 年 Shi 与 Eberhart[59]在基本 PSO 算法的基础上对速度进化更新公式中的当前速度项引入了惯性权重因子 w,此时速度进化项变为

$$V_i(t+1) = wV_i(t) + C_1 \cdot R_1 \cdot [P_i(t) - X_i(t)] + C_2 \cdot R_2 \cdot [P_g(t) - X_i(t)] \qquad (3.8)$$

$$X_i(t+1) = X_i(t) + V_i(t+1) \qquad (3.9)$$

惯性权重系数 w 用来控制当前的速度,描述了上一代速度对当前代速度的影响,并且它影响着全局和局部之间微粒探索能力的权衡。控制 w 的大小可以调节 PSO 算法的全局与局部寻优搜索能力。动态变化的惯性权重比固定值能得到更好的寻优结果,惯性权重可按下式变化:

$$w = w_{max} - \frac{w_{max} - w_{min}}{T_{max}} t \qquad (3.10)$$

式中,w_{max} 和 w_{min} 分别表示惯性权重的最大值和最小值;t 和 T_{max} 分别表示当前代数和最大迭代代数。当 $w \neq 0$ 时,将使微粒具有扩大搜索空间的趋势(即具有一定的全局搜索能力)。系数 w 越大,算法全局搜索能力越好。当系数 w 变小时,会增强算法的局部搜索能力。通过调整惯性权重 w 的大小来使算法跳出局部极小值。

对比式(3.2)和(3.8)可以看出,标准 PSO 算法是惯性权重 $w = 1$ 的特殊情况。惯性权重的引入使得 PSO 全局搜索能力和微粒搜索效率大大提高,带有惯性权重的 PSO 算法通常称为标准微粒群优化算法。

3.3.5　改进的微粒群算法

PSO 算法在求解优化问题的初期收敛速度较快,后期由于所有粒子都向最优粒子靠近,整个群体失去了多样性,粒子易于陷入局部最优。为了解决这一问题,近年来学者们提出了多种改进的方法。例如,Juang 等(2004 年)[60]提出一种基于遗传算法与 PSO 算法的混合算法,混合群体中的新个体产生不仅经过遗传操作,同时还要进行 PSO 算法中的速度与位置更新。Li 等(2006 年)[61]提出将基本 PSO 算法完成速度与位置更新后融入模拟退火算法中的选择机制的新型混合算法,防止粒子在优化迭代过程中产生早熟收敛的现象。Ye 等(2005 年)[62]提出将 PSO 算法中引入演化策略变异算子,淘汰适应度值较差的一半个体,对

适应度值较优的一半个体执行 PSO 算法中的速度与位置更新操作和演化策略变异操作。下面简要介绍几种常见的改进微粒群算法。

1. 随机微粒群算法

基于 PSO 算法的处理方法与其他演化方法相似,既包括群和演化的概念,又是基于微粒的适应值来计算。成群结队的集体被称作一个群,其中的个体便被称作微粒。PSO 算法与其他演化算法的不同点是每个微粒被认为是在 N 维搜索空间飞行是没有质量和体积的,并且飞行速度是通过个体和群体的经验来确定。总而言之,PSO 算法是一个适合且强力的参数搜索技术,它是受鸟群的社会行为模拟启发得到的。为了避免标准 PSO 算法的过早收敛并且确保其全部收敛,Cui 和 Zeng 提出了一个随机的 PSO 算法(SPSO)。SPSO 算法的基本理念是采用一个停止演变的微粒去改进全程搜索能力。下面将简单描述 SPSO 方法的基本理念。

在式(3.8)中,当 $w=0$ 时,第 $t+1$ 代第 i 个微粒的速度仅仅取决于当前第 t 代的三个参数,即位置 $X(t)$,第 i 个微粒的历史最佳位置 P_i 和微粒群的历史最佳位置。然而,速度本身没有记忆。当某个微粒达到全局最优位置后保持静止,速度不再更新,这时其他微粒将向自身的最佳位置与全局最优位置的加权位置靠拢。当 $w=0$ 时,微粒进化速度表达式变为

$$V_i(t+1) = V_i(t) + C_1 \cdot R_1 \cdot [P_i(t) - X_i(t)] + C_2 \cdot R_2 \cdot [P_g(t) - X_i(t)] \tag{3.11}$$

与基本 PSO 算法进行对比,演化公式(3.11)减少了全局搜索能力,却增加了局部搜索能力。为了改进算法的全局搜索能力,P_g 能保留为历史最佳位置,微粒 j 的位置 $X_j(t+1)$ 是在搜索空间中随机产生的,与此同时在位置 $X_i(t+1)$ 的其他微粒 $i\ (i \neq j)$ 依照式(3.11)逐渐演变。用这种方法获得下面的修正过程:

$$P_j = X_j(t+1)$$

$$P_i = \begin{cases} P_i, & F(P_i) < F[X_i(t+1)] \\ X_i(t+1), & F(P_i) \geq F[X_i(t+1)] \end{cases} \tag{3.12}$$

$$P'_g = \mathrm{argmin}\{F(P_i) | i = 1, \cdots, M\}$$

$$P_g = \mathrm{argmin}\{F(P'_g), F(P_g)\}$$

到式(3.12)这个更新过程完成后,则按照下面判据执行:

(1)如果 $P_g = P_j$,那么随机产生的微粒 j 在历史最佳位置。此微粒不再通过式(3.9)进行演化,微粒 j 将在搜索空间重新随机产生;而其他微粒在更新 P_g 和 P_j 后继续演化。

(2)如果 $P_g \neq P_j$,且 P_g 没有被更新,那么所有微粒将依照式(3.9)进行演化。

(3)如果 $P_g \neq P_j$,且 P_g 被更新,存在 $k(k \neq j)$ 使得 $X_k(t=1) = P_k = P_g$,微粒 k 在搜索空间内将停止演化和再生,此时其他微粒将在更新 P_g 和 P_j 后继续演化。

因此在演化过程的某个特定的代上,至少有一个微粒满足 $X_j(t=1) = P_j = P_g$。也就是说,在搜索空间内至少有一个微粒需要被随机生成,使得全局搜索能力得到一定的加强。这个从基本 PSO 算法中改进的算法被称为随机微粒群优化算法(SPSO)。

2. 多相微粒群算法

2000 年 Buthainah 基于双组 PSO 和多启动 PSO,发展了多相微粒群算法(Multi-Phase PSO,MPPSO)[63,64]。MPPSO 综合了两种 PSO 算法的优点,引入"组"和"相"的概念。与标准 PSO 相比,MPPSO 具有以下三个不同特点:① 将微粒分为多个组,增强了种群的多样性

和搜索的广泛性;② 将不同的相引入到优化算法中,即微粒具有不同的飞行方向和飞行速度;③ 微粒只沿着适应度增加的方向飞行。

MPPSO 算法引入了"组"和"相"的概念,将微粒进行分组,有效地增强了搜索的多样性和广泛性。同时引入不同的相,使得每相微粒的飞行速度和方向都不相同。"组"和"相"的概念的引入致使微粒在全局区域内进行广泛搜索,在局部区域内实现快速搜索,最终提升了微粒群算法的搜索效率和全局收敛性能。

MPPSO 优化算法的主要参数有组系数 C_v,C_x,C_g、相数 N_p、相变换频率 f_p 及速度重置量 V_c。组系数 C_v 与微粒的飞行速度有关,必须为正值;C_x,C_g 分别与微粒的当前最优位置和全局最优位置有关,且两者的符号相反。相数 N_p 不可取得太大,一般不超过 4。相变换频率 f_p 是决定各相之间交换微粒的时刻和频率的重要参数,其大小一般通过经验比例法和自适应调整法获得。在经验比例法中,f_p 的大小由表达式 $f_p = N/A$ 确定,其中 A 是 $[1,N]$ 间的某个经验数,N 是算法的最大迭代次数。在自适应调整法中,f_p 是目标函数的适应度连续不变的次数。其意义为适应度值经 f_p 次迭代后仍没改变,此时微粒群将跳入另一相中去。速度重置量 V_c 表示每迭代 V_c 次,MPPSO 算法就会开始重新初始化微粒飞行速度,避免了算法陷入局部收敛。对某一相的每一代微粒 i,其速度进化公式为

$$V_i(t+1) = C_v \cdot V_i(t) + C_x \cdot X_i(t) + C_g \cdot P_g(t) \tag{3.13}$$

式中,$V_i(t)$ 表示当前速度;$P_g(t)$ 表示全局历史最好位置(解);$X_i(t)$ 表示当前位置,即优化问题的某个解。

3. 随机方向搜索微粒群算法

本书基于 SPSO 算法的速度进化式(3.11),在速度项中加入随机方向搜索项(Random Direction Search),将这一改进的微粒群算法称为 RD-PSO 算法。此时微粒飞行速度表达式中多了一个随机位置修正项,即式(3.11)右侧加入随机产生的微粒位置与当前微粒位置的差值乘以随机系数得到

$$V_i(t+1) = C_1 \cdot R_1 \cdot [P_i(t) - X_i(t)] + C_2 \cdot R_2 \cdot [P_g(t) - X_i(t)] + C_3 \cdot R_3 \cdot [R_i(t) - X_i(t)]$$
$$\tag{3.14}$$

在 RD-PSO 算法中,每个微粒的最终路径也是速度进化公式(3.14)中所有项的累积效应。随机位置修正项的加入,提升了微粒速度朝任意方向搜索、在任意位置出现的概率,能够平衡微粒种群和微粒位置的多样性,可以防止微粒陷入局部最优位置,从而可以更快速地找到全局最优位置。因此本书将此改进型微粒群算法命名为快速微粒群算法。

4. 吸引扩散微粒群算法

吸引扩散微粒群算法(Attractive and Repulsive Particle Swarm Optimization,ARPSO)也称为基于细菌趋化的微粒群算法[65],是一种基于模拟细菌群体趋化行为的改进型微粒群算法。种群的多样性(种群中个体相似程度)与 PSO 算法的性能紧密联系,多样性的保持与否直接影响算法早熟收敛及陷入局部最优的风险。在标准 PSO 算法中,每个粒子在飞行过程中都向自己的历史最优位置和群体的最优位置靠近。在这种方式下,由于多样性的失去,种群很快在自身及全局最优点的吸引下陷入局部最优。最近很多学者都开始关注如何确保 PSO 算法多样性的同时,不会改变算法收敛速度及避免早熟收敛的问题。

下面从生物学的角度来研究 PSO 算法因多样性丢失而陷入局部最优的问题。首先对

细菌觅食过程中的一种重要现象——趋化行为进行研究。趋化是细菌群体中的一种常见的生物学现象,这种机制促使细菌个体趋向有利于自身生长的环境,从而逃离不利的生长环境。向引诱剂靠近增加细菌个体的成活概率,从而逃离驱除剂有利于细菌个体在其他地方发现更好的食物资源。然后,启发于细菌的这种行为,将细菌趋化现象中的吸引(向引诱剂靠近)与排斥(逃离驱除剂)转换操作引入到 PSO 算法中,提出了一种新的 BC-PSO(Particle Swarm Optimization Based on Bacterial Chemotaxis),解决了 PSO 算法中只存在吸引操作而没有排斥操作导致多样性丧失的问题[65]。BC-PSO 算法与下面介绍的 ARPSO 算法的本质是一致的,属于同一种算法。

细菌对于化学刺激的反应对其生存有着重要的意义。细菌通过自身的感知器官决定向有吸引力的环境(引诱剂)迁移或是逃离自己不喜欢的环境(驱除剂)。以大肠杆菌为例,它在运动过程中由鞭毛控制其运动方式即靠近或逃离。当细菌的鞭毛方向一致时,细菌便会前行移动并迅速靠近引诱剂,当鞭毛方向不一致时,细菌个体便会产生翻转,使自己向新方向移动。细菌在其整个生命周期中的行为方式都会不断在直行与翻动之间转换。

通过模仿细菌在觅食过程中的不断吸引与排斥操作之间切换的这种现象,提出了 ARPSO 算法。在 ARPSO 算法中,吸引操作的定义与标准 PSO 相同,即每个粒子向自身最优位置与群体的最优位置靠近,而排斥操作用逃离粒子的历史最差位置与群体的最差位置来表示,算法执行过程中粒子速度按照下式更新:

$$V_i(t+1) = wV_i(t) - C_1 \cdot R_1 \cdot [W_i(t) - X_i(t)] - C_2 \cdot R_2 \cdot [W_g(t) - X_i(t)] \qquad (3.15)$$

式中,$W_i(t)$ 表示逃离粒子的历史最差位置;$W_g(t)$ 表示群体最差位置。

在 ARPSO 算法中,粒子不仅被当前的最优位置和自身的最优位置吸引,同时它也会被自己历史最差位置和群体最差位置所排斥。粒子受到当前最差的位置(个体或群体)排斥增加了粒子向较好区域飞行的可能性,有助于发现更为优秀的位置。当算法处于吸引操作时,多样性会逐渐消失,但是当算法处于排斥操作时,多样性会逐渐增加。为了确保吸引操作与排斥操作在何种情况下执行,引入一种多样性控制方法。多样性的度量公式表示为

$$\text{diversity}(P) = \frac{1}{|L||P|} \cdot \sum_{i=1}^{|P|} \sqrt{\sum_{j=1}^{N} (S_{ij} - \bar{S}_j)^2} \qquad (3.16)$$

式中,P 为种群大小;L 为搜索空间最长对角线的长度;N 为维数;S_{ij} 是第 i 个粒子位置的第 j 个分量;$\bar{S}_j$ 是第 j 个分量的平均值。

首先定义两个阈值 d_{low} 和 d_{high},当种群的多样性小于 d_{low} 时,ARPSO 便会开始转入排斥操作以增加种群的多样性,当种群多样性大于 d_{high} 时,算法便开始转向吸引操作,如此周而复始。当种群密度过于拥挤时,由于存在排斥,会使种群个体发散到搜索空间的其他位置;当种群密度过于稀疏时,由于存在吸引操作,因此增加了局部寻优的能力。如前所述,当发现有利于自身生存环境时,细菌便直接快速移到该区域;反之,当遇到不利的环境时,细菌则通过转动逃离该区域。在 ARPSO 中,将"直行 – 翻转"这种思想嵌入 PSO 中,具体如下:当粒子的适应度值优于上一代时,粒子保持原先的移动方向(速度矢量不变),否则,粒子的速度按照正常的速度与位置公式进行更新。

ARPSO 算法的基本步骤如下:

(1)初始化各类参数。包括种群规模 S、惯性权重范围 $[w_{end}, w_{start}]$、学习因子 C_1 和 C_2、

粒子速度范围 $[V_{\min}, V_{\max}]$、多样性阈值范围 $[d_{\text{low}}, d_{\text{high}}]$、最大迭代次数 $t_{\max}$、收敛精度 e、随机给定粒子的初始位置与速度。

（2）设置当前迭代次数 $t = 0$，当前模式 Mode = "Attraction"，对每个粒子 i 执行如下操作。

（3）计算粒子适应度值。

（4）当 diversity $\leqslant d_{\text{low}}$ 时，令 Mode = "Repulsion"，当 diversity $\geqslant d_{\text{high}}$ 时，令 Mode = "Attraction"。

（5）若 Mode = "Attraction" 且 $F_{\text{obj}}(X_i^{t+1}) < F_{\text{obj}}(X_i^t)$，用公式（2.1）进行速度更新，用公式（2.1）进行位置更新。

（6）若 Mode = "Repulsion" 且 $F_{\text{obj}}(X_i^{t+1}) \geqslant F_{\text{obj}}(X_i^t)$，用公式（2.1）进行速度更新，用公式（2.1）进行位置更新。

（7）更新 P_i, P_g, W_i, W_g。

（8）如果当前的迭代次数达到了预先设定的最大次数 $t_{\max}$ 或最终结果小于预定收敛精度要求 e，则停止迭代，输出最优解，否则令 $t = t + 1$，转到步骤（3）。

5. 量子微粒群算法

量子微粒群算法是在 2004 年由江南大学的孙俊教授[66]首次提出的，该算法受到了传统微粒群算法原理和量子物理思想的启发，可以克服标准微粒群算法收敛速度慢和易于陷入局部收敛的缺点。

量子微粒群算法是将 PSO 系统看成是一个量子系统，每个粒子具有量子行为，量子的状态由波函数 ψ 决定，$|\psi|^2$ 为粒子的位置 $X_i = (x_{i1}, x_{i2}, \cdots, x_{ij}, \cdots, x_{iN})$ 的概率密度[66]。在第 t 次迭代中，粒子 i 在 N 维搜索空间内以粒子的局部吸引因子 $Q_i = (q_{i1}, q_{i2}, \cdots, q_{ij}, \cdots, q_{iN})$ 为中心，其中局部吸引因子为

$$Q_i = \frac{C_1 R_1 \cdot P_i + C_2 R_2 \cdot P_g}{C_1 R_1 + C_2 R_2} \tag{3.17}$$

式中，C_1, C_2 为加速系数；R_1, R_2 为 $[0,1]$ 区间内服从均匀分布的随机数；P_i 为粒子 i 的个体历史最优位置；P_g 为群体历史最优位置。

波函数可以表示为

$$\psi(x_{ij}) = \frac{1}{\sqrt{L_{ij}}} \exp\left(-\frac{|x_{ij} - q_{ij}|}{L_{ij}}\right) \tag{3.18}$$

式中，L_{ij} 为双指数分布的标准偏差。

则概率密度函数可以表示为

$$\psi(x_{ij}) = \frac{1}{\sqrt{L_{ij}}} \exp\left(-\frac{|x_{ij} - q_{ij}|}{L_{ij}}\right) \tag{3.19}$$

因此，粒子位置的概率分布函数为

$$F(x_{ij}) = 1 - \exp\left(-\frac{2|x_{ij} - q_{ij}|}{L_{ij}}\right) \tag{3.20}$$

用蒙特卡洛法模拟后，位置 $X_i = (x_{i1}, x_{i2}, \cdots, x_{ij}, \cdots, x_{iN})$ 可以表示为

$$x_{ij} = q_{ij} \pm \frac{1}{2} L_{ij} \ln \frac{1}{\text{rand}()} \tag{3.21}$$

$$L_{ij} = 2\alpha |p_{m,j} - x_{ij}| \tag{3.22}$$

$$p_{m,j} = \frac{\sum_{i=1}^{M} p_{ij}}{M} \tag{3.23}$$

式中,α 为吸引扩散系数,当 $\alpha < 1.781$ 时,可以保证量子微粒群的全局收敛。

量子微粒群算法的计算流程图如图 3.7 所示。其具体实现步骤如下。

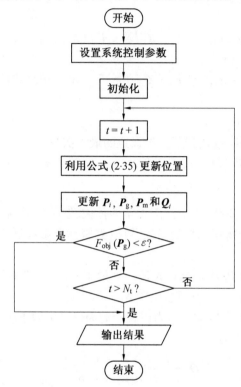

图 3.7　量子微粒群算法计算流程图

(1)输入量子微粒群算法的系统控制参数。包括粒子的总数 M、问题的维数 N、搜索空间 $=[low_j, high_j](j=1,2,\cdots,N)$、吸引扩散系数 α、最大迭代步数 N_t 和目标函数最大容忍度 ε_o。

(2)在搜索空间内初始化粒子的随机位置 X_i,并将其设置为个体历史最优位置 P_i,计算相应的目标函数 $F_{obj}(X_i)$,根据目标函数值的大小获得初始的全局历史最优位置 P_g,将迭代次数设置为 $t=1$。

(3)根据公式(3.17)计算出局部吸引因子 Q_i,根据公式(3.18)计算出群体平均最优位置 P_m。然后用公式(3.19)更新粒子当前位置 X_i,如果新位置超出了搜索空间,则强行令其在搜索空间之内。

(4)计算每个位置 X_i 所对应的目标函数值 $F_{obj}(X_i)$,判断其与个体历史最优值 $F_{obj}(P_i)$ 的大小,如果 $F_{obj}(X_i) < F_{obj}(P_i)$,则替换个体历史最优位置 P_i,然后判断其与群体历史最优值 $F_{obj}(P_g)$ 的大小,如果 $F_{obj}(X_i) < F_{obj}(P_g)$,则更新群体历史最优位置 P_g。

(5)比较群体历史最优值 $F_{obj}(P_g)$ 与设定的目标函数最大容忍度 ε_o 的大小,如果 $F_{obj}(P_g) < \varepsilon_o$,则执行第(6)步,否则执行第(3)步;比较当前迭代次数 t 与设定的最大迭代次

数 N_t 的大小,如果 $t>N_t$,则执行第(6)步,否则执行第(3)步。

(6)输出群体历史最优值 $F_{obj}(\boldsymbol{P}_g)$ 以及群体历史最优位置 $\boldsymbol{P}_g$,结束程序。

6. 骨干微粒群算法

Clerc 和 Kennedy[67] 分析了微粒的运动轨迹,证明了在标准 PSO 算法中每个微粒 i 向它的个体历史极值和全局极值的加权平均值 G_i 收敛,即

$$G_{i,j} = \frac{c_{1,j}p_{i,j} + c_{2,j}p_{g,j}}{c_{1,j} + c_{2,j}} \tag{3.24}$$

式中,$c_{1,j}$ 和 $c_{2,j}$ 是在 $[0,1]$ 内的随机数。当迭代次数趋于无穷时,所有微粒将收敛到同一点。Kennedy 依据这种思想,于 2003 年提出了一种新兴的全局优化技术——骨干微粒群算法(Bare-Bones Particle Swarm Optimizer,BBPSO),该算法概念简单,无须设置参数,易实现,能有效解决复杂的优化问题。BBPSO 算法利用一个关于微粒全局极值和个体极值的高斯分布完成微粒位置的更新:

$$x_{i,j}(t+1) = N[\mu_{i,j}(t), \sigma_{i,j}^2(t)] \tag{3.25}$$

式中,$N(g)$ 表示高斯分布;$\mu_{i,j}(t)$ 是高斯分布的均值,$\mu_{i,j}(t) = [p_{i,j}(t) + p_{g,j}(t)]/2$;$\sigma_{i,j}(t)$ 是高斯分布的标准差,$\sigma_{i,j}^2(t) = |p_{i,j}(t) - p_{g,j}(t)|$。与标准 PSO 算法相比,BBPSO 算法的最大优点就是无须设置惯性权重和学习因子等控制参数,更适合工程实际应用。

3.4　人工蚁群算法

蚁群算法是一种具有潜力的启发式仿生进化算法,它是由意大利学者 Dorigo 等[68] 在 1991 年通过模拟自然界中蚂蚁群体寻优行为而提出的。自 1991 年后的五年里,蚁群算法引起了世界许多国家学者的关注,其应用领域得到迅速拓宽,2000 年 Gutjahr[69] 最先对蚁群算法的收敛性进行了证明,2000 年 Dorigo 和 Bonabeau 等[70] 在国际著名杂志 *Nature* 上发表了蚁群算法的研究综述,把这一领域的研究推向了国际学术最前沿,2004 年 Dorigo 和 Stützle[71] 出版了蚁群算法的第一部专著 *Ant Colony Optimization*,为蚁群算法的研究提供了一部权威、系统的参考资料。当前,蚁群算法在旅行问题、调度问题、连续函数优化、数据挖掘、目标分配等领域有广泛的应用。

蚂蚁是一种社会性动物,它们的个体行为非常简单而且随机,但是它们却可以进行复杂的行为活动,表现出一定的"智能"。生物学家通过长期观察,发现蚂蚁在觅食的时候总能绕过障碍物找到从蚁巢到食物源的最短路径,其原因是蚂蚁在发现食物后在返回蚁巢搬救兵的路径上留下了一种叫作信息素的挥发性物质,这样其他蚂蚁发现信息素后,在选择路径时会倾向于选择信息素大的路径,蚁群算法就是根据蚂蚁群体的这种智能行为,抽象出的一种具有启发行为的随机搜索寻优方法。

3.4.1　标准离散域蚁群算法

蚁群算法最初是针对离散域寻优问题而提出的,它是从由蚁巢出发的蚂蚁找到所有食物源后回到蚁巢搬救兵的现象中抽象而来的。如图 3.8 所示,从巢穴经过所有食物源后回到巢穴的路径就是优化问题的一个解,与真实蚂蚁相比,人工蚂蚁不仅在觅食过程中分泌具

有挥发性的信息素,还能记录自己过去的行为,知道食物源的总个数,甚至还能根据具体问题的特点得到启发函数,人工蚂蚁根据信息素的多少和启发函数值的大小来选择觅食的路径。

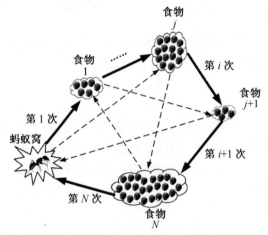

图 3.8　蚁群觅食示意图

标准离散域蚁群算法中各个参数的含义如下:

蚂蚁 k 选择的路径 $\boldsymbol{X}^k(t)$:表示优化问题解空间内一个 N 维矢量解,N 表示优化问题的变量个数。在第 t 次迭代中,第 k 只蚂蚁选择的路径表示为 $\boldsymbol{X}^k(t)=[x_1^k(t),\cdots,x_n^k(t)]^{\mathrm{T}}$(上角标 T 表示向量的转置,以下均表示相同含义),其中 $x_i^k(t)$ 为在第 t 次迭代中第 k 只蚂蚁第 i 次找到的食物源编号。

信息素 $\tau_{i,j}(t)$:表示在第 t 次迭代中,第 i 次找到的食物源编号为 j 的信息素大小,它具有挥发性,每完成一次迭代后信息素大小会更新。

启发函数 $\eta_{i,j}(t)$:表示在第 t 次迭代中,第 i 次找到的食物源编号为 j 的启发函数值,它是根据路程的长短计算而来的,每完成一次迭代后启发函数值也会更新。

禁忌表 $\text{tabu}_i^k(t)$:表示在第 t 次迭代中,第 k 只蚂蚁第 i 次寻找时已找到过的食物源编号的集合,它是为了防止蚂蚁重复寻找同一食物源。

概率公式:$P_{i,j}^k(t)$ 表示在第 t 次迭代中,蚂蚁在第 i 次找到的食物源编号为 j 的概率。

标准离散域蚁群算法的描述如下:

假设 N_m 只蚂蚁构成一个蚁群,食物源的总个数为 N,首先初始化信息素的大小和启发函数的值,然后蚂蚁从巢穴出发遍历所有食物源回到巢穴,在每次寻找时按照禁忌表和概率公式选择食物源编号,每次寻找后马上修改禁忌表,当所有蚂蚁都遍历食物源后,就完成一次迭代,接着更新信息素大小、启发函数值和概率公式,重新进行一次迭代,直至找到最短路径,输出搜索到的全局最优解 $\boldsymbol{X}_{\text{best}}=[x_{1,\text{best}},x_{2,\text{best}},\cdots,x_{N,\text{best}}]^{\mathrm{T}}$,其中 $x_{i,\text{best}}$ 表示迭代到目前为止搜索到第 i 个参数的最优解。其中禁忌表、信息素、启发函数和概率公式按照式(3.26)、(3.27)更新。

$$\text{tabu}_{i+1}^k(t)=\text{tabu}_i^k(t)\cup\{j\} \tag{3.26}$$

$$\tau_{i,j}(t+1)=(1-\rho)\tau_{i,j}(t)+\Delta\tau_{i,j}(t) \tag{3.27}$$

$$\eta_{i,j}(t+1)=\frac{1}{\sum\limits_{i=1}^{N}d_i} \tag{3.28}$$

$$P_{i,j}^{k}(t+1) = \begin{cases} \dfrac{[\tau_{i,j}(t+1)]^{\alpha} \cdot [\eta_{i,j}(t+1)]^{\beta}}{\sum\limits_{s \notin \text{tabu}_i^k(t+1)} [\tau_{i,s}(t+1)]^{\alpha} \cdot [\eta_{i,s}(t+1)]^{\beta}} & ,j \notin \text{tabu}_i^k(t+1) \\ \\ 0 & ,j \in \text{tabu}_i^k(t+1) \end{cases} \tag{3.29}$$

式中, ρ 为信息素挥发因子, 它是 $[0,1]$ 之间的一个数, 表示本次迭代中信息素挥发掉的部分占本次总信息素的比例; $\Delta\tau_{i,j}(t)$ 表示本次迭代中新增加的信息素, $\Delta\tau_{i,j}(t) = \sum\limits_{k=1}^{Nm} \Delta\tau_{i,j}^{k}(t)$, 其

中 $\Delta\tau_{i,j}^{k}(t) = \begin{cases} \dfrac{Q}{d_i}, & \text{第 } t \text{ 次迭代中蚂蚁 } k \text{ 在第 } i \text{ 次中搜到编号为 } j \text{ 的食物源} \\ 0, & \text{其他} \end{cases}$; d_i 为第 i 次搜索中

经过的距离; α 为信息启发因子, 表示信息素的相对重要性; β 为期望启发因子, 表示启发函数的相对重要性。

3.4.2　基于网格划分的连续域蚁群算法

原始的蚁群算法用于求解旅行商问题, 它属于离散域寻优问题, 而本书要研究的辐射反问题属于连续域寻优问题, 需要对原始蚁群算法进行一些修改才能适用, 在众多的修改策略中, 基于网格划分策略的蚁群算法与原始蚁群算法最为接近, 成为应用于连续域寻优的一种典型方法。

基于网格划分策略的连续域蚁群算法的具体实现归结如下[72]:

首先, 设置蚁群算法的控制参数, 如蚁群总数 N_a、目标问题维数 N、搜索空间划分的网格数 M、初始搜索空间 $[low_i^0, high_i^0]$ $(i=1,2,\cdots,N)$、信息启发因子 α、期望启发因子 β、信息素的挥发率 ρ、信息素浓度 Q 和最大迭代次数 N_t、目标函数最大容忍度 ε_o 及区间大小最大容忍度 ε_s。

然后, 初始化信息素大小 $\tau_{i,j}$ $(i=1,2,\cdots,N; j=1,2,\cdots,M)$、启发函数值 $\eta_{i,j}$、当前最佳路径 $X_{best} = (x_{best,1}, x_{best,2}, \cdots, x_{best,N})$, 设置迭代次数 $t=1$, 开始迭代。

将每个维度的搜索范围 $[low_i^t, high_i^t]$ 均匀地划分为 M 个网格, 以每个网格的中心值作为这个网格的特征值, 其中特征值可以表示为

$$ev_{i,j} = \frac{up_{i,j} + down_{i,j}}{2} \tag{3.30}$$

式中, $up_{i,j}$ 和 $down_{i,j}$ 分别为第 i 个维度上第 j 个网格的上、下限。

蚂蚁 k 根据概率公式在每个维度上依次选择一个网格形成一条路径 X_k, 如图 3.9 所示。蚂蚁在第 i 个维度上选择第 j 个网格的概率可表示为

$$P_{i,j} = \frac{(\tau_{i,j})^{\alpha} \cdot (\eta_{i,j})^{\beta}}{\sum\limits_{s=1}^{M} (\tau_{i,s})^{\alpha} \cdot (\eta_{i,s})^{\beta}} \tag{3.31}$$

在选择完路径 X_k 后, 根据路径中被选择的网格的特征值计算出该条路径所对应的目标函数值 $F(X_k)$, 判断其是否小于目标函数容忍度 ε_o 的大小, 若 $F(X_k) < \varepsilon_o$, 则输出结果, 停止程序。当所有的蚂蚁都选择完自己的路径并计算出了相应的特征值, 蚁群按照下式来更新信息素大小 $\tau_{i,j}$ 和启发函数值 $\eta_{i,j}$:

$$\tau_{i,j} = (1-\rho) \cdot \tau_{i,j} + \sum\limits_{k=1}^{N_a} \Delta\tau_{i,j}^{k} \tag{3.32}$$

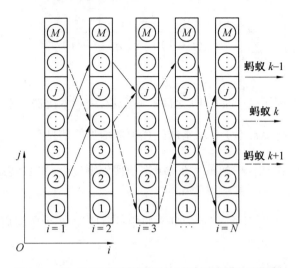

图 3.9　基于网格划分策略的连续域蚁群算法示意图

$$\eta_{i,j} = \sum_{k=1}^{N_{\mathrm{a}}} \Delta\eta_{i,j}^{k} \tag{3.33}$$

式中，$\Delta\tau_{i,j}^{k}$ 表示蚂蚁 k 在第 i 维度上的第 j 个网格上分泌的信息素；$\Delta\eta_{i,j}^{k}$ 表示蚂蚁 k 在第 i 维度上的第 j 个网格上增加的启发函数值。其计算式分别为

$$\Delta\tau_{i,j}^{k} = \begin{cases} Q, \text{蚂蚁 } k \text{ 在第 } i \text{ 个维度上选择了第 } j \text{ 个网格} \\ 0, \text{蚂蚁 } k \text{ 在第 } i \text{ 个维度上未选择第 } j \text{ 个网格} \end{cases} \tag{3.34}$$

$$\Delta\eta_{i,j}^{k} = \begin{cases} 1/F(X_k), \text{蚂蚁 } k \text{ 在第 } i \text{ 个维度上选择了第 } j \text{ 个网格} \\ 0, \text{蚂蚁 } k \text{ 在第 } i \text{ 个维度上未选择第 } j \text{ 个网格} \end{cases} \tag{3.35}$$

在更新完信息素大小 $\tau_{i,j}$ 和启发函数值 $\eta_{i,j}$ 后，蚁群在每个维度上，选择使 $(\tau_{i,j})^{\alpha} \cdot (\eta_{i,j})^{\beta}$ 值最大的网格编号，组成新的最优路径 $\boldsymbol{X}_{\mathrm{best}}$，然后以新的最优路径为搜索空间的中心将搜索范围缩小一半，即

$$low_i^{t+1} = \min\{x_{\mathrm{best},i} - (high_i^t - low_i^t)/4, low_i^0\} \tag{3.36}$$

$$high_i^{t+1} = \max\{x_{\mathrm{best},i} - (high_i^t - low_i^t)/4, high_i^0\} \tag{3.37}$$

比较各个维度上的搜索范围尺度 $\max\{size(high_i^t - low_i^t)\}$ 跟设定的搜索区间容忍度 ε_s 的大小，若 $\max\{size[low_i^t, high_i^t]\} < \varepsilon_s$，则输出结果，停止程序。将新的每个维度的搜索范围 $[low_i^t, high_i^t]$ 均匀地划分为 M 个网格，新网格上的信息素大小和启发函数值需要通过上一次迭代中的相应值，根据位置的关系通过插值的方法得到。判断当前迭代次数 t 与设定的最大迭代次数 N_t 的大小，若 $t > N_t$，则输出结果，停止程序。否则重复以上操作直至满足停止条件，程序流程图如图 3.10 所示。

尽管基于网格划分策略的连续域蚁群算法具有正反馈性、并行性好和鲁棒性高等优点，但是它也有自己的不足之处，为了方便叙述，以下称基于网格划分策略的连续域蚁群算法为简单蚂蚁模型。本书针对它的三大突出弱点提出了区间蚂蚁模型、随机蚂蚁模型和均一蚂蚁模型。

在简单蚂蚁模型中，搜索区间的收缩机制比较机械，总是以最佳路径为中心缩小一半的搜索范围，对于有多个局部最小值的优化问题，这种搜索范围收缩机制可能会导致反演参数

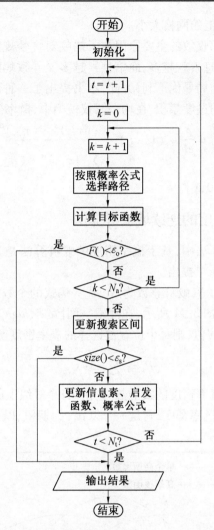

图 3.10　基于网格划分策略蚁群算法程序流程图

的真值跳出搜索范围,不利于全局寻优,为此本书提出了区间蚂蚁模型,它按照下式来收缩搜索区间:

$$low_i^{t+1} = \min\left\{\min(x_{1st,i}, x_{2nd,i}, x_{3rd,i}) - (high_i^t - low_i^t)/4, low_i^0\right\} \tag{3.38}$$

$$high_i^{t+1} = \max\left\{\max(x_{1st,i}, x_{2nd,i}, x_{3rd,i}) + (high_i^t - low_i^t)/4, high_i^0\right\} \tag{3.39}$$

式中,$x_{1st,i}$,$x_{2nd,i}$ 和 $x_{3rd,i}$ 分别表示在第 i 维上使 $(\tau_{i,j})^{\alpha} \cdot (\eta_{i,j})^{\beta}$ 值前三大的网格的特征值,很显然,这种修改能使得搜索范围的收缩机制能够同时顾及多个最优值,但如果一味增大所考虑的区间个数,会减慢算法的寻优速度,这里本书推荐选取三个网格。

在简单蚂蚁模型中,总以网格的中心位置代替整个区间,虽然在搜索效率上有所提高,但却造成在搜索的过程中真值的命中率下降,为此本书提出了随机蚂蚁模型,它增加了一些以网格内的随机位置为特征值的新蚂蚁,由于它在网格内搜索了更多的位置,有效地提高了优化的效率。然而新蚂蚁数量的增加会造成每一次迭代中计算时间的增长,经过大量的计算推荐增加 $N_a/M+1$ 只新蚂蚁。

$$ev_{i,j} = down_{i,j} + \mathrm{rand}(\ ) \cdot deta_i \tag{3.40}$$

式中，$deta_i$ 表示第 i 个维度上的网格大小。

导致蚁群算法陷入局部收敛的主要原因在于蚂蚁对贪婪规则的过度使用，蚂蚁越是选择某个网格，该网格上的信息素就越多，而信息素越多又导致蚂蚁选择该网格的概率提高，如此累积信息素对算法的全局寻优不利，为此，本书提出了一种均一蚂蚁模型，它增加了一个均一化因子限制信息素的过度累积，在均一蚂蚁模型中，概率公式可以写成

$$P_{i,j} = \frac{\xi}{M} + (1 - \xi) \cdot \frac{(\tau_{i,j})^\alpha \cdot (\eta_{i,j})^\beta}{\sum\limits_{s=1}^{M} (\tau_{i,s})^\alpha \cdot (\eta_{i,s})^\beta} \tag{3.41}$$

式中，ξ 是均一化因子，$\xi \in [0,1]$。

3.4.3　基于概率密度的连续域蚁群算法

在众多的连续域蚁群算法中，基于概率密度的蚁群算法是其中最有效的策略之一，在 2004 年由比利时学者 Socha[73] 提出。

假设目标问题的维数为 N，蚁群总数为 N_a，优势蚂蚁的个数为 M，蚂蚁们以几个高斯函数的加权和为概率密度，如图 3.11 所示，在搜索空间 $[low_i, high_i]$（$i=1,2,\cdots,N$）的每个维度上选择一个值 x_i 作为反演值，则每个位置被选择的概率密度函数表达式为

$$P_i = \sum_{j=1}^{M} w_j \cdot G_{i,j} \tag{3.42}$$

式中，w_j 为第 j 个等级上的概率密度的权函数，它由第 j 个等级上的信息素大小 τ_j 决定；$G_{i,j}$ 为第 j 个等级上第 i 个维度的概率密度，它是一个以 $\mu_{i,j}$ 为期望、以 $\sigma_{i,j}$ 为标准偏差的高斯分布概率密度函数。

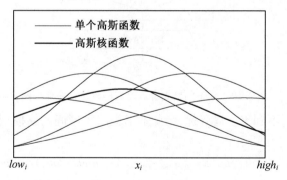

图 3.11　搜索区间上的概率密度示意图

权函数的计算式为

$$w_j = \frac{\tau_j}{\sum\limits_{s=1}^{M} \tau_s} \tag{3.43}$$

$$\tau_j = \frac{1}{\alpha M \sqrt{2\pi}} \exp\left[-\frac{(j-1)^2}{2\alpha^2 M^2} \right] \tag{3.44}$$

式中，α 为一个正的常数，称为信息启发因子，它决定着各个等级之间的相对重要性。概率密度函数可表示为

$$G_{i,j} \sim N(\mu_{i,j}, \sigma_{i,j}) \tag{3.45}$$

式中,$\mu_{i,j}$ 为第 j 个等级第 i 个维度上的反演值大小;$\sigma_{i,j}$ 表示相应等级维度上的标准偏差,它可表示为

$$\sigma_{i,j} = \beta \sqrt{\frac{1}{M} \sum_{s=1}^{M} \left[\mu_{i,j} - \mu_{i,m} \right]^2} \tag{3.46}$$

式中,β 是一个正的常数,称为期望启发因子,它控制着蚁群算法的收敛速度。

　　基于概率密度的蚁群算法的具体操作步骤大致可以归结如下。

　　(1)输入系统控制参数。包括目标问题的维数为 N、蚁群总数为 N_a、优势蚂蚁的个数为 M、搜索空间 $[low_i, high_i]$ $(i=1,2,\cdots,N)$、信息启发因子 α、期望启发因子 β、最大迭代次数 N_t、目标函数最大容忍度 ε_o 和标准偏差最大容忍度 ε_d。

　　(2)初始化所有等级上的优势蚂蚁在各个维度上的反演值 $\mu_{i,j}$ 和相应的标准偏差 $\sigma_{i,j}$ $(i=1,2,\cdots,N;j=1,2,\cdots,M)$,计算出每个等级上的目标函数值 $F_{obj,j}$,按照目标函数值的大小将优势蚂蚁分成 M 个等级,然后将迭代次数设为 $t=1$。

　　(3)根据公式(3.42)计算每个位置被选择的概率密度,蚂蚁根据概率密度产生一个随机位置 X_k,计算出相应的目标函数值 $F_{obj}(X_k)$,如果其小于目标函数的最大容忍度 ε_o,则执行第(5)步;否则比较其与最后一个等级上的目标函数值 $F_{obj,M}$ 的大小,如果 $F_{obj}(X_k) < F_{obj,M}$,则替换掉最后一个等级上的优势蚂蚁,重新按照目标函数分级。

　　(4)当所有蚂蚁都完成了路径选择,根据公式(3.46)更新每个等级每个维度上的标准偏差 $\sigma_{i,j}$,判断其最大值 $\max\{\sigma_{i,j}\}$ 与标准偏差最大容忍度 ε_d 的大小,如果 $\max\{\sigma_{i,j}\} < \varepsilon_d$,则执行第(5)步;否则比较当前迭代次数 t 与设定的最大迭代次数 N_t 的大小,若 $t>N_t$,则执行第(5)步,否则执行第(3)步。

　　(5)输出结果,终止程序。

3.5　混合智能优化算法

3.5.1　蚁群-微粒群混合算法

　　基于概率密度的蚁群算法最主要的缺点是在寻优的后期收敛速度太慢,如果正问题的计算时间较长,那么反演的过程就会变得难以忍受,为此提出了一种蚁群和微粒群混合算法(IPDF-ACO),它可以在不影响反演精度的前提下提高反演效率。该方法利用微粒群算法中的进化思想来加速蚁群算法中优势蚂蚁反演值的收敛,进而提高蚁群算法的整体收敛速度。

　　在蚁群-微粒群混合算法中,当所有蚂蚁完成了路径的选择和标准偏差的更新后,采用微粒群优化算法的思路来更新秩为 2 到 N_d 的第 i 个反演参数在第 t 次迭代时的检索值,即

$$\mu_{i,j}(t+1) = \mu_{i,j}(t) + \rho \cdot \{ c_1 \cdot rand_{u1} \cdot [\mu_{i,1}(t) - \mu_{i,j}(t)] + c_2 \cdot rand_{u2} \cdot [\mu_i(t) - \mu_{i,j}(t)] \} \tag{3.47}$$

$$\mu_i(t) = \frac{\sum_{j=1}^{N_d} \mu_{i,j}(t)}{N_d} \tag{3.48}$$

$$\rho = \max\left(\frac{\xi}{F_{obj,1}}, 1 \right) \tag{3.49}$$

式中,ρ 是小于 1 的正数;ξ 是一个很小的正数,决定收敛速度。蚁群-微粒群混合算法计算可分为以下步骤。蚁群-微粒群混合计算流程图如图 3.12 所示。

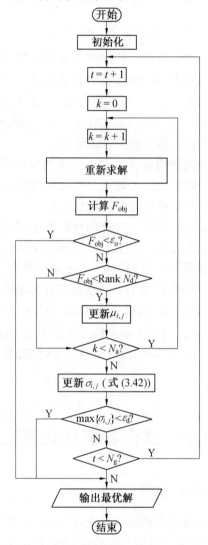

图 3.12　蚁群-微粒群混合算法计算流程

（1）输入参数。包括输入蚁群大小 N_a、控制蚂蚁数量 N_d、反演参数个数 N、测量位置个数 N_m 以及最大迭代次数 N_g。设定信息素值 α、启发式信息 β、使目标函数最小的公差 ε_o、使标准偏差最小的公差 ε_d、收敛速度控制参数 ξ 以及加速系数 c_1 和 c_2。估计每个反演参数的初始搜索范围 $[low_i, high_i]$,初始化迭代次数 $t = 1$ 和概率密度分布。

（2）根据公式（3.43）计算秩为 j 的第 i 个反演参数在第 t 次迭代时的概率密度分布。根据反演参数 x_i,采用有限体积法求解正算模型。此外,还可获得目标函数值 F_{obj}。如果 F_{obj} 小于第 N_d 等级的控制蚂蚁的目标函数值 $F_{obj,nd}$,相应的检索值将被替换,并且每个秩的检索值将根据其目标函数值重新排列。

（3）当所有蚂蚁都构建完解决方案,除根据公式（3.42）更新每个秩的检索值 $\mu_{i,j}(t+1)$。此外,根据公式（3.41）更新秩为 j 的第 i 个反演参数的标准差 $\sigma_{i,j}(t+1)$。设置迭代次数 $t =$

$t+1$，完成本次迭代。

（4）跳至步骤（2），直到满足以下三种情况之一结束迭代：

①目标函数值小于使目标函数最小的公差 ε_o，即 $F_{obj} < \varepsilon_o$。

②最大标准差达到使标准偏差最小的公差 ε_d，$\max[\sigma_{i,j}(t)] < \varepsilon_d$；

③迭代次数超过上限 N_g，即 $t > N_g$。

3.5.2　单纯形–微粒群混合算法

单纯形法最早由 Mead 于 1965 提出，是一种传统的局部搜索方法[74-76]。单纯形法根据反射、扩展和压缩等简单规则，不断构造新的单纯形，使单纯形向适应度最小的方向移动，直至找到函数最小值的近似解。

单纯形算法的基本原理为：

（1）在 n 维空间中从初始形状提取出 $n+1$ 个点。

（2）根据反射、延长、压缩等简单规则，比较各点的目标函数值，丢掉最坏的点，并用新的点来代替，然后继续迭代。

（3）沿着最小适应值方向移动单纯形，直到得到方程的最小近似解。

与其他确定性局部优化技术相比，单纯形算法具有计算量小、无须求导数、优化速度快、抗干扰能力强等优点。单纯形算法原理图如图 3.13 所示。X_1，X_2，X_3 是二维单纯形的三个顶点，在图 3.13（a）中，X_1 最优，X_2 次优，X_3 最差；X_g 是 X_1 与 X_2 的重心点；X_r 是 X_3 的反射点，反射因子 $\alpha=1$。在图 3.11（b）中，X_e 是 X_3 的扩展点，扩展因子 $\gamma=2$。在图 3.11（c）中，X_c，X_{cc} 分别为 X_3 的正向压缩点及反向压缩点，压缩因子 $\beta=0.5$。在图 3.11（d）中，$X_{s,2}$，$X_{s,3}$ 分别为 X_2 和 X_3 的收缩点，收缩因子 $\delta=0.5$。

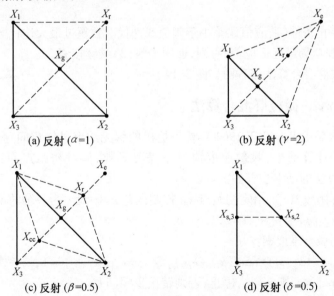

(a) 反射 ($\alpha=1$)　　　　　　　　(b) 反射 ($\gamma=2$)

(c) 反射 ($\beta=0.5$)　　　　　　　　(d) 反射 ($\delta=0.5$)

图 3.13　单纯形算法原理图

与标准 PSO 算法相比，尽管 BBPSO 算法简化了参数设置并且提高了全局搜索能力，但与标准 PSO 算法一样存在收敛较慢的问题。因此，将具有快速局部搜索能力的单纯形法与标准 PSO 算法和 BBPSO 算法结合,可以提高算法的收敛速度和搜索性能。而微粒群算法与单纯形法结合的关键问题是在微粒群算法的什么位置引入单纯形法,以及对哪些粒子采用单纯形法。经过分析,选择基于 K-均值聚类的方式引入单纯形法能够有效地提高收敛速度。K-均值聚类是一种得到广泛使用的聚类算法。其主要思想是通过迭代过程把数据集划分为不同的类别,使得评价聚类性能的准则函数达到最优,从而使生成的每个聚类内部紧凑,类间独立。基于这种方式将单纯形算法和骨干微粒群算法结合形成基于 K-均值聚类的单纯形-骨干微粒群混合优化算法(SM-BBPSO),同时在此基础上将单纯形算法和标准微粒群算法结合得到基于 K-均值聚类的单纯形-标准微粒群混合优化算法(KSM-PSO)。这两种算法的基本思想为:在标准 PSO 算法和 BBPSO 算法的进化过程中,每隔固定迭代步数利用 K-均值聚类方法对微粒群进行分类,并对每一类中最具代表性的微粒实施单纯形搜索。这使得整个混合算法既能充分利用微粒群算法所得的优化结果,又能兼顾单纯形法带来的计算开销。

基于 K-均值聚类方式的 KSM-PSO 算法和 SM-BBPSO 算法的具体步骤如下:

(1)初始化微粒群中微粒的位置、个体极值和全局极值;设置算法所需参数,包括种群规模、最大迭代次数、微粒分类数 k_c 和单纯形法间隔代数 K 等。

(2)计算每个微粒的适应值。

(3)更新微粒个体极值。

(4)如果 $t/K=[t/K]$,执行单纯形法($[\cdot]$ 表示向下取整)。具体执行过程为首先通过 K-均值聚类方法对微粒群进行分类,确定类的中心微粒;然后对每个类的中心微粒执行单纯形搜索,并更新该微粒的个体极值。

(5)更新全局极值。

(6)更新微粒位置。

(7)若满足停止条件(适应值误差小于阈值或迭代次数超过最大迭代数),搜索停止,输出全局最优位置和全局最优适应值;否则,返回步骤(2)继续搜索。

单纯形-微粒群混合算法流程图如图 3.14 所示。

3.5.3 Powell-微粒群混合算法

Powell 搜索法是由 Powell 于 1964 年首先提出的解无约束最优化问题的一种直接搜索法,它的优点在于计算简单,收敛速度快且不需要导数,但对初始点的选取依赖性比较大[77-70]。Powell 算法的基本步骤如下:

(1)对于目标函数 $f(x)$,给定初始点 x_0,控制误差 $\varepsilon>0$,设 e_i 为各维的单位方向向量。

(2)计算 $f_0>f(x_0)$,令 $p_i>e_i$,$i=1,2,\cdots,n$。

(3)沿各方向做一维搜索:

$$f(x_{i-1}+\lambda_{i-1}p_i)>\min f(x_{i-1}+\lambda p_i),令 x_i=x_{i-1}+\lambda_{i-1}p_i,i=1,2,\cdots,n$$

(4)若 $\|x_n-x_0\|<\varepsilon$,则 $x'>x_n$,停止;否则转至步骤(5)。

(5)令 $\Delta=\max[f(x_{i-1})-f(x_i)]=f_m-f_{m+1}$,用试探法求得 $f=f(2x_n-x_0)$。

(6)若 $f=f(x_0)$,或 $[f(x_0)-2f(x_n)+f'][f(x_0)-f(x_n)-\Delta]^2=0.5[f(x_0)-f']^2\Delta$,则搜索方向不变,令 $f(x_0)=f(x_n)$,$x_0=x_n$,转至步骤(2);否则转至步骤(7)。

(7)令 $p_k=p_k$,$k=1,2,\cdots,m$;$p_k=p_{k+1}$,$k=m+1,\cdots,n-1$,而令 $p_n=(x_n-x_0)/(\|x_n-x_0\|)$。

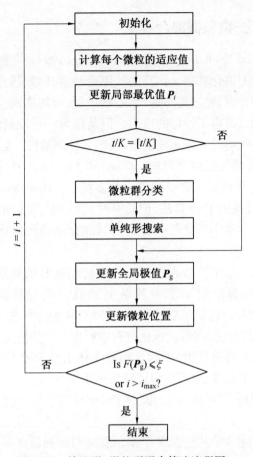

图 3.14　单纯形-微粒群混合算法流程图

（8）做一维搜索 $f(x_n+\lambda p_n)=\min f(x_n+\lambda p_n)$，令 $x_0=x_n+\lambda p_n$，转至步骤（2）。

Powell-微粒群混合算法的思想是把两种算法的优点相结合，避免其缺点，强调精确性、可靠性和计算时间的平衡性，混合算法不仅保持了上述平衡，而且仿真结果表明，方法的快速收敛性和 PSO 方法的可靠性都得到了改善。Powell-微粒群混合算法描述如下：

（1）随机初始化一群微粒，包括随机位置和随机速度。

（2）评价每个微粒的适应度，即分别对每个微粒求目标函数值。

（3）以当前最好微粒位置 P_g 为初始点，使用 Powell 算法进行优化计算求出最优解 x^*，并令 $P_g=x^*$。

（4）更新每个微粒的速度和位置。

（5）对每个微粒，将其适应值与经历过的最好位置 P_{best} 做比较，如果较好，则将其作为当前的最好位置 P_{best}。

（6）对每个微粒，将其适应值与全局经历过的最好位置 P_g 做比较，如果较好，则将其作为当前的全局最好位置。

（7）如果没有达到结束条件（通常为达到足够好的适应值或达到一个预先给定的最大迭代次数或最优解停滞不再变化），则返回步骤（2）。

3.5.4　差分进化-微粒群混合算法

差分进化(Differential Evolution, DE)是由 Price 等(1999)[81]首先提出的基于种群并行随机搜索算法的一种新型进化算法。该算法从原始种群开始,通过变异、杂交、选择等几种遗传操作来衍生出新的种群,经过逐步迭代,不断进化,最终实现全局最优解的搜索。在函数优化和实际工程领域已取得了较好的应用。但是作为一种较新的进化算法也有其缺陷,即优化迭代后期接近最优解时收敛速度缓慢,易陷入局部最优。近年来,人们已经做了很多尝试,试图将 PSO 和 DE 的优点结合起来。Zhang 和 Xie[82](2003)提出了一种引入 DE 思想的混合 PSO,通过 DE 操作增加了 PSO 种群中的多样性。Hendtlass[83](2001)提出了一种混合模型,每个个体遵循传统的 PSO 算法,但是有时运行 DE,可以把个体从不好的区域移动到好的区域来继续搜寻。本小节介绍一种新型的混合全局优化算法——PSODE 来解决全局优化问题[84]。

为了克服 PSO 和 DE 单个算法在求解全局最优问题时的缺陷,深圳大学的牛奔等[85](2008)基于 PSO 和 DE 算法提出了一种新型的混合全局优化算法——PSODE 算法。PSODE 算法基于一种双种群进化策略,其中一个种群中的个体按照 PSO 操作进化,另一个种群的个体按照 DE 操作进化,在每次进化过程中利用一种信息交流机制交流搜寻信息,避免各种群陷入局部最优。通过利用 DE 操作得到个体引导 PSO 操作中的个体进化过程,这样既可以保证算法的求解精度,也可以保证算法的求解速度。该方法可以保证两个种群的互相作用,协调开发能力和探索能力之间的平衡,维持整个种群的多样性,降低了陷入局部最优的风险。

对于一个最小化问题,DE 从包含 N 个候选解的初始种群 X_i^t 开始$(i=1,2,\cdots,N)$,其中 i 是种群数,t 为当前代。

在变异操作中,任一随机矢量 V_i^t 根据式(3.43)产生

$$V_i^t = X_{r1}^t + F \cdot (X_{r2}^t - X_{r3}^t) \tag{3.50}$$

其中,r_1, r_2, r_3 是随机数,$r_1, r_2, r_3 \in (1,2,\cdots,N)$;$F$ 为加权因子。

在杂交操作中,新种群 $X_i^{t'} = [x_{t1}', x_{t2}', \cdots x_{tD}']$ 由随机矢量 $V_i^t = [v_{t1}, v_{t2}, \cdots v_{tD}]$ 和目标矢量 $X_i^t = [x_{t1}, x_{t2}, \cdots x_{tD}]$ 共同产生,即

$$x_{ij}' = \begin{cases} v_{ij}, \text{if } \text{rand}b(j) \leqslant CR \text{ or } j = \text{rand}r(i) \\ x_{ij}, \text{if } \text{rand}b(j) \geqslant CR \text{ or } j \neq \text{rand}r(i) \end{cases} \tag{3.51}$$

式中,$j \in [1,D]$,$\text{rand}b(j) \geqslant [0,1]$ 是同一随机数发生器的第 j 个值;$CR \in [0,1]$ 是变异概率;$\text{rand}r(j) \in [1,2,\cdots D]$ 是随机选择指数,它确保 $X_i^{t'}$ 能从 V_i^t 中得到至少一个参数。

选择操作中采用贪婪策略,即

$$X_i^{t+1} = \begin{cases} X_i^{t'}, \text{if } F_{\text{obj}}(X_i^{t'}) < F_{\text{obj}}(X_i^t) \\ X_i^t, \text{if } F_{\text{obj}}(X_i^{t'}) \geqslant F_{\text{obj}}(X_i^t) \end{cases} \tag{3.52}$$

式中,$F_{\text{obj}}(X)$ 表示适应度函数。

PSO 算法与 DE 算法都是基于群体的启发式算法,其主要区别在于新个体的产生方式。在 PSO 算法中,当前个体位置通过跟踪群体中最好的个体位置与自身迄今位置经历的最好位置而获得。在差分进化算法中,通过当前种群个体的差来重组得到中间种群,然后运用直

接的父子混合个体适应度值竞争来获得新一代种群。PSO 算法的优点是前期收敛速度较快,但后期易于陷入局部最优。这是因为在优化初期整个种群的多样性维持在较高范围,此时适应度值的变化较大,表现为迅速收敛到局部最优,随着群体中的个体向群体最优个体靠近,群体的多样性停止在较小的范围内,即早熟收敛。

　　图 3.15 给出了基本 PSO 模型中个体粒子的运动方式,群体中所有的个体都向群体中最优个体靠近,个体间的信息交流仅为群体中的个体与群体中最优秀的粒子信息的单向交互,而迭代过程中的最优秀的粒子所处的位置可能正好是局部最优点,此时这种信息便会误导群体中其他个体向这个方向靠近,于是整个群体便陷入局部最优,难以获得全局最优解。

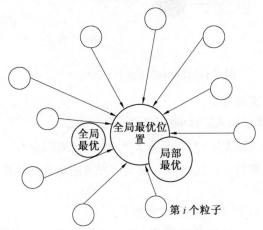

图 3.15　PSO 模型中个体运动方式[81]

　　差分进化算法在选择操作中采用的是一种"贪婪"搜索策略,即经过变异和交叉操作后的个体与父代个体进行竞争,只有当其适应度好于父代时才被选作子代,否则直接进入下一代。该机制可以增加算法的收敛速度,但也容易陷入局部最优点而使算法停滞。针对 PSO 算法和 DE 算法易于陷入局部最优的缺点,本小节提出了 PSODE 混合算法。由于两种算法陷入局部最优的情形较为类似,下面以 PSO 算法为例,说明在 PSODE 算法中,PSO 算法是如何与 DE 算法结合实现逃离局部最优点的。PSODE 算法中个体运动方式如图 3.16 所示,当 PSO 群体中的个体陷入局部最优点(Local Minima)时,粒子不再仅根据自身群体的经验去确定下一步的位置,同时还会吸取 DE 群体中最优个体的信息确定下一步的位置。随着 DE 群体中优秀个体信息获取,可以引导陷入局部最优值的粒子偏离原先局部最优点,以较大概率向全局最优点(Global Minima)靠近。DE 群体中个体逃离局部最优原理与之类似,在此不再赘述。

　　PSODE 算法的本质思想是通过引入一个新的信息交流机制,使信息能够在两个群体中传递,有助于个体避免错误的信息判断而陷入局部最优点。为了进一步提高混合算法中 PSO 的优化性能,在 PSODE 混合算法中采用非线性动态自适应惯性权重策略。惯性权重的更新状态如下:

$$w(t) = w_{end} + (w_{start} - w_{end}) \times \exp[-k(t/t_{max})^2] \tag{3.53}$$

式中,k 为控制因子,控制 w 与 t 变化曲线的平滑度,通常取 3。为了避免混合算法中 PSO 与 DE 的个体在优化迭代后期出现停滞现象而引入变异机制。如果个体(PSO 与 DE 种群中的任意一个)在预定的最大迭代次数内出现停滞现象,则该个体将随机变异,即被搜寻空间中

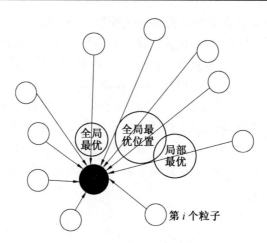

图 3.16　PSODE 模型中个体运动方式[81]

的任一新位置所代替。实现如下：

$$X_i^{t+p+1} = X_{min} + \text{rand}(0,1) \times (X_{max} - X_{min})$$
$$(X_i^t = X_i^{t+1} = X_i^{t+2} = \cdots = X_i^{t+p}) \& [F_{obj}(X_i^{t+p}) \neq F_{obj}^*]$$

(3.54)

式中，F_{obj}^* 代表适应度函数的全局最小值；p 是允许停滞的最大迭代次数；$(X_{max} - X_{min})$ 是定义的允许搜寻边界。

本节提出的混合 PSODE 算法实现步骤如下：

（1）基本参数设置。包括群体规模 M、最大迭代次数 t_{max}、求解精度 e、最大惯性权重 w_{start}、最小惯性权重 w_{end}、控制因子 l、加速因子 C_1 和 C_2、缩放因子 F 及变异概率 CR。

（2）将群体等分成两个种群 POP^{PSO} 和 POP^{DE}，其中 POP^{PSO} 和 POP^{DE} 初始化的位置分别位于不同区域。

（3）对 POP^{PSO} 群体中所有个体执行速度、位置更新。

（4）对 POP^{DE} 群体中所有个体执行变异、杂交、选择操作。

（5）选出 POP^{PSO} 群体中最佳个体 G_{best}^{PSO}。

（6）选取 POP^{DE} 群体中最佳个体 G_{best}^{DE}。

（7）比较 G_{best}^{PSO} 和 G_{best}^{DE} 优劣，选择最佳个体作为和下一代进化依据。

（8）判断个体是否有停滞，如果有则按式(3.47)执行变异操作。

（9）记录当前整个群体中最佳个体，如果满足精度或整个进化已达到最大迭代次数，则终止算法；否则转至步骤(3)。

3.5.5　模拟退火-微粒群混合算法

PSO 算法具有深刻的群体智能背景，是基于生物启发式的智能算法，PSO 算法简单，易于实现，无须调整太多参数，且早期时收敛速度快，但后期受随机振荡现象的影响，使其在全局最优值附近需要较长的搜索时间，收敛速度慢，极易陷入局部极小值，精度较低易发散。而模拟退火的并行技术能大幅度改进系统性能，加大信息处理量和提高运算速度。因此，本节介绍一种模拟退火-微粒群模型(SA-PSO)，将模拟退火思想引入 PSO 算法，在每个粒子的速度和位置更新过程中加入模拟退火机制，对粒子进化后的适应度值按 Metroplis 准则接受优化解的同时以一定概率接受恶化值,算法从局部极值区域中跳出,自适应调整退火温度,随着温度的逐渐下降,粒子逐渐形成低能量基态,收敛至全局最优解。

模拟退火算法(Simulated Annealing Algorithm, SA)的思想最早是由 Metroplis 等提出来的,其出发点是基于物理中固体物质的退火过程与一般的组合优化问题之间的相似性[86]。SA 是一种通用的优化算法,目前已经在管理、工程等方面得到了广泛应用。SA 是模拟热力学中经典粒子系统的降温过程来求解规划问题的极值。当孤立粒子系统的温度以足够慢的速度下降时,系统近似处于热力学平衡状态,最后系统将达到本身的最低能量状态,即基态,这相当于能量函数的全局极小点。由于模拟退火法能够有效地解决大规模的组合优化问题,且对规划问题的要求极小,因此引起研究人员的极大兴趣。模拟退火算法包含的基本过程如下:

(1)给定初始温度 T 及初始点,退火速度为 K,最低温度 T_0。

(2)计算该点的函数适应值 $E=f(X)$。

(3)按照有生成函数 $g(\Delta X,T)$ 确定的概率选择 ΔX,令新点 X_n 等于 $X+\Delta X$。

(4)计算新的目标函数值 $E_n=f(X_n)$。

(5)按照由接受函数 $h(\Delta E,T)$ 确定的概率 X 将设为 X_n,E 设为 E_n,其中 $\Delta E=E_n-E$。

(6)若 $\Delta E \leqslant 0$,则接受新点作为下一次模拟的初始点。

(7)若 $\Delta E>0$,则计算新接收概率;若 $\exp(-\Delta E/T)>\varepsilon$,$\varepsilon$ 为 $[0,1]$ 随机数,也接受新位置;否则拒绝,维持先前点的值。

(8)增加迭代次数 K,如果 K 达到最大迭代次数,停止迭代;否则,返回步骤(2)。

以上步骤称为 Metropolis 过程,按照一定的退火方案逐渐降低温度,重复 Metropolis 过程,就构成了模拟退火优化算法,简称模拟退火算法。当系统温度足够低时,认为达到了全局最优状态。按照热力学分子运动理论,粒子做无规则运动时,它具有的能量带有随机性。当温度较高时,系统的热力学能较大,但是对于某个粒子而言,它具有的能量可能较小。因此,SA 算法要记录整个退火过程中出现的能量较小点。

由于算法混合的多样性,基于模拟退火思想的 PSO 算法种类也繁多,比如粒子群-模拟退火算法(PSO-SA),先利用 PSO 算法的快速搜索能力得到一个较优的群体,然后利用 SA 的突跳能力对部分较好的个体进行优化;PSO 算法和模拟退火交替算法(PSO-SAT),先随机产生初始群体,再通过前述的位置更新产生一组新个体,然后对每个个体的历史最优解分别执行 SA 的抽样过程,以其结果作为下一代群体中各个体的历史最优解,并将其中的最好解作为 PSO 算法的全局最优解;PSO 算法和模拟退火协同(PSO-SAC)算法,将包含 $M+N$ 个初始解的群体分为两部分,其中 M 个初始解分别进行独立的模拟退火过程,N 个初始解执行 PSO 算法,每个粒子根据整个群体迄今为止搜索到的最优解更新位置。这样既利用 M 个解的并行退火过程加大算法的搜索范围,又利用 PSO 算法追逐当前的全局最优解来保证算法的收敛性,从而兼顾算法的优化精度和效率[87];混沌模拟退火粒子群优化(CPSO)算法,由于模拟退火 PSO 算法和混沌 PSO 算法都能达到较好的效果,且这两种算法并不冲突,因此颜琳莉等[88]提出一种新的算法,即把这两种方法结合起来;模拟退火——杂交和高斯变异的 PSO 算法,该算法保持了 PSO 算法摆脱局部极值点的能力,提高了算法的收敛速度和精度[89]。

本小节以 SA-PSO 算法为例详细阐述基于模拟退火算法思想的 PSO 算法。SA-PSO 混合算法的实现步骤如下：

（1）初始化参数。包括惯性权重、加速常数 C_1 和 C_2、退火起止温度 T 和 T_0 及退火速度 K。

（2）随机产生由 n 个粒子组成的种群，即随机产生 n 个初始解 $X_i(t)(i=1,2,\cdots,n)$ 和 n 个初始速度 $V_j(t)(j=1,2,\cdots,n)$。

（3）计算每个粒子的适应值 $f[X_i(t)](i=1,2,\cdots,n)$。

（4）对每个粒子，将其适应度值 $f[X_i(t)]$ 与个体极值 $P_{i,\text{best}}(t)$ 进行比较，取优更新为个体极值 $P_{i,\text{best}}(t)$。

（5）对每个粒子，将其适应度值 $f[X_i(t)]$ 与全局极值 $P_g(t)$ 进行比较，取优更新为全局极值 $P_g(t)$。

（6）根据式（1.1）和式（1.2）更新每个粒子的位置 $X_i(t+1)$ 和速度 $V_i(t+1)$，并把速度限制在 $V_{\max}$ 内。

（7）计算每个粒子更新后的适应度值 $f[X_i(t+1)]$。

（8）计算两个位置所引起的适应度值变化量 ΔE。若 $\Delta E<0$，则接受新位置；若 $\exp(-\Delta E/T)>\varepsilon$，$\varepsilon$ 为 $[0,1]$ 随机数，也接受新位置，否则拒绝。若接受新值，降温 $T\leftarrow kT$，否则不降温，返回步骤（3）。

SA-PSO 算法的流程图如图 3.17 所示。

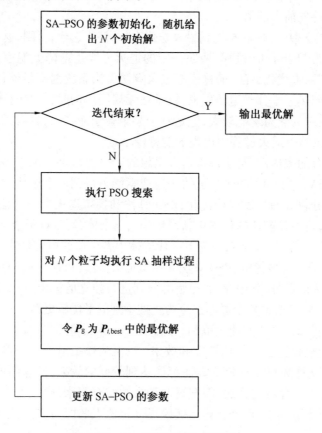

图 3.17　SA-PSO 算法的流程图

3.6　其他智能优化算法

3.6.1　生物地理学优化算法

生物地理学是一门研究生物地理分布的科学。由于受到降雨量、温度、湿度、阳光等自然条件的影响,生物物种会向环境条件比较适宜的栖息地迁移,而栖息地本身能够容纳的物种数量是有限的,当栖息地趋于饱和时,又会迫使物种迁出,这样物种的迁入和迁出会达到一种动态平衡。同时,物种在栖息地生存时,会受到环境的影响而发生突变。生物地理学优化(Biography-Based Optimization,BBO)算法通过构建物种迁移模型,依靠栖息地之间物种的迁移来完成信息流通,实现信息共享,通过物种突变来实现信息的不断更新,从而逐步提高栖息地的适应度,达到寻求问题的最优解[90]。

1. 迁移

每个个体具有一定的适宜度指数用于对个体进行评价,栖息地中的特征变量为个体中的变量,如气候、降雨量和湿度等因素,描述为适宜索引变量。个体的迁入率和迁出率为个体适宜度的函数。适宜度较高的栖息地包含的物种较多,由于其已经有接近饱和的物种数,所以其相应的物种迁出率较高,而物种迁入率较低;相反,适宜度较低的栖息地对应的物种较少,迁入新物种的概率较高,而物种迁出的概率较小,因此具有较高的迁入率和较低的迁出率。

根据生物地理学的不同数学模型,可以得到不同的迁移模型,如图 3.18 所示。图中,I 表示最大迁入率;E 表示最大迁出率(迁入率 λ 和迁出率 μ 相等);S_{max} 表示该栖息地所能容纳物种的最大数量。当物种数量为零时,迁入率最大,随着物种数量的增加,栖息地变得越来越拥挤,迁出率增大,而迁入率逐渐减小。

2. 突变

灾难性事件能够彻底改变一个栖息地的生态环境,其适宜度会因为此类随机事件的发生而突然变化。BBO 算法采用突变操作模拟这种现象,根据栖息地的物种数量概率对栖息地的特征变量进行突变操作。

定义某栖息地(最大物种承载能力为 n)已承载 S 个物种的概率 P_S 称为物种数量概率,如式(3.55)所示。物种数量概率表示对于给定问题预先存在的可能性较小,如果发生突变,它很可能突变成更好的方法。相反,具有较高物种数量概率的方法则有很小的概率发生突变。因此,突变概率与该栖息地的物种数量概率成反比,如式(3.56)所示。

$$P_S = \begin{cases} \dfrac{1}{1 + \sum\limits_{s=1}^{n} \dfrac{\lambda_0 \lambda_1 \cdots \lambda_{S-1}}{\mu_1 \mu_2 \cdots \mu_s}}, & S = 0 \\[4mm] \dfrac{\lambda_0 \lambda_1 \cdots \lambda_{S-1}}{\mu_1 \mu_2 \cdots \mu_s \left(1 + \sum\limits_{S=1}^{n} \dfrac{\lambda_0 \lambda_1 \cdots \lambda_{S-1}}{\mu_1 \mu_2 \cdots \mu_s}\right)}, & 1 \leqslant S \leqslant n \end{cases} \tag{3.55}$$

$$M_S = M_{max} \cdot \left(1 - \frac{P_S}{P_{max}}\right) \tag{3.56}$$

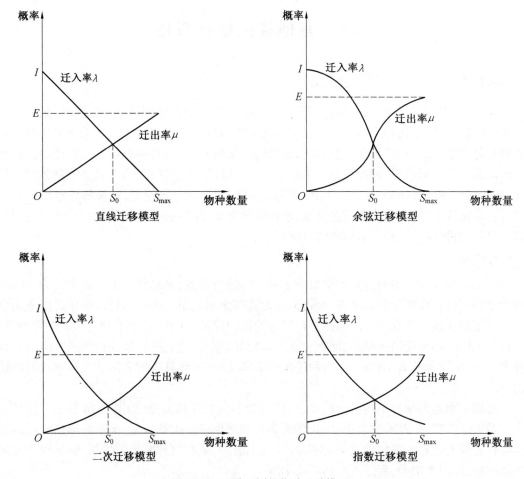

图 3.18 四种不同的物种迁移模型

式中,M_{max}是用户自定义的参数,称之为最大突变率;P_S是栖息地中物种数量为S对应的概率;P_{max}是P_S的最大值。M_S是栖息地中物种数量为S对应的突变概率。

BBO 算法的流程如下:

(1)初始化 BBO 算法的全局变量参数,并随机初始化每个栖息地的适宜度向量 SIV。

(2)计算栖息地i的适宜度值H_i,并按照适宜度从大到小排列栖息地的顺序。

(3)保存最优解,判断是否满足结束条件,如果"是",则输出结果,程序结束;否则继续步骤(4)。

(4)取栖息地的物种数量最大值$S_{max}=n$,按$S_i=S_{max}-i$计算栖息地i对应的物种数量根据物种迁移模型计算栖息地i的迁入率λ_i和迁出率μ_i。

(5)利用P_{mod}循环(栖息地数量n作为循环次数)判断栖息地i是否迁入操作。若栖息地i确定进行迁入操作,则利用该栖息地的迁入率λ_i循环(SIV 的维度D作为循环次数)来判断其特征分量$SIV_{i,j}$是否进行迁入操作。若$SIV_{i,j}$确定进行迁入操作,则利用其他栖息地的迁出率$\mu_m(m=1,2,\cdots,n,m\neq i)$进行轮盘选择,用选出的栖息地$m$的特征分量$SIV_{i,j}$替代栖息地$i$的特征分量$SIV_{i,j}$。

(6)计算各个栖息地的突变率M_i,突变每个非精英栖息地,用M_i判断栖息地i的各个特征分量是否进行突变并进行相应的操作,然后返回步骤(2)。

3.6.2　果蝇优化算法

因为在嗅觉和视觉上优于其他物种,果蝇可以充分利用它的本能去寻找食物。果蝇可以嗅到分散在空气中的各种食物的味道,即使食物源在 40 km 远的地方。当接近食物位置的时候,在其敏锐的视觉器官的帮助下,果蝇会发现食物和果蝇群的位置,然后飞向那个方向[91]。图 3.19 所示为果蝇群发现食物的迭代过程。图 3.20 所示为参数优化后的果蝇群的飞行路线。计算重复了四次,相应的飞行路线如图 3.20 所示。我们可以发现,果蝇群的飞行路线是相对稳定的,尽管在随机的搜索过程中会出现轻微的波动,果蝇群最终总会找到最好的位置。

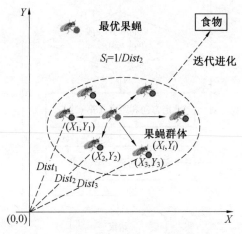

图 3.19　果蝇优化算法发现食物的迭代过程

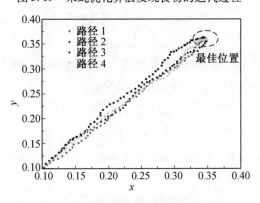

图 3.20　参数优化后的果蝇群的飞行路线

果蝇优化算法的流程图如图 3.22 所示,其详细过程可以分为以下几步:

(1)令算法的主要参数初始化,即最大迭代次数 Maxgens,种群规模 Npopsize,目标函数的公差 ε 以及随机的果蝇的位置(X_axis, Y_axis)。

(2)给每个独立的果蝇一个随机的坐标(X_i, Y_i),$Rand_x$ 和 $Rand_y$ 是从一个均匀分布[low, $high$]中取样的两个随机向量:

$$X_i = X\_axis + Rand_x \tag{3.57}$$

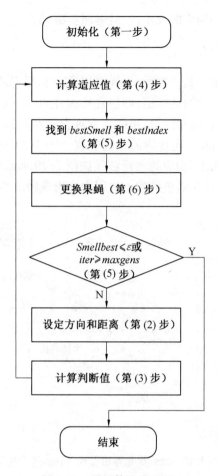

图 3.21　果蝇算法流程图

$$Y_i = Y\_axis + Rand_y \tag{3.58}$$

（3）因为食物的位置是未知的，因此先预设一个食物到原点的距离（$Dist$），然后气味浓度的判断值 S 就可以计算出来，这个数是距离的倒数。

$$Dist_i = \sqrt{X_i^2 + Y_i^2} \tag{3.59}$$

$$S_i = 1/Dist_i \tag{3.60}$$

（4）用气味浓度判断函数（或者称为适应值函数）来代替气味浓度判断值来找到果蝇个体位置的气味浓度。

$$Smell_i = Funciton(S_i) \tag{3.61}$$

（5）找到 $bestSmell$ 的值和与之相对应的果蝇的位置 $bestIndex$，在这个位置处有最大的气味浓度（找到这个最大值）。

$$[\,bestSmell, bestIndex\,] = \max(Smell) \tag{3.62}$$

（6）判断 $bestSmell$ 是否大于之前的 $Smellbest$。如果大于，更新 $Smellbest$ 的数值和与之相对应的位置，然后进入步骤（7）；反之，直接进入步骤（7）。这一步是为了保持最佳的气味浓度值和与之相对应的位置，确保果蝇群会使用视觉飞向那个位置。

$$Smellbest = bestSmell \tag{3.63}$$

$$X\_axis = X(bestIndex) \tag{3.64}$$

$$Y\_axis = Y(bestIndex) \tag{3.65}$$

（7）判断 $Smellbest$ 是否大于给定的气体浓度公差 ε 或者已经达到了最大迭代次数 Max-gens。如果小于,则计算结束;反之,返回步骤(2)。

3.6.3　自组织迁移优化算法

群体化在生命系统中是一种十分重要且非常普遍的自然现象。群体被认为是在空间中聚类的一组生命体,其群体大小对时间来说具有相对稳定性,并且在群体中表现出较高层次的交互作用[92]。在生物群体中,合作与竞争往往是并存的。当一群动物在寻找食物时,若某一个体率先发现食物而成为群体中的领先者,群体中其他个体得到此信息后,往往会改变其运动方向,向领先者所在位置前进。自组织迁移算法 SOMA 从上述"合作-竞争"行为中得到启发,通过寻优群体在问题空间中的自组织迁移运动,逐步达到或接近最优解(图3.22)。

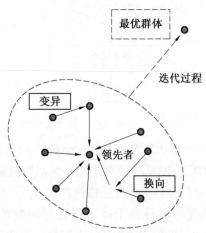

图 3.22　自组织迁移过程

自组织迁移算法(Self-Organizing Migrating Algorithm, SOMA)最早由捷克学者 Zelin-ka[93]于 2004 年提出,是一种新的进化算法。与多数进化算法一样,SOMA 也是一种基于群体的随机优化算法,但与遗传算法等传统进化算法不同,SOMA 的社会生物学基础是社会环境下群体的自组织行为。从这一意义上说,SOMA 可以和蚁群算法、粒子群优化(PSO)算法一样归于群体智能的范畴。SOMA 的优化过程主要包括群体初始化、变异操作和交叉操作。变异操作模拟生物进化的基因突变,其主要意义在于恢复进化过程中群体丢失的信息,保持物种的多样性。SOMA 通过扰动参数(PRT)获得扰动。交叉操作模拟自然界有性繁殖的基因重组过程,其作用在于将原有的优良基因遗传给下一代个体,并生成包含更复杂基因结构的新个体。在进化算法中,交叉算子通常是通过随机组合两个或两个以上父代个体的信息以生成新个体。SOMA 通过个体迁移过程直接在 D 维超空间中产生点列,该点列可以看成是由特殊的交叉运算生成的新个体。

标准 SOMA 算法流程图如图 3.23 所示,其计算流程如下:

（1）迁移代数 $M \leftarrow 0$,在搜索空间中随机产生初始群体。

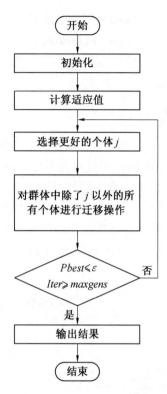

图 3.23　标准 SOMA 算法流程图

（2）根据目标函数评价每个个体所对应的目标函数值。

（3）$M \leftarrow M+1$，确定当前领先个体 L（通常采用目标函数值最小的个体）。

（4）对 $i=1,2,\cdots,P$ 且 $i \neq L$，个体 i 执行迁移过程。

（5）测试终止条件：如领先者与最差个体之间目标函数值的差的绝对值大于预定的 *MinDiv* 且未达到最大迁移代数，则转到步骤（3），否则执行步骤（6）。

（6）输出搜索过程中发现的最优解。

如果将步骤（5）中的 *MinDiv* 参数设为负值，则算法就一直执行到达最大迁移代数为止。

同遗传算法等其他进化算法一样，SOMA 也有一些策略参数，其中比较重要的是 *PRT*，*PathLength* 及 *Step* 这三个参数。*PRT* 参数决定了当前个体如何向领先者移动。一般来说，随着 *PRT* 参数值的增加，SOMA 的局部收敛速度加快。当 *PRT*=1 时，SOMA 的行为就完全确定化。研究表明 *PRT* 参数的最优值在 0.1 附近[94]。*PathLength* 参数定义了当前个体向领先者的迁移与领先者位置之间的关系[95]：当 *PathLength*<1 时，表示个体迁移不超过领先者所在位置；当 *PathLength*=1 时，个体迁移最远到领先者处；当 *PathLength*>1 时表示个体迁移超过领先者所在位置。一般来说，当 *PathLength*≤1 时容易造成未成熟收敛。*PathLength* 的推荐值为 3。步长参数 *Step* 定义了寻优个体在问题空间上的采样粒度。为了保持群体多样性，应合理设置 *Step* 参数，尽量避免使当前个体精确到达领先者的位置，换句话说，应尽量避免当前个体和领先者之间的距离是 *Step* 参数的整数倍这种情况。一般来说，对于比较简单的目标函数来说，可以采用较大步长以加快收敛速度，但对于多峰复杂函数来说，应适当减小步长以使搜索过程精细化。*Step* 参数常用值为 0.11[96]。

标准自组织迁移算法的 Step 是定值,对于很多问题而言,固定的 Step 并不是一个很好的选择。事实上,Step 参数的最优值是随个体变化的。此外,交叉操作是 SMOA 的主要群体迭代手段,变异操作的作用相对较弱。为了增强 SOMA 的变异能力,使群体行为随机多样化,引入随机变异步长,即定义个体移动步长为

$$Step_i^M = (C_1 \cdot rand_i + C_2) \cdot Step \tag{3.66}$$

式中,$Step$,C_1 和 C_2 均为常数,其推荐值分别为 0.11,10 和 0.5;$rand$ 表示 $[0,1]$ 区间内均匀分布的随机数。

3.7　标准测试函数

本书将选择如下标准测试函数对微粒群算法、蚁群算法等智能优化算法进行试验研究,这些标准测试函数都是经过精心设计和严格测试的,如果某一优化算法能较为满意地解决某一个标准测试问题,则可以认为它在大量的问题上会具有良好的表现。

1. Sphere 函数

$$f_1(x) = \sum_{i=1}^{n} x_i^2 \tag{3.67}$$

Sphere 函数又称为 Dejong 函数,这是一个简单的单峰函数,各类优化算法都能较为容易地发现全局最优解,它的简单性有助于研究优化算法在问题维度上的效果。该函数的全局最优点位于 $x = \{0, \cdots, 0\}$,全局最优点的函数值 $f_1(x) = 0$。Sphere 函数图像如图 3.24 所示。

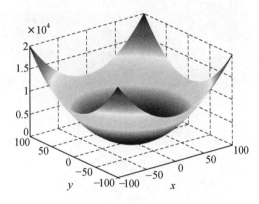

图 3.24　Sphere 函数

2. Schwefel 函数

$$f_2(x) = \sum_{i=1}^{n} |x_i| + \prod_{i=1}^{n} |x_i| \tag{3.68}$$

该函数的全局最优点位于 $x = \{0, \cdots, 0\}$,全局最优点的函数值 $f_2(x) = 0$。由于该函数是单峰函数,但是该函数由于 "$\prod$" 的存在使得各个变量相互影响,比 Sphere 函数难求解。Schwefel 函数图像如图 3.25 所示。

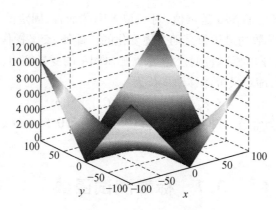

图 3. 25　Schwefel 函数

3. Rosenbrock 函数

$$f_3(x) = \sum_{i=1}^{n} \left[100 \left(x_{i+1} - x_i^2 \right)^2 + \left(x_i - 1 \right)^2 \right] \tag{3.69}$$

Rosenbrock 函数是一个单峰函数,但并不易于求解。该函数在远离最优点区域的适应值形状很简单,但靠近最优点的区域为香蕉状。变量之间具有很强的相关性,且梯度信息经常误导算法的搜索方向。该函数在最优点 $x = \{1, \cdots, 1\}$ 具有最小函数值 $f_3(x) = 0$。Rosenbrock 函数图像如图 3. 26 所示。

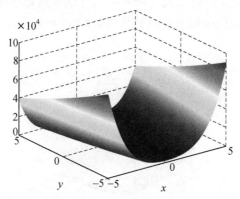

图 3. 26　Rosenbrock 函数

4. Rastrigin 函数

$$f_4(x) = \sum_{i=1}^{n} \left[x_i^2 - 10\cos(2\pi x_i) + 10 \right] \tag{3.70}$$

Rastrigin 函数是 Sphere 类函数的多峰版本,具有大量按正弦拐点排列的最优点。该函数在最优点 $x = \{0, \cdots, 0\}$ 处具有全局最优值为 $f_4(x) = 0$。优化算法很容易在通往全局最优点的路径上陷入一个局部最优点。Rastrigin 函数图像如图 3. 27 所示。

5. Griewank 函数

$$f_5(x) = \frac{1}{4\,000} \sum_{i=1}^{n} x_i^2 - \prod_{i=1}^{n} \cos\left(\frac{x_i}{\sqrt{i}} \right) + 1 \tag{3.71}$$

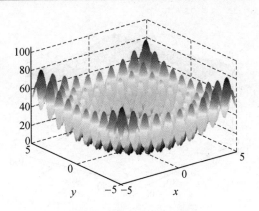

图 3.27　Rastrigin 函数

Griewank 函数是一个复杂的多峰函数,存在大量的局部最小点和高大障碍物,由于各变量之间显著相关,优化算法很容易陷入局部最优,该函数在点 $x = \{0,\cdots,0\}$ 处具有全局最优值 $f_5(x) = 0$。Griewank 函数如图 3.28 所示。

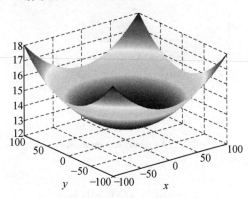

图 3.28　Griewank 函数

6. Ackley 函数

$$f_6(x) = -20\exp\left(-0.2\sqrt{\frac{1}{30}\sum_{i=1}^{n}x_i^2}\right) - \exp\left(\frac{1}{30}\sum_{i=1}^{n}\cos 2\pi x_i\right) + 20 + e \qquad (3.72)$$

Ackley 函数是一个复杂的多峰、存在大量局部最小点且自变量之间相互独立的函数,该函数在点 $x = \{0,\cdots,0\}$ 处具有全局最优值 $f_6(x) = 0$。Ackley 函数图像如图 3.29 所示。

7. Quarticfunction(Noise) 函数

$$f_7(x) = \sum_{i=1}^{n} ix_i^4 + \text{rand}[0,1] \qquad (3.73)$$

Quarticfunction(Noise) 函数是一个含有高斯噪声的 4 次函数,当不考虑噪声影响时,该函数在点 $x = \{0,\cdots,0\}$ 处具有全局最优值 $f_7(x) = 0$。Quarticfunction(Noise) 函数图像如图 3.30 所示。

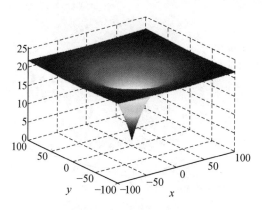

图 3.29　Ackley 函数

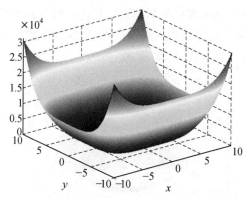

图 3.30　Quarticfunction 函数

8. Shaffer 函数

$$f_8(x) = \frac{\sin^2 \sqrt{x_1^2 + x_2^2} - 0.5}{\left[1 + 0.001(x_1^2 + x_2^2)\right]^2} - 0.5 \tag{3.74}$$

Shaffer 函数是一个多峰函数,有无数个极小值点,一般算法都很难找到全局最优点,其中只有一个最小值点,即当 $x = \{0, \cdots, 0\}$ 时,全局最优值 $f_8(x) = -1$。Schaffer 函数图像如图 3.31 所示。

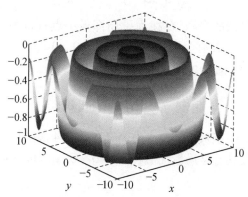

图 3.31　Schaffer 函数

参考文献

[1] 江铭炎,袁东风. 人工鱼群算法及其应用[M]. 北京:科学出版社,2012.

[2] LIU L H. Simultaneous identification of temperature profile and absorption coefficient in one-dimensional semitransparent medium by inverse radiation analysis[J]. Int. Comm. Heat and Mass Transfer, 2000, 27(5): 635-643.

[3] WANG X Y, QI H, NIU C J,et al. Study on optical constants inversion and infrared transmission characteristics of aerosol particles[J]. Journal of Harbin Institute of Technology (New Series), 2011, 18(6): 1-6.

[4] LIU L H, TAN H P, LI B X. Influence of turbulent fluctuation on reconstruction of temperature profile in axisymmetric free flames[J]. Journal of Quantitative Spectroscopy and Radiative Transfer, 2002, 73(6): 641-648.

[5] 齐宏. 弥散颗粒辐射反问题的理论与实验研究[D]. 哈尔滨:哈尔滨工业大学,2008.

[6] 谈和平,余其铮,拉勒芒·米歇尔. 测量微粒粒径分布的辐射反问题方法[J]. 工程热物理学报,1991,12(4):415-418.

[7] DAUN K J, HOWELL J R. Inverse design methods for radiative transfer systems[J]. Journal of Quantitative Spectroscopy and Radiative Transfer, 2005, 93(1): 43-60.

[8] QI H, WANG D L, WANG S G, et al. Inverse transient radiation analysis in one-dimensional non-homogeneous participating slabs using particle swarm optimizer algorithms[J]. Journal of Quantitative Spectroscopy and Radiative Transfer, 2011, 112(15): 2507-2519.

[9] LIU L H, MAN G L. Reconstruction of time-averaged temperature of non-axisymmetric turbulent unconfined sooting flame by inverse radiation analysis[J]. Journal of Quantitative Spectroscopy and Radiative Transfer, 2003, 78(2):139-149.

[10] LI H Y, OZISIK M N. Inverse radiation problem for simultaneous estimation of temperatureprofile and surface reflectivity[J]. Journal of Thermophysics and Heat Transfer, 1993, 7(1): 88-93.

[11] LIU L H, TAN H P, YU Q Z. Simultaneous identification of temperature profile and eall emissivities in semitransparent medium by inverse radiation analysis[J]. Numerical Heat Transfer Part A, 1999, 36(5): 511-526.

[12] LIU L H, TAN H P, YU Q Z. Inverse radiation problem of sources and emissivities in one-dimensional semitransparent media[J]. International Journal of Heat and Mass Transfer, 2001, 44(1): 63-72.

[13] ZHOU H C, HAN S D. Simultaneous reconstruction of temperature distribution, absorptivity of wall surface and absorption coefficient of medium in a 2-D furnace system[J]. Int. J. of Heat and Mass Transfer, 2003, 46: 2645-265.

[14] CHALHOUB E S, CAMPOS VELHO H F. Simultaneous estimation of radiation phase function and abedo in natural waters[J]. J. Quantitative Spectroscopy and Radiative Transfer, 2001, 69: 137-149.

[15] ZHOU H C, HOU Y B, CHEN D L, et al. An inverse radiative transfer problem of simultaneously estimating profiles of temperature and radiative parameters from boundary intensity and temperature measurements[J]. J. Quantitative Spectroscopy and Radiative Transfer, 2002, 74: 605-620.

[16] AN W, RUAN L M, QI H. Inverse radiation problem in one-dimensional slab by time-resolved reflected and transmitted signals[J]. Journal of Quantitative Spectroscopy and Radiative Transfer. , 2007, 107(1): 47-60.

[17] KNUPP D C, SILVA NETO A J. An inverse analysis of the radiative transfer in a two-layer heterogeneous medium[J]. Inverse Problems in Science and Engineering, 2012, 20(7): 917-939.

[18] SIEWERT C E. A Radiative-ttransfer inverse-source problem for a sphere[J]. J. Quantitative Spectroscopy and Radiative Transfer, 1994, 52: 157-160.

[19] LIH Y. An inverse source problem in radiative transfer for spherical media[J]. Numerical Heat Transfer Part B, 1997, 31: 251-260.

[20] LIU L H, TAN H P. Inverse radiation problem in three-dimensional complicated geometric systems with opaque boundaries[J]. J. of Quantitative Spectroscopy & Radiative Transfer, 2001, 68: 559-573.

[21] FAN H W, LI B X, YANG L D, et al. Solution of the inverse radiative load problem in a two-dimensional system[J] J. Quantitative Spectroscopy and Radiative Transfer, 2002, 74: 85-95.

[22] SAQUIB S S, HANSON K M, CUNNINGHAM G S. Model-based image reconstruction from time-resolved diffusion data[J]. Medical Imaging, 1997, 369-380.

[23] ZHOU H C, HAN S D. Simultaneous reconstruction of temperature distribution, absorptivity of wall surface and absorption coefficient of medium in a 2-D furnace system[J]. International Journal of Heat and Mass Transfer, 2003, 46(14): 2645-2653.

[24] SCHWEIGER M, ARRIDGE S R, NISSILÄ I. Gauss-newton method for image reconstruction in diffuse optical tomography[J]. Physics in Medicine and Biology, 2005, 50(10): 2365.

[25] BALIMA Ò, BOULANGER J, CHARETTE A, et al. New developments in frequency domain optical tomography[J]. Part I: Forward model and gradient computation. Journal of Quantitative Spectroscopy and Radiative Transfer, 2011, 112(7): 1229-1234.

[26] MENGUC M P, MANICKAVASAGAM S. Inverse radiation problem in axisymmetric cylindrical scattering Media[J]. AIAA J. of Thermophysics and Heat Transfer, 1993, 7(3): 479-486.

[27] OU N R, WU C Y. Simultaneous estimation of extinction coefficient distribution, scattering albedo and phase function of a two-dimensional medium[J]. Int. J. Heat Mass Transfer, 2002, 45: 4663-4674.

[28] LI H Y, YANG C Y. A Genetic algorithm for inverse radiation problems[J]. Int. J. of Heat and Mass Transfer, 1997, 40: 1545-1549.

［29］ JONES M R, BREWSTER M Q, YAMADA Y. Application of a genetic algorithm to the optical characterization of propellant dmoke［J］. AIAA J. of Thermophysics and Heat Transfer, 1996, 10(2): 372-377.

［30］ BOKAR J C. The estimation of spatially varying albedo and optical thickness in a radiating slab using artificial neural networks［J］. Int. Communication of Heat and Mass Transfer, 1999, 26(3): 359-367.

［31］ KIM K. W, BAEK S W, KIM M Y, et al. Estimation of emissivities in a two-dimensional irregular geometry by inverse radiation analysis using hybrid genetic algorithm［J］. Journal of Quantitative Spectroscopy & Radiative Transfer, 2004, 46: 367-381.

［32］ HOWELL J R, EZEKOYE O A, MORALES J C. Inverse design model for radiative heat transfer［J］. Journal of Heat Transfer, 2000, 122(3): 492-502.

［33］ DAUN K, FRANÇA F, LARSEN M, et al. Comparison of methods for inverse design of radiant enclosures［J］. Journal of Heat Transfer, 2006, 128(3): 269-282.

［34］ TAN J Y, LIU L H. Inverse geometry design of radiating enclosure filled with participating media using meshless method［J］. Numerical Heat Transfer, Part A: Applications, 2009, 56(2): 132-152.

［35］ 董健. 一维微结构光栅辐射特性的反设计方法［D］. 哈尔滨:哈尔滨工业大学, 2013.

［36］ MOGHADASSIAN B, KOWSARY F. Inverse boundary design problem of natural convection-radiation in a square enclosure［J］. International Journal of Thermal Sciences, 2014, 75: 116-126.

［37］ 殷金英, 刘林华. 氧化铝粒子光学常数的尺度效应［J］. 工程热物理学报, 2007, 28(2): 301-303.

［38］ VOLZ F E. Infrared optical constants of ammonium sulfate sahara dust, volcanic pumice, and flyash［J］. Applied Optics, 1973, 12(3): 564-568.

［39］ FORMATO R A. Central force optimization: a new gradient-like metaheuristic for multidimensional search and optimization［J］. International Journal of Bio-Inspired Computation, 2009, 1(4): 217-238.

［40］ BIRBIL S, FANG S. An electromagnetism-like mechanism for global optimization［J］. Journal of Global Optimization, 2003, 25(3): 263-282.

［41］ XIE L P, ZENG J C, CUI Z H. On mass effects to artifitial physics optimization algorithm for global optimization problems［J］. International Journal of Innovative Computing and Applications, 2009, 2(2): 69-76.

［42］ ZHANG D, ZUO W M. Computational intelligence-based biometric technologies［J］. IEEE Computational Intelligence Magazine, 2007, 2(2): 26-36.

［43］ KENNEDY J, EBERHART R C, SHI Y H. Swarm intelligence［M］. San Franciso: Morgan Kaufmann, 2001.

［44］ LEE R S T, LOAI V. Computational intelligence for agent-based systems［M］. Berlin: Spinger-Verlag, 2007.

［45］ HOLLAND J. Adaptation in natural and artificial systems: an introductory analysis with application to biology, control, and artificial intelligence[M]. 2nd ed. Cambridge：MIT Press, 1992.

[46] FOGEL L J, OWENS A J, WALSH M J. Artficial intelligence through simulated evolution [M]. New York：Wiley Publishing, 1996.

[47] BEYER H G, SCHWEFEL H P. Evolution strategies：a comprehensive introduction[J]. Natural Computing, 2002, 1(1)：3-52.

[48] DORIGO M, BIRATTARI M, STUTZLE T. Ant colony optimization-artificial ants as a computational intelligence technique[J]. IEEE Computational Intelligence Magazine, 2006, 1(4)：28-39.

[49] 吴启迪,汪镭. 智能微粒群算法研究及应用[M]. 南京：江苏教育出版社,2005.

[50] KARABOGA D, BASTURK B. On the performance of artificial bee colony (ABC) algorithm[J]. Applied Soft Computing, 2008, 8(1)：687-697.

[51] 焦李成,刘静,钟伟. 协同进化计算与多智能体系统[M]. 北京：科学出版社,2007.

[52] DAI C H, CHEN W R, ZHU Y F, et al. Seeker optimization algorithm for optimal reactive power dispatch[J]. IEEE Transaction on Power Systems, 2009, 24(3)：1218-1231.

[53] HE S, WU Q, SAUNDERS J. Group search optimizer：an optimization algorithm inspired by animal searching behaviour[J]. IEEE Transaction on Evolutionary Computation, 2009, 13(5)：973-990.

[54] 肖人彬,曹鹏林,刘勇. 工程免疫计算[M]. 北京：科学出版社,2007.

[55] 阎平凡,张长水. 人工神经网络与模拟进化计算[M]. 北京：清华大学出版社,2000.

[56] VAPNK V N. 统计学习理论的本质[M]. 北京：清华大学出版社,2000.

[57] 崔志华,曾建潮. 微粒群优化算法[M]. 北京：科学出版社,2011.

[58] ENGELBRECHT A P. Computational intelligence：an introduction [M]. New Jersey：John Wiley & Sons, 2003.

[59] SHI Y, EBERHART R C. A modified particle swarm optimizer[C]. Proceedings of the IEEE International Conference on Evolutionary Computation IEEE Press, Piscataway, NJ, 1998：69-73.

[60] JUANG C F, LIOU Y C. TSK-type recurrent fuzzy network design by the hybrid of genetic algorithm and particle swarm optimization[J]. IEEE Transactions on Systems, Man, and Cybernetics, 2004, 34(2)：997-1006.

[61] LI L L, WANG L, LIU L H. An effect hybrid PSOSA strategy for optimization and its application to parameter estimation[J]. Applied Mathematics and Computation, 2006, 179 (1)：135-146.

[62] YE B, ZHU C Z, GUO C XI, et al. Generating extended fuzzy basis function networks using hybrid algorithm[J]. Lecture Notes in Artificial Intelligence, 2005, 3613：79-88.

[63] VAN DEN BERGH F A. An analysis of particle swarm optimizers [D]. South Africa：University of Pretoria, 2002.

[64] BUTHAINAH A. Multi-phase particle swarm optimization [D]. New York：Syracuse University, 2002.

[65] 李丽,牛奔. 粒子群优化算法[M]. 北京:冶金工业出版社,2010.

[66] SUN J, FENG B, XU W B. Particle swarm optimization with partivles having quantum behavior. CEC2004[C]. Congess on Evolutionary Computation, 2004. IEEE: 325-331.

[67] CLERC M, KENNEDY J. The particle swarm - explosion, stability, and convergence in a multidimensional complex space[J]. IEEE Trans. Evol. Comput. , 2002,6(1): 58-73.

[68] MAKHANLALL D, LIU L H, ZHANG H C. SLA (Second-law analysis) of transient radiative transfer processes[J]. Energy, 2010, 35(12): 5151-5160.

[69] GUTJAHR W J. A graph-baed ant system and its convergence[J]. Future Generation Computer Systems,2000,16(8):878-888.

[70] BONABEAU E, DORIGO M, THERAULAZ G. Inspiration for optimization form social insect behavior[J]. Nature,2000,406(6791):39-42.

[71] DERVIS K. An idea based on honey bee swarm for numerical optimization [R]. Technical Report-TR06, Erciyes University, Engineering Faculty, Computer Engineering Department.

[72] 高尚,钟娟,莫述军. 连续优化问题的蚁群算法研究[J]. 微机发展,2003,13(1):21-22.

[73] SOCHA K. ACO for continuous and mixed-variable optimization[C]. Brussels:4th International Workshop on Ant Colony Optimization and Swarm Intelligence,2004:25-36.

[74] NELDER J A, MEAD R. A simplex method for function minimization[J]. The Computer Journal,1965,7(4):308-313.

[75] WANG P P, SHI L P, ZHANG Y,et al. A hybrid smplex search and modified bare-bones particle swarm optimization[J]. Chin. J. Electron, 2013,22(1): 104-108.

[76] BAHADORI A, VUTHALURU H B. Simple method for estimation of unsteady state conduction heat flow with variable surface temperature in slabs and spheres[J]. International Journal of Heat and Mass Transfer, 2010, 53(21): 4536-4542.

[77] NASH S G, SOFER A. Linear and nonlinear programming[M]. New York: McGraw-Hill, 1996.

[78] POWELL M J D. An efficient method for finding minimum of function of several variables without calculating derivatives[J]. Computer J. ,1964 (7): 155-162.

[79] POWELL M J D. A new algorithm for unconstrained optimization in nonlinear programming [M]. New York: Academic press, 1970.

[80] POWELL M J D. A fast algorithm for nonlinearly constrained optimization calculations [M]. New York:Springer-Verlag, 1978.

[81] PRICE V. An introduction to differential evolution[C]. London: New Ideas in Optimization,1999: 79-108.

[82] ZHANG W J, XIE X F. DEPSO: hybrid particle swarm with diferential evolution operator [C]. Washington:IEEE Int. Conf. on Systems, Man and Cybernetics, 2003: 3816-3821.

[83] HENDTLASS T. Preserving diversity in particle dwarm optimization[J]. Lecture Notes in Artificial Intelligence, 2001, 2718: 31-40.

[84] NIU B, LI L. A novel PSO-DE-based hybrid algorithm for global optimization[J]. Lecture

Notes in Computer Sciences, 2008, 5227: 156-163.

[85] NIU B, ZHU Y L, HE X X, et al. MCPSO: a multi-swarm cooperative particle swarm optimizer[J]. Applied Mathematics and Computation, 2007, 185(2): 1050-1062.

[86] 李士勇. 蚁群算法及应用[M]. 哈尔滨:哈尔滨工业大学出版社,2004.

[87] 潘金科,王文宏,朱剑英. 基于粒子群优化和模拟退火的混合调度算法[J]. 中国机械工程,2006,17(10):1044-1046.

[88] 颜琳莉. 混沌模拟退火粒子群优化算法[J]. 山西建筑,2008,34(1):97-98.

[89] 高鹰,谢胜利. 基于模拟退火的粒子群优化算法[J]. 计算机工程与应用,2004,40(1):47-50.

[90] 马海平,李雪,林升东. 生物地理学优化算法的迁移率模型分析[J]. 东南大学学报(自然科学版,增刊),2009,39:16-21.

[91] PAN W T. A new fruit fly optimization algorithm: taking the financial distress model as an example[J]. Knowledge-Based Systems, 2012(26):69-74.

[92] SATOH T, UCHIBORI A, TANAKA K. Artificial life system for optimization of nonconvex functions[C] // Proceedings of International Joint Conference on Neural Networks. Piscataway: IEEE Press, 1999, IV: 2390-2393.

[93] ZELINKA. SOMA-self-organizing migrating algorithm[C] // New Optimization Techniques in Engineering. Berlin: Springer, 2004: 167-217.

[94] DAS R, MISHRA S C, UPPALURI R. Multiparameter estimation in a transient conduction-radiation problem using the lattice Boltzmann method and the finite-volume method coupled with the genetic algorithms. Numer[J]. Heat Tranf. A-Appl., 2008, 53(12): 1321-1338.

[95] KE J, LI Q Q, QIAO Y Z. Modified self-organizing migrating algorithm with random mutation step[J]. Computer Engineering and Applications, 2006, 35: 41-44.

[96] QI H, NIU C Y, JIA T, WANG D L, et al. Multi-parameters estimation in non-homogeneous participating slab using self-organizing migrating algorithms[J]. Journal of Quantitative Spectroscopy and Radiative Transfer,2015,157:153-169.

第4章 基于智能微粒群优化算法的
辐射传输逆问题求解

本章主要介绍利用第3章讲述的智能微粒群算法求解辐射传输逆问题的具体应用。针对各种智能优化算法,分别介绍其在稳态辐射传输逆问题、瞬态辐射传输逆问题、辐射-导热耦合换热逆问题及粒径分布逆问题中的应用,其中包含作者近年来所做的相关理论研究工作。

4.1 稳态辐射传输逆问题的微粒群算法求解

4.1.1 介质辐射特性的 PSO 算法和 SPSO 算法优化反演

本节采用 PSO 算法和 SPSO 算法对介质的辐射物性进行反演计算。首先,比较了 PSO 算法和 SPSO 算法反演辐射源项的效率和精度;然后,测量介质外边界的反射信号和透射信号,采用 SPSO 算法同时反演了介质的衰减系数和散射系数;最后,对非均匀介质的吸收系数进行了反演。标准 PSO 算法的参数设置为 $C_1 = C_2 = 2.0$,惯性权重从 0.9 减小到 0.4,迭代收敛代数为 $10\ 000$ 代。

为检验测量误差对反演结果的影响,假设实验数据具有正态分布误差,随机的样本通过如下方式产生:

$$Y_{mea} = Y_{exact} + \sigma\zeta \tag{4.1}$$

式中,ζ 表示正态分布随机变量,平均数为 0 的单位标准偏差。对于 99% 的置信度,测量误差为 γ,测量值的标准偏差为

$$\sigma = \frac{Y_{exact} \times \gamma}{2.576} \tag{4.2}$$

其中,2.576 的选择是根据正态分布种群 99% 包含在 ± 2.576 平均值的标准偏差内。为了方便比较,将相对误差定义为

$$\varepsilon_{rel}/\% = 100 \times \frac{Y_{est} - Y_{exa}}{Y_{exa}} \tag{4.3}$$

算例 4.1 采用 PSO 算法和 SPSO 算法反演辐射源项。

首先考虑一个相对简单的一维平板灰介质模型的源项反演问题,其物理模型如图 4.1 所示。该问题的解析解为[1]

$$I^+(\tau,\mu) = I_{b1}\exp\left(-\frac{\tau}{\mu}\right) + \frac{1}{\mu}\int_0^\tau S(\tau')\exp\left[-\frac{(\tau - \tau')}{\mu}\right]d\tau', 0 \leqslant \mu < 1 \tag{4.4}$$

$$I^-(\tau,\mu) = I_{b2}\exp\left(-\frac{\tau_L}{\mu}\right) - \frac{1}{\mu}\int_\tau^{\tau_L} S(\tau')\exp\left[\frac{(\tau' - \tau)}{\mu}\right]d\tau', -1 < \mu < 0 \tag{4.5}$$

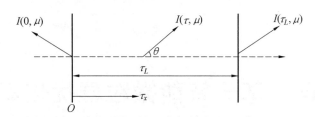

图 4.1 一维平板的物理模型

边界条件是 $I_{b1} = I_{b2} = 0$,其中,I 表示辐射强度;τ 表示光学厚度;μ 表示方向余弦,$\mu = \cos \theta$。假设源项 $S(\tau)$ 是以光学厚度 τ 为变量的多项式,即

$$S(\tau) = \sum_{i=1}^{n} a_i \tau^{i-1} \tag{4.6}$$

对于辐射逆问题而言,根据测量边界出射方向辐射强度(采用 $0 \le \theta \le \pi$ 区间内的 10 个方向辐射强度作为测量值),并结合 PSO 算法和 SPSO 算法进行反演求解,得到源项的系数矩阵 $\boldsymbol{a} = [a_1, a_2, a_3]^{\mathrm{T}}$。假设辐射源项系数的精确解为 $\boldsymbol{a} = [a_1, a_2, a_3]^{\mathrm{T}} = [1, 5, -5]^{\mathrm{T}}$,则目标函数定义为

$$F(\boldsymbol{a}) = \| \boldsymbol{I}_{\text{mea}}(\boldsymbol{a}, \mu, \tau_0) - \boldsymbol{I}_{\text{est}}(\boldsymbol{a}, \mu, \tau_0) \|_{L_2} + \| \boldsymbol{I}_{\text{mea}}(\boldsymbol{a}, \mu, \tau_L) - \boldsymbol{I}_{\text{est}}(\boldsymbol{a}, \mu, \tau_L) \|_{L_2} \tag{4.7}$$

式中,$F(\boldsymbol{a})$ 表示边界方向辐射强度的测量值与计算值偏差的最小平方和;$\| L_2 \|$ 表示范数,即测量值和计算值之间的最小二乘平方根。

根据源项的物理含义,$[x_{\min}, x_{\max}]$ 的值必须为正。而单个粒子是随机选取的,其位置可能存在负值,这显然是不合理的。因此,应采用一定的阈值条件控制源项的适应度值,去除不合理的源项。阈值函数选取为

$$F(\boldsymbol{X}_i) = \begin{cases} 10^5 & S(\boldsymbol{X}_i) \le 0 \\ \text{Updated by PSO}, & S(\boldsymbol{X}_i) > 0 \end{cases} \tag{4.8}$$

分析不同的源项范围 $[x_{\min}, x_{\max}]$ 对于标准 PSO 算法适应度值的影响。为便于比较,向量 $\boldsymbol{X}_{\min}$ 和 $\boldsymbol{X}_{\max}$ 中的元素均采用绝对值相同的值,即不同的 $[x_{\min}, x_{\max}]$ 范围分别为 $[-10, 10]$,$[-100, 100]$,$[-1\,000, 1\,000]$,同时假设 $v_{\max} = 1$。图 4.2 给出了在 $v_{\max}$ 固定情况下,不同 $x_{\max}$ 对应的标准 PSO 算法适应度值变化曲线。从图中可以看出,适应度值随着 $x_{\max}$ 的减小而减小。

考察不同的速度最大值 $v_{\max}$ 对 PSO 算法最优适应度值的影响。$[x_{\min}, x_{\max}]$ 取为 $[-100, 100]$,速度最大值分别取为 $v_{\max} = 1, 10, 50, 100$,计算结果如图 4.3 所示。从图中可以看出,标准 PSO 算法的最优适应度值随着 $v_{\max}$ 的减小而加快收敛。因此,本算例中选取 $[x_{\min}, x_{\max}]$ 为 $[-100, 100]$,而最大速度值 $v_{\max}$ 取 1。

图 4.4 给出了不同种群大小下 PSO 算法与 SPSO 算法的适应度变化。可以看出,在相同的种群大小情况下,SPSO 算法的最优适应度值比 PSO 算法收敛速度快。SPSO 算法与 PSO 算法的计算时间如图 4.5 所示,前者耗时比后者少很多。所有结果均表明,SPSO 算法在收敛速度和计算效率上明显优于标准 PSO 算法。

当考虑测量误差对计算结果的影响时,PSO 算法和 SPSO 算法的参数设置见表 4.1。当种群大小 $M = 50$ 时,不同的测量误差对两种计算结果的影响见表 4.2。所有 SPSO 算法和 PSO 算法的计算结果在小数点后第 4 位均相同,当无测量误差时,SPSO 算法和 PSO 算法的

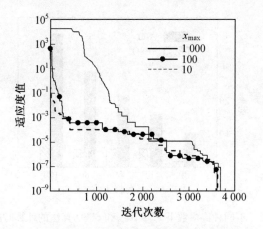

图 4.2　固定 v_{max} 下不同 x_{max} 的适应度值变化曲线

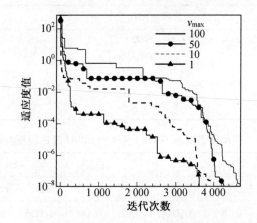

图 4.3　固定 x_{max} 下不同 v_{max} 的适应度值变化曲线

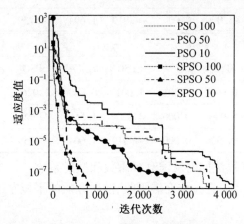

图 4.4　不同种群大小情况下 PSO 算法和 SPSO 算法的最优适应度值变化曲线

平均相对误差均可忽略。当测量误差为 $\gamma = 5\%$ 时，相应的 PSO 算法和 SPSO 算法的最大相对误差均为 8.056%。

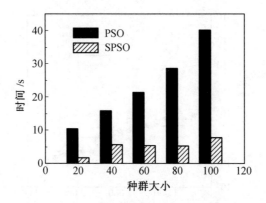

图 4.5　不同种群参数下 PSO 算法和 SPSO 算法的计算时间对比

表 4.1　PSO 算法和 SPSO 算法的参数设置

参数	PSO	SPSO
v_{max}	100	100
$[x_{min}, x_{max}]$	$[-100, 100]$	$[-100, 100]$
M	50	50
N	10 000	10 000
C_1 或 C_2	2.0	1.0

表 4.2　不同测量误差下 PSO 算法和 SPSO 算法的反演结果

反演参数	真值	$\gamma=0$		$\gamma=1$		$\gamma=3$		$\gamma=5$	
		PSO	$\varepsilon_{rel}/\%$	PSO	$\varepsilon_{rel}/\%$	PSO	$\varepsilon_{rel}/\%$	PSO	$\varepsilon_{rel}/\%$
a_1	1	0.999	0.001	1.001	0.090	1.026	2.58	1.043	4.31
a_2	5	5.000	0.000	4.922	1.560	4.766	4.69	4.608	7.838
a_3	−5	−5.000	0.000	−4.919	1.604	−4.759	4.82	−4.597	8.056

反演参数	真值	$\gamma=0$		$\gamma=1$		$\gamma=3$		$\gamma=5$	
		SPSO	$\varepsilon_{rel}/\%$	SPSO	$\varepsilon_{rel}/\%$	SPSO	$\varepsilon_{rel}/\%$	SPSO	$\varepsilon_{rel}/\%$
a_1	1	0.999	0.001	1.001	0.090	1.026	2.58	1.043	4.31
a_2	5	5.000	0.000	4.922	1.560	4.766	4.69	4.608	7.838
a_3	−5	−5.000	0.000	−4.919	1.604	−4.759	4.82	−4.597	8.056

算例 4.2　采用 SPSO 算法同时反演衰减系数和散射系数。

考虑一束平行光垂直入射在一维充满吸收、散射介质的平板左边界,辐射传输方程及边界条件可表示为[1]

$$\mu \frac{\partial I(\tau,\mu)}{\partial \tau} = -I(\tau,\mu) + \frac{\omega}{2}\int_{-1}^{1} I(\tau,\mu')\Phi(\mu,\mu')\mathrm{d}\mu' + \frac{\omega}{4\pi}q\Phi(\mu,1)\mathrm{e}^{-\tau} \quad (4.9\mathrm{a})$$

$$I(0,\mu)=0,\mu \geqslant 0;I(\tau_L,\mu)=0,\mu < 0 \quad (4.9\mathrm{b})$$

半球反射率 ρ_R 和透射率 ρ_T 为

$$\rho_R = -\frac{2\pi}{q}\int_{-1}^{0} I(0,\mu)\mu\mathrm{d}\mu \quad (4.10)$$

$$\rho_{\mathrm{T}} = \mathrm{e}^{-\tau_L} + \frac{2\pi}{q}\int_0^1 I(\tau_L,\mu)\mu\,\mathrm{d}\mu \tag{4.11}$$

设介质的散射相函数 Φ 为线性散射相函数，$\Phi(s^m, s^{m'}) = 1 + g(s^m \cdot s^{m'})$。其中，平板厚度设置为 $L = 1.0$ m，垂直入射辐射设置为 $q = 2\pi\mathrm{W} \cdot \mathrm{m}^{-2}$，非对称因子设置为 $g = 1$。反演分析中，测量得到的半球反射率 ρ_R 和透射率 ρ_T 数据（根据正向计算求得）作为逆问题输入参数，通过使目标函数最小化反演得到衰减系数 β 和散射系数 σ_s。其中目标函数定义为反射率与透射率的计算值和测量值的平方偏差和，并使之极小化而求得满足边界测量值要求的介质辐射特性参数分布，即

$$F(\beta,\sigma_s) = \|\rho_{R,\mathrm{mea}}(\beta,\sigma_s) - \rho_{R,\mathrm{est}}(\beta,\sigma_s)\|_{L_2} + \|\rho_{T,\mathrm{mea}}(\beta,\sigma_s) - \rho_{T,\mathrm{est}}(\beta,\sigma_s)\|_{L_2} \tag{4.12}$$

以下分析采用改进的离散坐标法求解辐射传输方程。根据文献[3]的计算结果可知，半球透射率和反射率对于衰减系数和散射系数的变化是非常敏感的，因此，本书采用透射率和反射率来反演衰减系数及散射系数。采用 SPSO 算法反演得到的衰减系数和散射系数见表 4.3。

表 4.3　不同测量误差下 SPSO 算法的反演结果

反演参数	真实值	$\gamma = 0$		$\gamma = 1$		$\gamma = 3$		$\gamma = 5$	
		SPSO	$\varepsilon_{\mathrm{rel}}/\%$	SPSO	$\varepsilon_{\mathrm{rel}}/\%$	SPSO	$\varepsilon_{\mathrm{rel}}/\%$	SPSO	$\varepsilon_{\mathrm{rel}}/\%$
β	1.0	1.000 0	0.000	0.990 9	0.91	0.973 0	2.7	0.955 4	4.46
σ_s	0.5	0.500 0	0.000	0.500 01	0.002	0.499 8	0.034	0.499 6	0.08
反演参数	真实值	$\gamma = 0$		$\gamma = 1$		$\gamma = 3$		$\gamma = 5$	
		SPSO	$\varepsilon_{\mathrm{rel}}/\%$	SPSO	$\varepsilon_{\mathrm{rel}}/\%$	SPSO	$\varepsilon_{\mathrm{rel}}/\%$	SPSO	$\varepsilon_{\mathrm{rel}}/\%$
β	3.0	3.000 0	0.000	2.994 0	0.20	2.982 2	0.60	2.970 8	0.97
σ_s	1.5	1.500 0	0.000	1.506 6	0.44	1.519 7	1.31	1.532 9	2.20
反演参数	真实值	$\gamma = 0$		$\gamma = 1$		$\gamma = 3$		$\gamma = 5$	
		SPSO	$\varepsilon_{\mathrm{rel}}/\%$	SPSO	$\varepsilon_{\mathrm{rel}}/\%$	SPSO	$\varepsilon_{\mathrm{rel}}/\%$	SPSO	$\varepsilon_{\mathrm{rel}}/\%$
β	5.0	5.000 0	0.000 0	4.997 1	0.06	4.991 6	0.17	4.986 6	0.27
σ_s	2.5	2.500 0	0.000 0	2.514 5	0.58	2.543 2	1.73	2.572 1	2.88
反演参数	真实值	$\gamma = 0$		$\gamma = 1$		$\gamma = 3$		$\gamma = 5$	
		SPSO	$\varepsilon_{\mathrm{rel}}/\%$	SPSO	$\varepsilon_{\mathrm{rel}}/\%$	SPSO	$\varepsilon_{\mathrm{rel}}/\%$	SPSO	$\varepsilon_{\mathrm{rel}}/\%$
β	10.0	10.000 2	0.002	10.005 4	0.054	10.016 7	0.167	10.029 0	0.29
σ_s	5.0	5.000 0	0.000	0.503 2	0.694	5.103 5	2.07	5.172 0	3.44

从表中可以看出，当无测量误差时，反演值和精确值吻合得非常好。当测量误差 γ 从 0 变化到 5% 时，反演精度逐渐降低。表 4.3 还给出了不同的光学厚度对于反演精度的影响。随着光学厚度的增大，反演精度对测量误差的敏感性逐渐增强。当 $\gamma = 5\%$ 时，散射系数 σ_s 最大相对误差为 3.44%；衰减系数 β 的最大相对误差 $\varepsilon_{\mathrm{rel}}$ 为 4.46%。随着光学厚度的增大，σ_s 的相对误差逐渐增大，而 β 的相对误差逐渐减小。值得指出的是，当光学厚度大于 10 时，σ_s 和 β 均不能合理地反演，即表现出强烈的多值性。其主要原因是随着光学厚度的增

大,反射率 ρ_R 的测量信号接近一个常数(本算例中 $\lim \rho_R \rightarrow 0.010\,5$),透射率 ρ_T 接近一个很小的值(本例中约小于 10^{-4}),如图4.6所示。因此,在计算与本算例类似的辐射逆问题时,光学厚度应小于10,否则将无法得到合理的反演结果。

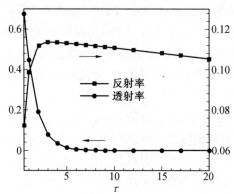

图4.6　不同光学厚度下反射率和透射率的变化

算例4.3　非均匀吸收系数的 SPSO 反演。

为全面考察 SPSO 算法求解辐射物性逆问题的有效性,本书采用 SPSO 算法反演了充满非散射灰介质的一维平板内的吸收系数,其中吸收系数是随空间坐标变化的函数。辐射传输方程为

$$\mu \frac{\partial I(x,\mu)}{\partial x} = -\kappa(x) \cdot I(x,\mu) + \beta(x) \cdot I_b(x) \tag{4.13a}$$

边界条件为

$$I(0,\mu) = \varepsilon_1 \frac{\sigma T_0^4}{\pi},\mu \geqslant 0$$
$$I(L,\mu) = \varepsilon_2 \frac{\sigma T_L^4}{\pi},\mu < 0 \tag{4.13b}$$

式中, ε_1 和 ε_2 分别表示两边界的发射率; κ 和 β 分别表示吸收系数和衰减系数,且 $\beta = \kappa$。采用改进的离散坐标法迭代计算辐射传输方程,具体求解过程参见文献[1]。

本算例中,假设平板介质的长度 $L = 1.0$ m,边界为灰壁面,温度分别为 $T_0 = 1\,500$ K 和 $T_L = 1\,000$ K,发射率分别为 $\varepsilon_1 = \varepsilon_2 = 0.8$,吸收系数的空间分布为

$$\kappa(x)/\text{m}^{-1} = -2\left(\frac{x}{L} - 0.5\right)^2 + 0.8 \tag{4.14}$$

对于反演计算,空间离散分布的吸收系数 κ 通过测量边界的辐射热流进行反演。目标函数定义为

$$F(\kappa) = \| \boldsymbol{q}_{\text{mea}}(\tau_x) - \boldsymbol{q}_{\text{est}}(\tau_x) \|_{L_2}, \tau_0 \leqslant \tau_x \leqslant \tau_L \tag{4.15}$$

其中, $\boldsymbol{q}$ 表示辐射热流。无测量误差时的反演结果和测量误差对反演精度的影响分别如图4.7和图4.8所示。

由图4.7可以看出,在无测量误差的情况下,非均匀吸收系数能够被准确地反演得到。由图4.8可以看出,即使在有误差噪声的情况下,采用 SPSO 算法也能合理地反演一维平板介质的吸收系数分布。很明显,反演精度随着测量误差的增大而增大,但即使测量误差为 $\gamma = 5\%$ 时,最大反演相对误差也小于4%,说明 SPSO 算法具有很强的鲁棒性。

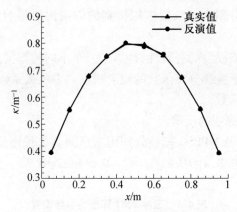

图 4.7　无误差下吸收系数反演结果与真实结果对比

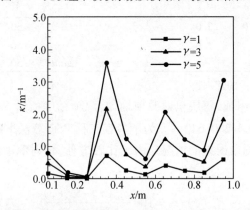

图 4.8　测量误差对源项反演的相对误差分布的影响

4.1.2　介质辐射特性的 MPPSO 算法反演

如图 4.1 所示,考虑吸收、发射、散射灰平板介质,光学厚度为 τ_L,边界条件是在 $\tau=0$ 和 $\tau=\tau_L$ 边界不透明,边界面为部分漫反射和部分镜反射。假设辐射源项 $S(\tau)$ 可表示为与光学厚度有关的多项式形式,即

$$S(\tau) = \sum_{n=0}^{N} a_n \tau^n \tag{4.16}$$

其中散射相函数 $\Phi(\mu,\mu')$ 可表示为 Legendre 多项式,即

$$\Phi(\mu,\mu') = \sum_{n=0}^{N^*} b_n P_n(\mu\mu') \tag{4.17}$$

式中,b_n 表示扩展系;N^* 表示相函数的级数;P_n 表示 Legendre 多项式系数。该辐射正问题为已知辐射源项、散射相函数、辐射物性和边界条件,计算边界方向出射辐射强度问题。采用改进的离散坐标法进行正问题计算。

在逆问题研究中,测量得到的边界出射辐射强度值被作为输入信号,目标函数为计算所得辐射强度值和测量值的偏差的平方和,即

$$F(a) = \sum_{\mu_m<0} \left[I(0,\mu_m;a) - Y(\mu_m) \right]^2 + \sum_{\mu_m>0} \left[I(\tau_L,\mu_m;a) - Y(\mu_m) \right]^2 \tag{4.18}$$

其中,$Y(0,\mu_m)$ 和 $Y(\tau_L,\mu_m)$ 分别表示在边界 $\tau=0$ 和 $\tau=\tau_L$ 的方向出射辐射强度的测量值;I

$(0,\mu_m;\boldsymbol{a})$ 和 $I(\tau_L,\mu_m;\boldsymbol{a})$ 分别表示数值模拟得到的方向出射辐射强度，$\boldsymbol{a}=(a_0,a_1,\cdots,a_N)^{\mathrm{T}}$ 表示反演求解的向量。

为了考察 MPPSO 反演模型的有效性，计算了三个不同的算例。算例 4.4 反演了离散辐射源项值；算例 4.5 反演了连续分布函数的辐射源项的多项式系数；算例 4.6 同时反演了反照率、光学厚度和散射相函数。

算例 4.4 离散辐射源项的反演。

PSO 模型、SPSO 模型及 MPPSO 模型分别用于反演具有镜漫反射边界的平板辐射逆问题（平板参数设置为：$\varepsilon_0=0.8$，$\varepsilon_L=0.8$，$f_{d0}=f_{dL}=0.5$ 和 $\omega=0.3$），三种 PSO 算法的参数设置见表 4.4。

表 4.4　三种 PSO 算法的参数设置

算法	w	C_1	C_2	C_v	C_x	C_g	M	$[x_{\min},x_{\max}]$
PSO	$[0.9,0.4]$	2.0	2.0	—	—	—	50	$[0,2\,000]$
SPSO	—	1.0	1.0	—	—	—	50	$[0,2\,000]$
MPPSO	—	—	—	$\pm rnd$	$\pm rnd$	$\pm rnd$	50	$[0,2\,000]$

注：rnd 表示在 $[0,1]$ 范围内的随机数

假设一维平板由五层组成，每层辐射源项均匀，源项精确值为 $\boldsymbol{S}/(\mathrm{kW\cdot m^{-2}})=[S_1,S_2,S_3,S_4,S_5]^{\mathrm{T}}=[10,200,440,1\,280,640]^{\mathrm{T}}$。为了考察三种 PSO 算法求解辐射逆问题的准确性和计算效率，首先考虑无测量误差的情况。为了比较方便，辐射源项的相对误差 E_{rel} 和最小二乘误差 E_{rms} 表示为

$$E_{\mathrm{rel}}(\tau)/\% =100\,\frac{S_{\mathrm{est}}(\tau)-S_{\mathrm{exa}}(\tau)}{S_{\mathrm{exa}}(\tau)} \tag{4.19}$$

$$E_{\mathrm{rms}}(\tau)/(\mathrm{kW\cdot m^{-2}})=\left\{\frac{1}{\tau_L}\int_0^{\tau_L}[S_{\mathrm{est}}(\tau)-S_{\mathrm{exa}}(\tau)]^2\mathrm{d}\tau_L\right\}^{1/2} \tag{4.20}$$

当 $\gamma=0$ 时，三种方法反演得到的结果见表 4.5。从表中可以看出，三种 PSO 算法均能得到非常精确的反演结果（适应度值为 10^{-8} 量级），适应度变化曲线如图 4.9 所示。从图中可以看出，MPPSO 算法能够在很少的迭代次数内收敛于最优值。因此，MPPSO 算法在计算效率方面明显优于其他两种算法。

表 4.5　三种 PSO 算法的反演结果

算法	$E_{\mathrm{rms}}/(\mathrm{kW\cdot m^{-2}})$	$E_{\mathrm{relm}}/\%$	最佳适应度值	迭代次数	时间/s
PSO	4.22×10^{-3}	4.69×10^{-3}	1.00×10^{-8}	70 158	342.7
SPSO	3.91×10^{-3}	4.66×10^{-3}	1.00×10^{-8}	26 843	202.6
MPPSO	1.29×10^{-3}	3.32×10^{-3}	1.30×10^{-10}	2 674	137.9

通过分析适应度曲线变化可知，MPPSO 算法保持非常快的收敛速度，连续有效地搜索全局最优解。然而，标准 PSO 的收敛速度相对较慢，因为在搜索的初始阶段，惯性权重较大使得粒子的位置具有很大的振荡，以至于不能准确地搜索全局最优解，在收敛的最后阶段，惯性权重相对较小使得 PSO 算法的速度逐渐变为零，而不能在相对大的速度下搜索全局最优解。尽管 SPSO 算法在一定程度上提高了搜索能力，但由于 SPSO 算法的后期随机交叉搜索特性，使得整个收敛速度比 MPPSO 算法慢。MPPSO 算法根据速度演化因子、相态而动态改变惯性权重因子，给出相应调整策略。因此，MPPSO 具有明显提高收敛速度的动态适应特性。

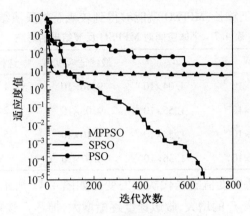

图 4.9　三种 PSO 算法的适应度值变化

当测量误差分别为 1%,3%,5% 时,MPPSO 算法的反演结果见表 4.6。很明显,随着测量误差 γ 从 1% 增大为 5%,反演精度逐渐降低。但即使在 5% 的测量误差下,采用 MPPSO 也能获得较精确的源项反演结果。因此,对于离散源项的反演问题,MPPSO 算法能够有效地提高搜索能力和收敛速度,表现出很强的稳定性和鲁棒性。

表 4.6　不同测量误差对 MPPSO 算法的反演结果的影响

γ/%	E_{rms}/(kW·m^{-2})	E_{relm}/%	最佳适应度值	迭代次数	时间/s
1	5.66	1.0	$9.2×10^{-9}$	1 178	62.7
3	16.98	2.9	$9.3×10^{-9}$	1 112	61.9
5	28.34	5.0	$9.3×10^{-9}$	829	46.7

下面分析 MPPSO 的各主要参数的变化对于反演时间和结果精度的影响,提出了最优参数设定的一般准则。其中包括种群大小 M、个体搜索空间 $[x_{min},x_{max}]$、相变频率 r_p 和速度重置频率 v_c 等。

当种群大小 M 改变时,适应度函数变化如图 4.10 所示。从图中可以看出,随着种群的增大,迭代次数在增大计算时间的情况下而减小,所以综合考虑计算时间和收敛速度,种群大小推荐设置为 50。

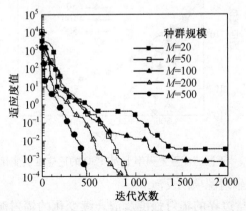

图 4.10　不同种群大小下 MPPSO 的适应度值变化曲线

当个体搜索空间变化时,MPPSO 的反演结果见表 4.7($v_c=100,f_p=100,m=50$)。很明显,随着个体搜索空间增大,计算时间和迭代次数都增大。但值得注意的是,对于离散源项反演问题,只要计算时间足够长,MPPSO 就能够得到较满意的反演结果。

表 4.7　个体空间对 MPPSO 反演结果的影响

$[x_{\min},x_{\max}]$	$E_{\mathrm{rms}}/(\mathrm{kW\cdot m^{-2}})$	$E_{\mathrm{relm}}/\%$	最佳适应度值	迭代次数	时间/s
$[0,2\times10^{3}]$	4.06×10^{-3}	4.04×10^{-3}	9.96×10^{-9}	1 737	100.9
$[0,1\times10^{4}]$	2.29×10^{-3}	1.55×10^{-3}	9.05×10^{-9}	2 664	134.3
$[0,1\times10^{5}]$	1.98×10^{-3}	1.54×10^{-3}	4.10×10^{-9}	5 269	265.2
$[0,1\times10^{6}]$	1.48×10^{-3}	1.36×10^{-3}	8.67×10^{-9}	823	41.6

不同相变频率 f_{p} 下适应度值随迭代次数的变化如图 4.11 所示($v_{\mathrm{c}}=100$,$[x_{\min},x_{\max}]=[0,5\times10^{3}]$,$M=50$)。随着 f_{p} 的增大,收敛速度逐渐增大,推荐 f_{p} 选取 200。

不同速度重置频率 v_{c} 下适应度值随迭代次数的变化如图 4.12 所示。当 v_{c} 增大时,收敛速度增大,因此,v_{c} 推荐选取 500。

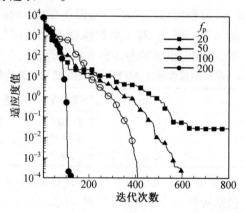

图 4.11　不同相变频率下 MPPSO 适应度值的变化曲线

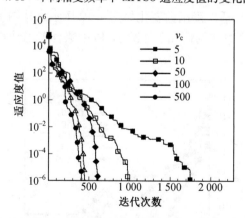

图 4.12　不同速度重置频率下 MPPSO 的适应度值变化曲线

算例 4.5　连续变化辐射源项的反演。

在本算例中,通过测量边界的辐射强度反演连续变化的辐射源项函数的多项式系数。如图 4.1 所示,假设辐射源项是光学厚度的 4 阶多项式,即

$$S(\tau)/(\mathrm{kW\cdot m^{-2}})=10+240\tau+440\tau^{2}-1\,280\tau^{3}+640\tau^{4} \tag{4.21}$$

采用三种 PSO 算法和共轭梯度(CG)算法的反演结果分别见表 4.8 和表 4.9。由表 4.8

可以看出,三种 PSO 算法的计算效率低于 CG 法。然而,由表 4.9 可以看出,CG 法的反演结果严重地依赖于初始值的选取,而 MPPSO 算法即使在非常大的搜索空间内(如[-1 000,1 000]),也能够通过长时间的搜索得到合理的反演结果。因此,尽管 MPPSO 相对于传统的基于梯度的算法有耗时长等缺点,但该方法至少能够在各种辐射逆问题中提供合理的反演结果。如表 4.9 和图 4.13 所示,在无测量误差的情况下,在相同的迭代次数内,MPPSO 算法的反演结果优于 PSO 算法和 SPSO 算法。如图 4.13 所示,辐射源项的反演结果与精确值吻合较好。PSO 算法的反演结果最差,其原因在于 PSO 算法具有局部收敛(早熟)的缺陷,当迭代次数 $t = 8\ 818$ 时,适应度值已经不再变化。因此由于局部收敛,标准 PSO 算法效率很低,不适用于反演连续源项的辐射逆问题。然而,当采用 MPPSO 时,明显地提高了 PSO 算法的鲁棒性和多样性,使得 PSO 更稳定且具有更快的收敛速度,故 MPPSO 在辐射逆问题中具备广泛的应用价值。

表 4.8　无测量误差时三种 PSO 算法和 CG 的反演结果

算法	$E_{rms}/(kW \cdot m^{-2})$	$E_{relm}/\%$	最佳适应度值	迭代次数	时间/s
PSO	2.47	60.0	1.92	2.0×10^{7}	11 997.4
SPSO	1.5×10^{-2}	0.050	9.9×10^{-5}	1.7×10^{5}	1 671.6
MPPSO	2.5×10^{-3}	0.040	1.0×10^{-6}	5.16×10^{2}	405.5
CG	1.42×10^{-3}	0.037	1.893×10^{3}		9.5

表 4.9　不同的初值 a_n 对 CG 反演结果的影响

a_n 的初值	0	2 000	3 000	10 000
时间/s	9.5	29.2	33.7	不收敛

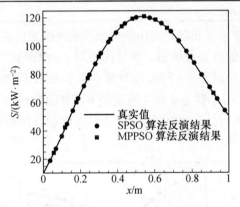

图 4.13　MPPSO 算法和 SPSO 算法对连续源项的反演结果

当相对误差分别为 1%,3% 和 5% 时,MPPSO 的反演结果见表 4.10。很明显,反演精度随着误差的增大而逐渐降低。即使当 $\gamma = 5\%$ 时,MPPSO 算法也能得到满意的结果,与精确解的最大相对误差在 5.05% 以内。

表 4.10　测量误差对 MPPSO 反演结果的影响

$\gamma/\%$	$E_{rms}/(kW \cdot m^{-2})$	$E_{relm}/\%$	最佳适应度值	迭代次数	时间/s
1	0.89	1.01	9.9×10^{-7}	1050	665.8
3	2.69	3.00	9.9×10^{-7}	2 692	1 672.7
5	4.48	5.05	9.9×10^{-7}	1 682	1 045.2

算例 4.6　同时反演反照率、光学厚度和相函数。

为进一步检测 MPPSO 的适用性和精度,本书对单次散射反照率、光学厚度和相函数同时进行反演。众所周知,散射相函数的反演相对于反照率、光学厚度的反演较困难,因为相函数对于测量非常敏感。假设一充满吸收、散射性介质的平板,光学厚度为 $\tau_0 = 1.0$,左边界 $\tau = 0$ 表面受到漫射辐射入射,右边界 $\tau = \tau_0$ 无外界辐射入射,反照率 $\omega = 0.5$,具体计算模型描述见文献[2]。测量在 $\tau = 0$ 和 $\tau = \tau_0$ 处的出射辐射强度,在每个边界面的天顶角 $0 \le \theta \le \pi/2$ 内分为 20 个测量点。本书反演了三种不同的散射相函数(P_1、P_2 和 P_3),见表 4.11。

表 4.11　三种相函数 P_1, P_2, P_3 的系数

b_n	$P_1(N^* = 8)$	$P_2(N^* = 5)$	$P_3(N^* = 2)$
b_1	2.009 17	-0.565 24	-1.2
b_2	1.563 39	0.297 83	0.5
b_3	0.674 07	0.085 71	—
b_4	0.222 15	0.010 03	—
b_5	0.047 25	0.000 63	—
b_6	0.006 71	—	—
b_7	0.000 68	—	—
b_8	0.000 05	—	—

在所有的算例中,光学厚度和散射反照率均能够被准确地反演。图 4.14 表明三种相函数的反演结果对输入数据的误差很敏感。测量误差对 P_1 相函数反演结果的影响如图 4.15 所示。可以看出即使在测量误差 $\gamma = 5\%$,相对复杂的相函数 P_1 也能够被准确地反演。值得注意的是,文献[4]中采用种群为 5 000 的遗传 GA 算法迭代次数超过 2×10^5,而本书的 MPPSO 算法种群大小为 50,仅用 300 代就得到相对准确的反演结果。除此之外,测量误差对于相函数的反演影响较大。

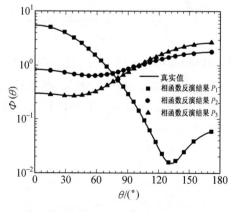

图 4.14　无测量误差时三种相函数 P_1, P_2 和 P_3 的反演结果

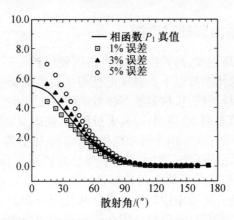

图 4.15　采用 MPPSO 算法时测量误差对于相函数 P_1 的反演结果的影响

4.2　辐射-导热耦合换热逆问题的微粒群算法求解

4.2.1　平板介质热物性及辐射物性参数的 RD-PSO 反演

考虑无量纲能量为 $q_{in}^* = \dfrac{q_{in}}{4n^2\sigma T_s^4}$。其中 n 为介质折射率;T_s 为介质温度;q_{in} 为入射激光能量。1 000 的激光作用在光学厚度 $\tau = 1.0$ 的一维均匀各向同性散射平板介质。无量纲作用时间为 $t_{laser}^* = \lambda\beta^2 t_{laser}/\rho c_p$。其中 λ 为热导率;β 为衰减系数;t_{laser} 为激光作用时间;ρ 为密度;c_p 为定压比热,利用得到的两边界处的无量纲温度结合 RD-PSO 算法同时对介质的导热辐射参数 $N(N = \dfrac{\lambda\beta}{4n^2\sigma T_s^3}$,物理量含义与 q_{in}^* 相同)、介质反照率 ω、介质发射率 ε 进行反演。N,ω,ε 的四组真值分别为 $(0.5,0.1,0.9)$,$(0.5,0.1,0.9)$,$(0.5,0.9,0.9)$ 和 $(5.0,0.9,0.9)$。当测量误差 $\gamma = 1\%$ 时,反演结果见表 4.12。

表 4.12　同时反演介质导热辐射参数 N、反照率 ω 和发射率 ε 的结果

真值 (N,ω,ε)	反演结果			相对误差/%		
	N	ω	ε	N	ω	ε
$(0.05,0.1,0.9)$	0.050 2	0.103 1	0.902 5	0.4	3.1	0.022
$(0.05,0.9,0.9)$	0.050 3	0.878 3	0.901 6	0.6	2.41	0.022
$(0.5,0.9,0.9)$	0.499 2	0.806 7	0.898 8	0.16	10.36	0.133
$(5.0,0.9,0.9)$	5.017 9	0.712 5	0.894 8	0.358	20.8	0.578

由表 4.12 可以看出,导热辐射参数 N 和发射率 ε 的反演结果比较准确,最大不超过 0.6%。反照率 ω 的反演结果相对误差较大,尤其是导热辐射参数 N 比较大的介质。因为当 N 很大时,导热辐射耦合模型中导热为主要部分,辐射热流占很少部分,反应介质辐射特性的反照率 ω 的反演精度相对会比较小。另外,从表中还可看出在 $N = 0.05$ 的两个算例中,散射性比较强的介质的 ω 反演结果比散射性小的介质的反演结果更加准确。这是因为当光学厚度一定的情况下,介质的散射系数越大,散射到介质壁面的辐射热流会越多,对边界温度响应的贡献也就越大。当利用壁面温度响应反演介质光学反照率时,散射性强的介质反演的 ω 结果会相对准确。

4.2.2　陶瓷类介质内部缺陷重构

二氧化锆是一种具有高强度、高硬度、高韧性的陶瓷材料。拥有极高的耐磨性和耐腐蚀性,并且具有常温下为绝缘体而高温下具有导电性等优良性能。二氧化锆已经广泛地应用在航空航天、生物医学、光纤通信、机械制造等领域。例如在工业生产中,二氧化锆可用作塑料、橡胶密封胶等的惰性填充剂、增量剂;因其大折射率、高熔点、强耐蚀性,还可以用作窑业原料;由于耐磨性较佳,机械行业常用作转动机构,如轴承、轴芯等;特别是在航空航天、原子能、国防军工等领域,二氧化锆纤维可用作超高温隔热防护材料和陶瓷基复合增强材料,可以作为热障涂层材料为极端工况下的飞行器提供热防护。鉴于 ZrO_2 等陶瓷材料的广泛应用及重要性,对其各种场合环境中应用的可靠性和使用寿命的要求越来越高。存在缺陷的陶瓷材料在使用过程中,尤其是缺陷材料用在转动机构或极端环境下的热防护等领域将存在致命的隐患。

本节尝试利用激光辐照二维方胶二氧化锆材料得到边界上的瞬态温度响应,采用 RD-PSO 算法对材料内部简单形状缺陷进行重构。假设缺陷为空气,其常温下的物性参数以及二氧化锆的热物性、光学参数、激光参数等见表 4.13。

表 4.13　常温下 ZrO_2 的物性[5]和矩形缺陷(空气)物性及所用激光参数

物性参数或算例条件	单位	ZrO_2	缺陷(空气)
介质尺寸 L_x,L_y	m	0.01,0.01	N/A
缺陷尺寸 L_{dx},L_{dy},x_d,y_d	m	N/A	0.004,0.004,0.002,0.004
密度 ρ	$Kg \cdot m^{-3}$	5.6×10^3	1.165
比定压热容 c_p	$J \cdot kg^{-1} \cdot k^{-1}$	456	1.005
比热容 $C = \rho c_p$	$J \cdot m^{-3} \cdot k^{-1}$	$2.553\,6 \times 10^6$	1.170\,825
热导率 λ	$W \cdot m^{-1} \cdot k^{-1}$	1.4	0.026\,7
吸收系数 κ_a	m^{-1}	300	0
散射系数 σ_s	m^{-1}	12\,000	0
折射率 n	—	1.8	1.0
介质散射特性	N/A	各向同性散射	各向同性散射
参考(初始)温度 T_s	K	300	
激光作用时间 t_{laser}	s	1.0	
激光功率密度 t_{laser}	$W \cdot m^{-2}$	5×10^4	
激光束直径 d_{la}	mm	5,1	

缺陷准确重构的分辨尺度与网格的划分多少有很大关系,网格划分越密,能够反演的缺陷尺度就会越小,但是计算效率会呈指数降低。网格划分越多,正问题模型求解效率越低,而逆问题的求解过程包含了很多次的正问题计算。然而为了不降低缺陷重构的分辨尺度,网格数不能取得过少,需要保证单个网格尺度要小于缺陷尺度。综合考虑以上因素,本节取二维计算区域的网格数为 47×47,天顶角和圆周角个数分别为 10,7。

逆问题算法采用 RD-PSO 算法,通过计算分析取微粒个数 $N=8$,搜索区间为介质的整个区域[0,1.0 cm]。采用四个壁面中心处的过余温度 $\vartheta_{w1} - \vartheta_{w4}$ 作为测量信息,并考虑 1% 的测量误差,结合 RD-PSO 算法反演介质内部缺陷几何特性。为了提高反演效率,取采样时间 0~60 s 的过余温度值作为逆问题模型中的测量值。

表 4.14 给出了四种缺陷位置和尺寸大小以及采用微粒群优化算法反演出的缺陷位置和大小,其中算例 A 为矩形缺陷,算例 B~算例 D 为圆形缺陷。由表中可以看出,圆形缺陷

比矩形缺陷重构的结果好,原因是矩形缺陷的位置和尺寸一共有四个变量,而圆形缺陷只有三个变量,用微粒群算法反演时变量越少的算例结果往往会更好。

表 4.14　不同缺陷尺寸的算例及反演结果

算例	缺陷形状	真实值或重构值	缺陷位置尺寸/cm			
算例 A	矩形	真实值	$L_{dx}=0.2$	$L_{dy}=0.3$	$x_d=0.1$	$y_d=0.4$
		重构值	0.221	0.342	0.121	0.365
算例 B	圆形	真实值	$a=0.25$	$b=0.25$	$r=0.1$	—
		重构值	0.234	0.246	0.085	—
算例 C	圆形	真实值	$a=0.5$	$b=0.5$	$r=0.1$	—
		重构值	0.497	0.463	0.121	—
算例 D	圆形	真实值	$a=0.75$	$b=0.75$	$r=0.1$	—
		重构值	0.742	0.730	0.139	—

　　图 4.16(a)~(d)分别给出了算例 A~算例 D 的缺陷真实值与缺陷重构值,其中实线表示缺陷的真实值,虚线表示缺陷的重构值。

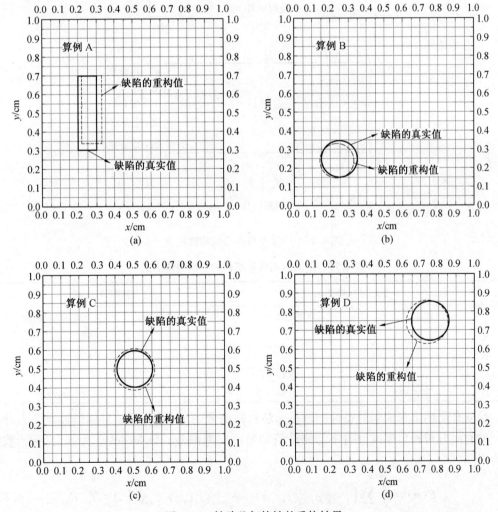

图 4.16　缺陷几何特性的重构结果

　　由图 4.16 可以看出,重构出的缺陷位置和大小大致能反映出真实缺陷的位置和尺寸,但仍然存在一定的误差,可以看出圆形缺陷比矩形缺陷重构的结果要好。另外,对于圆形缺陷来说,靠近激光入射面 W1 的缺陷(算例 B)反演结果要比远离激光入射面 W1 的结果要准确。

4.3　瞬态辐射传输逆问题的微粒群算法求解

4.3.1　基于时域信号的一维介质的物性参数反演

　　反演基于时域信号的一维非均匀介质参数时,测量所得的参量是边界出射的时间分辨透射率和反射率。一维非均匀平板介质如图 4.17 所示。为了反演得到内部辐射特性参数,引入了四种不同的测量模型,分别命名为 Model A,Model B,Model C 和 Model D,不同的测量信号组合见表 4.15。

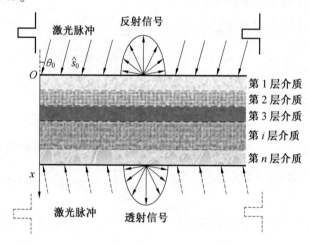

图 4.17　一维平板介质的物理模型

表 4.15　不同探测信号组合的不同测量模式

Model	激光顶部界面入射		激光底部界入射	
	底部透射率	顶部反射率	顶部透射率	底部反射率
A	$\rho_T(t)$	—	—	—
B	—	—	—	—
C	$\rho_T(t)$	$\rho_R(t)$	—	—
D	$\rho_T(t)$	$\rho_R(t)$	$\rho_T(t)$	$\rho_R(t)$

　　反演介质内部未知辐射特性问题是求解目标函数的最小值问题,目标函数定义为计算得到的时间分辨透射率或反射率与测量值的最小二乘偏差。以 Model C 为例,目标函数定义为

$$F(\boldsymbol{a}) = \frac{1}{2}\sum_{i=1}^{N_{\mathrm{in}}}\left\{\int_0^{t_s} \| \rho_{j,\mathrm{est}}(i,t,\boldsymbol{a}) - \rho_{j,\mathrm{mea}}(i,t,\boldsymbol{a}) \|_{L_2}\mathrm{d}t\right\}, j = T, R \qquad (4.22)$$

式中,$\rho_{T,\mathrm{mea}}(i,t,\boldsymbol{a})$ 和 $\rho_{R,\mathrm{mea}}(i,t,\boldsymbol{a})$ 分别表示测量所得的时间分辨透射率和反射率;$\rho_{T,\mathrm{est}}(i,t,$

a)和 $\rho_{R,\text{est}}(i,t,a)$ 分别表示计算得到的时间分辨透射率和反射率,反演参数向量为 $a=(a_0,$ $a_1,\cdots,a_N)^T$;N_{in} 表示入射脉冲激光的角度数目;t_s 表示采样时间。反演分析过程将采用基于 PSO 的优化方法通过求解目标函数的最小值同时得到两个参数,即吸收系数和散射系数。PSO 算法、随机 PSO 算法和 MPPSO 算法将分别被用于求解目标函数的最小值,也称为适应度函数。这些 PSO 算法的收敛准则是最大迭代次数达到某个预定值或最佳适应度函数值小于某个特定小值。

为了检验 PSO 模型的准确性,先后计算了四种不同的算例。首先,反演了一维均匀平板介质的吸收和散射系数;其次,重建了四种不同测量模式下的两层介质的辐射物性;然后,同时反演得到了三层介质的辐射物性;最后,对于具有连续参数分布的非均匀介质的多项式分布系数进行了反演。

算例 4.7　一维均匀介质参数反演。

对一维均匀灰平板介质的吸收和散射系数进行反演,考虑各向同性和各向异性散射两种情况。平板厚度为 1.0 m,脉冲宽度 ct_p 为 0.3 m,长度量纲测量时间步长 $c\Delta t$ 为 0.01 m,采样时间 t_s 为 20 s,吸收系数和散射系数的真值分别为 1.0 m⁻¹ 和 0.9 m⁻¹。$[x_{\min},x_{\max}]$ 的范围取决于反演参数的物理含义,必须为正值。

考察不同的搜索空间 $[x_{\min},x_{\max}]$ 对标准 PSO 适应度函数的影响,搜索空间 $[x_{\min},x_{\max}]$ 分别设置为 $[0,10]$,$[0,50]$ 和 $[0,100]$,而最大速度参数 $v_{\max}$ 固定为 1。$v_{\max}$ 固定不同 $x_{\max}$ 下目标函数适应度值变化曲线如图 4.18 所示。由图中可以看出,$x_{\max}$ 的值越小,标准 PSO 的适应度函数收敛越快。

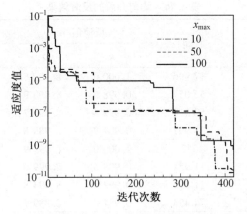

图 4.18　$v_{\max}$ 固定不同 $x_{\max}$ 下目标函数适应度值变化曲线

另外,考察了种群大小对适应度函数的影响,分别计算了当 400 次迭代后,三种种群大小 10,50 和 100 的 PSO 算法计算时间,计算结果如图 4.19 所示。结果表明,计算时间直接与种群参数的大小成正比。随着种群 M 的增大,迭代次数减小,但计算时间随之增加。综合考虑计算时间和收敛速度,推荐种群参数选取 50。同时,进一步考察了不同的 $v_{\max}$ 值对 PSO 算法适应度函数的影响。假设搜索空间 $[x_{\min},x_{\max}]$ 为 $[0,50]$,选取不同的最大速度值 (1,10 和 50),计算结果如图 4.20 所示。可以看出,目标函数的适应度函数的收敛速度随着最大速度值的减小而增大。在本书后续的研究中,最大速度值均设置为 1,种群参数固定为 50,以减少计算时间。

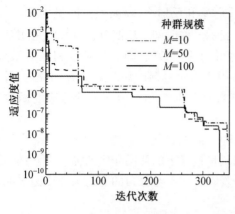 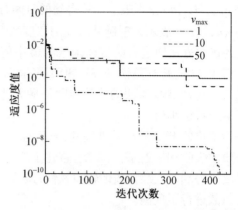

图 4.19　不同种群范围下 PSO 算法适应度曲线　　图 4.20　x_{max}固定不同 v_{max} 的适应度值曲线

　　考虑各向同性散射介质,标准 PSO 算法的计算结果与 SPSO 算法及 MPPSO 算法进行了比对,见表4.16。从表中可以看出,在相同种群规模下,MPPSO 算法的计算时间小于 PSO 算法和 SPSO 算法,说明 MPPSO 算法在收敛速度上优于 PSO 算法和 SPSO 算法。同时,考察了在种群大小为 50 的条件下,不同的测量误差对于三种 PSO 算法精度的影响。如表 4.16 所示,在无测量误差的情况下,PSO 算法、SPSO 算法和 MPPSO 算法的反演结果几乎相同,平均相对误差可以忽略。当测量误差为 10% 时,最大反演相对误差为 1.52%。同时考察了各向异性散射介质的情况,见表 4.17,在 5% 的测量误差下采用 MPPSO 可以准确地反演各向异性散射介质的辐射物性(最大反演相对误差只有 0.94%)。

表4.16　均匀介质的反演结果

算法	$\gamma/\%$	时间/s	反演值/m^{-1}		最大误差/%	
			κ	σ_s	κ	σ_s
PSO	0	17 996	1.000 0	8.999 8	0.000	0.002
	1	52 057	0.998 5	8.998 9	0.150	0.012
	5	52 518	0.992 4	8.994 7	0.760	0.059
	10	33 997	0.984 9	8.989 8	1.510	0.113
SPSO	0	313	1.000 0	8.999 9	0.000	0.001
	1	11 954	0.998 5	8.999 0	0.150	0.011
	5	11 899	0.992 4	8.994 8	0.760	0.058
	10	74 453	0.984 8	8.989 7	1.520	0.114
MPPSO	0	4 591	1.000 0	9.003 1	0.000	0.034
	1	4 529	1.002 8	9.003 5	0.280	0.039
	5	4 497	0.995 8	9.008 7	0.420	0.097
	10	4 524	0.986 0	8.987 0	1.400	0.144

表 4.17　采用 MPPSO 算法反演各向异性散射介质的结果

散射类型	$\gamma/\%$	反演值/m^{-1}		最大误差/%	
		κ	σ_{s}	κ	σ_{s}
前向散射($\alpha=1$)	0	0.999 0	9.000 1	0.100	0.001
	1	0.999 5	8.997 5	0.050	0.028
	5	0.995 9	9.013 0	0.410	0.144
后向散射($\alpha=-1$)	0	0.999 1	8.999 1	0.090	0.010
	1	1.003 0	9.012 2	0.300	0.136
	5	0.990 6	8.979 4	0.940	0.229

采用 MPPSO 算法考察入射角度个数对反演结果的影响。入射角 θ_0 的个数 N_{in}（图 4.17）分别设置为三个角度 $\left(0,\dfrac{\pi}{6},\dfrac{2\pi}{6}\right)$、四个入射角 $\left(0,\dfrac{\pi}{8},\dfrac{2\pi}{8},\dfrac{3\pi}{8}\right)$ 和五个入射角 $\left(0,\dfrac{\pi}{10},\dfrac{2\pi}{10},\dfrac{3\pi}{10},\dfrac{4\pi}{10}\right)$。MPPSO 算法迭代收敛准则为适应度函数值小于 10^{-4}，反演结果见表 4.18。从表中可以看出，随着角度的增大，反演结果越来越准确，其原因是角度增多导致可利用信息增加。

表 4.18　采用 MPPSO 反演均匀介质的结果

N_{in}	$\gamma/\%$	反演值/m^{-1}		最大误差/%	
		κ	σ_{s}	κ	σ_{s}
3	0	1.030 7	9.092 5	3.070	0.093
	1	1.044 5	9.129 6	4.450	0.130
	5	1.057 5	9.255 6	5.750	0.256
4	0	1.019 6	9.078 2	1.960	0.078
	1	0.977 2	9.098 0	2.280	0.098
	5	1.032 1	8.807 5	3.210	0.193
5	0	1.014 4	9.040 9	1.440	0.041
	1	0.980 2	8.930 4	1.980	0.070
	5	1.020 4	9.085 9	2.040	0.086

算例 4.8　非均匀双层介质辐射物性反演。

基于 PSO 算法，采用四种测量模式反演非均匀双层介质的辐射物性。多层介质的折射率和环境的折射率均假设为 1，因此不考虑不同层介质交界面处的折射和反射现象。两层介质的厚度分别为 0.5 m 和 5.0 m。测量数据的噪声从 0 变化到 5%。反演得到的吸收和散射系数见表 4.19。从表中可以看出，当不存在测量误差时，反演值与辐射参数的精确值吻合得非常好。在不同的测量模式中，最大测量误差为 5% 的情况下，除了 Model A 外，反演结果的相对误差均小于 4%，精度从 Model A 到 Model D 逐渐增大，其原因是约束条件逐渐增多，即有用信息增多，测量结果更加精确。具体而言，Model A 和 Model B 提供了透射率和反射率的一个约束，而 Model C 和 Model D 分别提供了四个约束。然而，反演计算时间也相应地从 Model A 到 Model D 逐渐增加（Model A 计算时间约为 14 660 s，而 Model D 计算时间约为 29 340 s），这是由于 Model D 的正向计算时间相当于 Model A 的 2 倍左右。对于 Model A 模式（仅仅采用透射信号），在 5% 的测量误差下，不能精确地反演得到辐射参数，因为最大相对误差达到了 14.4% 。因此,为了精确地反演辐射物性参数,推荐采用具有更多约束的 Model C 和 Model D 模式。

表 4.19　不同测量模式下的反演结果

Model	γ/%	反演值/m^{-1}				最大误差/%			
		κ_1	σ_{s1}			κ_1	σ_{s1}		
A	0	1.020	2.005 0	2.970	5.010	2.00	0.250	1.00	0.20
	1	1.043	2.008 1	2.967	4.980	4.30	0.405	1.10	0.40
	5	1.144	2.072 8	2.893	4.859	14.4	3.640	3.57	2.82
B	0	1.000	2.000 2	3.005	5.010	0.00	0.010	0.17	0.20
	1	0.998	2.000 4	3.006	4.963	0.20	0.020	0.20	0.74
	5	0.992	2.000 5	3.030	4.811	0.80	0.025	1.00	3.78
C	0	1.000	2.000 1	2.999	5.002	0.00	0.005	0.03	0.04
	1	0.998	2.000 2	3.010	4.985	0.20	0.010	0.33	0.30
	5	0.994	2.000 5	3.024	4.930	0.60	0.025	0.80	1.40
D	0	1.000	2.000 1	3.000	5.000	0.00	0.005	0.00	0.00
	1	0.999	2.000 1	2.998	5.003	0.10	0.005	0.07	0.06
	5	1.003	2.000 4	2.982	4.970	0.30	0.020	0.60	0.60

算例 4.9　三层介质交界面位置及物性反演。

如图 4.17 所示,进一步考察三层非均匀介质的辐射物性的反演,采用 Model D 观测模式,三层介质的厚度分别为 0.5 m,0.3 m 和 0.2 m。给定吸收系数 $\kappa = 1.0$ m^{-1} 反演三层介质的散射系数,或给定散射系数 $\sigma_s = 1.0$ m^{-1} 反演三层介质的吸收系数。采用 SPSO 的反演结果见表 4.20。从表 4.20 可见,在无测量噪声的情况下,反演值与精确值吻合较好。在 5% 的测量误差下,反演所得散射系数的最大相对误差小于 0.5% ,说明 SPSO 在反演吸收系数固定的散射系数的鲁棒性较好。然而,对于给定散射系数而反演吸收系数的情况,当测量误差为 5% 时,最大的反演相对误差大于 16% 。其原因可能是探测所得时间分辨信号,特别是时间分辨反射率信号在很大程度上取决于介质的散射作用。随着散射系数的增大,时间分辨透射率和反射率均增大,这些都会影响反演精度。

表 4.20　三层介质的反演结果

介质层序号	测量误差 /%	真值 /m^{-1}	反演值 /m^{-1}	相对误差 /%	真值 /m^{-1}	反演值 /m^{-1}	相对误差 /%
	γ	σ_s	σ_s	σ_s	κ	κ	κ
介质层 1	0		1.000	0.00		1.000	0.000
	2	1.0	1.001	0.10	1.0	0.999	0.10
	5		1.003	0.30		0.993	0.70
介质层 2	0		9.000	0.00		9.004	0.04
	2	9.0	9.002	0.02	9.0	9.115	1.28
	5		9.007	0.08		9.569	6.32
介质层 3	0		5.000	0.00		4.994	0.12
	2	5.0	4.996	0.08	5.0	4.832	3.36
	5		4.979	0.42		4.168	16.64

在许多工程应用领域,如生物组织的光学成像、无损探伤或检测、海洋光学和大气遥感

等,人们关心的都是多层非均匀介质中的光学特性和每层介质的大小。并且,即使已知层数和每层介质的光学特性,人们更感兴趣的还是每层介质的位置和厚度。因此,本书进一步反演了三层介质的交界面位置和光学特性。如图 4.21 所示,当两侧介质的吸收系数和散射系数已知的情况下,同时反演中间介质(类似于"肿瘤或病变组织")的几何厚度和光学特性,其吸收系数和散射系数的精确值分别为 $0.5~\text{m}^{-1}$ 和 $7.5~\text{m}^{-1}$。对于两侧介质(即可看作"健康组织")而言,吸收系数和散射系数均分别为 $0.5~\text{m}^{-1}$ 和 $3.5~\text{m}^{-1}$。平板介质的厚度为 $1.0~\text{m}$,网格划分为 100,立体角离散个数为 80 个。长度量纲时间步长 $c\Delta t$ 为 $0.01~\text{m}$,长度量纲采样时间 ct_s 为 $2.2~\text{m}$。

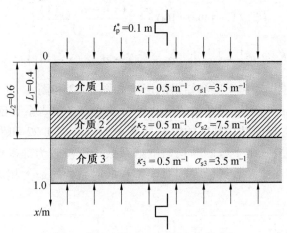

图 4.21　同时反演分界面位置和光学特性的三层介质示意图

为了比较方便,反演结果的最大相对误差 E_{relm} 和平均误差 E_{avg} 定义为

$$E_{\text{relm}}/\% = \max \left| 100~\frac{U_{i,\text{est}} - U_{i,\text{exa}}}{U_{i,\text{exa}}} \right| \tag{4.23}$$

$$E_{\text{avg}}/\% = 100~\frac{1}{k} \sum_{i=1}^{k} \left| \frac{U_{i,\text{est}} - U_{i,\text{exa}}}{U_{i,\text{exa}}} \right| \tag{4.24}$$

式中,U 表示反演变量;k 表示反演变量的个数。

SPSO 算法反演结果与共轭梯度 CGM 结果的比较见表 4.21。从表中可以看出,采用 SPSO 方法可以同时精确地反演中间介质的几何位置和光学特性。在 10% 的测量误差下,SPSO 反演结果的最大相对误差为 7.37%。结果表明,当 SPSO 算法采用合适的收敛准则时,可以得到较好的反演精度。这个算例在文献[6]中采用共轭梯度法(CGM)进行计算,其正算模型是最小二乘有限元。

表 4.21　SPSO 算法反演结果与共轭梯度 CGM 结果的比较

$\gamma/\%$	方法	L_1/m	L_2/m	$\kappa_{a2}/\text{m}^{-1}$	$\sigma_{s2}/\text{m}^{-1}$	$E_{\text{avg}}/\%$	$E_{\text{relm}}/\%$
0	CGM	0.396 5	0.607 7	0.523 1	7.689	2.30	4.6
	SPSO	0.400 6	0.600 7	0.502 6	7.495	0.21	0.52
1	CGM	0.394 2	0.617 3	0.558 1	6.633	6.80	11.6
	SPSO	0.400 8	0.601 5	0.503 2	7.495	0.29	0.64
5	CGM	0.361 0	0.639 3	0.493 8	5.934	9.60	20.9
	SPSO	0.396 2	0.600 0	0.480 6	7.492	1.27	3.88
10	CGM	0.369 5	0.618 8	0.450 4	5.922	10.4	21.0
	SPSO	0.409 3	0.644 2	0.485 5	6.957	4.96	7.37

算例 4.10　连续分布平板介质辐射物性反演。

本算例中,一维平板的厚度为 1 m,吸收系数为 0.5 m^{-1},散射系数 $\sigma_s(x)$ 分布假设符合 x 的多项式分布

$$\sigma_s(x) = a_1 x^2 + a_2 x + a_3, 0 \leqslant x \leqslant 1.0 \tag{4.25}$$

多项式系数(a_1,a_2 和 a_3)的精确值为 -15.0,14.0 和 2.0。反演模型采用 Model D(即依据测量得到双向时间分辨透射率和反射率)。为了便于比较,最大绝对值相对误差 E_{relm} 和最小平方根误差 E_{rms} 定义为

$$E_{relm}/\% = \max \left| 100 \frac{\sigma_{s,est}(x) - \sigma_{s,exa}(x)}{\sigma_{s,exa}(x)} \right| \tag{4.26}$$

$$E_{rms}/m^{-1} = \left\{ \frac{1}{L} \int_0^L [\sigma_{s,est}(x) - \sigma_{s,exa}(x)]^2 dx \right\}^{1/2} \tag{4.27}$$

无测量误差和测量误差对于反演结果的影响如图 4.22 和图 4.23 所示。从图中可见,当不存在测量误差时,非均匀散射系数的反演较为准确。多项式系数反演的相对误差见表 4.22。不同测量误差对反演结果精度的影响见表 4.23。从表 4.22 和表 4.23 可以看出,即使存在不同的测量误差,一维平板的非均匀散射系数均可被较为准确地反演得到。在 5% 测量误差的条件下,多项式系数的最大相对误差和散射系数的最大相对误差分别为 2.3% 和 2.1%。

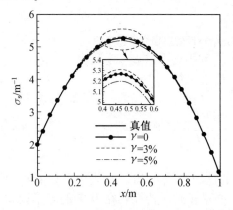 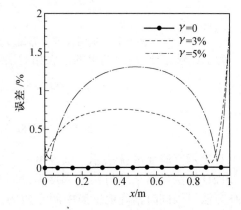

图 4.22　非均匀介质散射系数的反演结果　　图 4.23　不同测量误差下反演结果的绝对误差

表 4.22　多项式系数反演的相对误差

$\gamma/\%$	反演值			相对误差/%		
	$a_1 = -15.0$	$a_2 = 14.0$	$a_3 = 2.0$	a_1	a_2	a_3
0	-14.998	13.998	2.000	0.013	0.014	0.000
3	-15.193	14.171	2.002	1.287	1.221	0.100
5	-14.671	13.685	2.006	2.193	2.250	0.300

表 4.23　不同测量误差对反演结果精度的影响

$\gamma/\%$	E_{rms}/m^{-1}	$E_{relm}/\%$	最佳适应度	迭代次数	计算时间/s
0	2.65×10^{-4}	0.012	1.108×10^{-10}	898	14 363
3	2.77×10^{-2}	2.016	8.722×10^{-5}	2 000	40 567
5	4.76×10^{-2}	2.070	5.079×10^{-5}	2 000	62 034

4.3.2　基于时域信号的二维介质的物性参数反演

在重构介质内部信息实际应用案例中,有很多情况是知道介质内部内含物大概的形状(如生命组织中的肿瘤囊肿多为球状,如工件试件中的缺陷气孔多为球状或椭球状),重构介质内部的信息就转化为重构出介质中内含物位置与大小。因此,此类案例可以把介质中内含物的某种几何特性(形状)作为先验信息,这样会大大降低介质内部信息重构技术的复杂性,并且有利于提高信息重构的质量和效率。

算例 4. 11　圆形内含物的物性反演。

如图 4. 24 所示,当圆形内含物在二维介质中心时,脉冲激光由左侧入射,考虑点入射和面入射,点入射时激光束半径为 0. 025 m。用探测器 D1,D2,D3 和 D4 接收的时域透射或反射信号作为测量值,结合 SPSO 算法反演内含物物性。已知二维介质的吸收系数和散射系数分别为 $\kappa_0 = 0.20$ m^{-1},$\sigma_{s0} = 0.30$ m^{-1},内含物物性真值为 $\kappa_1 = 1.0$ m^{-1},$\sigma_{s1} = 9.0$ m^{-1}。表 4. 24 给出了内含物吸收及散射系数的反演结果。

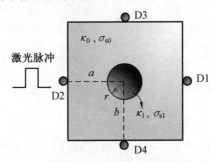

图 4. 24　脉冲激光照射与时域信号测量二维示意图

由表 4. 24 可以看出,面入射时,随着测量误差 γ 的增大,反演结果的相对误差也随之增大,最大误差为 4. 2%。因此,脉冲激光面入射时能够准确地反演出内含物的吸收系数和散射系数。然而,当采用点入射,测量误差为 1% 时,反演结果最大相对误差已经达到 13. 50%,这是由于单点入射时得到的时域信号中包含介质内部的信息较少,难以准确地反演出介质内部物性。因此,可以采用增加探测器位置或采用多面单点入射的方法得到更多的时域信号值,从而包含更多的介质内部信息来达到准确反演介质内部物性的目的。

表 4. 24　基于 SPSO 方法圆形内含物物性反演结果

入射方式	γ/%	反演结果真值/m^{-1}		相对误差/%	
		$\kappa_1 = 1.0$	$\sigma_s = 1.0$	$\kappa = 1.0$	$\sigma_s = 1.0$
面入射	1	0.960	8.725	4.00	3.06
	3	0.959	8.720	4.10	3.11
	5	0.958	8.718	4.20	3.13
点入射	1	0.865	7.953	13.50	11.63

算例 4. 12　内含物位置及尺寸反演。

内含物位置及尺寸反演即反演内含物的圆心坐标(a,b)及半径 r。已知边长为 1. 0 m×1. 0 m,吸收系数和散射系数分别为 $\kappa_0 = 0.20$ m^{-1},$\sigma_{s0} = 0.30$ m^{-1} 的二维各向同性矩形介质中心有一半径为 0. 25 m 圆形内含物,吸收系数和散射系数分别为 κ_1,$\sigma_{s2} = 9.0$ m^{-1}。正算模拟出探测器 D1,D2,D3 和 D4 接收的随时间变化的信号结合 SPSO 算法反演内含物位置及半径,SPSO 最大代数设置为 300 代,适应度值到达 10^{-5} 时结束计算。仅考虑激光面入射的情况,圆核位置和大小的反演计算结果见表 4.25。

表 4.25　基于 SPSO 方法的圆核位置和大小反演结果(测量误差 $\gamma=1\%$)

算例序号	内含物反照率 ω_1	反演结果真值/m⁻¹			相对误差/%		
		a	b	r	a	b	r
算例 1（D3, D2, D1, D4, ω_1）	真值	0.25	0.25	0.25	N/A	N/A	N/A
	$\omega_1=0.1$	0.210 4	0.227 7	0.230 7	15.84	8.92	7.72
	$\omega_1=0.5$	0.245 1	0.247 3	0.247 7	1.96	1.08	0.92
	$\omega_1=0.9$	0.252 2	0.246 5	0.252 8	0.88	1.40	1.12
算例 2（D3, D2, D1, D4, ω_1）	真值	0.50	0.50	0.25	N/A	N/A	N/A
	$\omega_1=0.1$	0.553 6	0.480 4	0.245 5	10.72	3.92	1.80
	$\omega_1=0.5$	0.492 5	0.499 9	0.248 6	1.50	0.02	0.56
	$\omega_1=0.9$	0.491 6	0.499 5	0.248 5	1.68	0.10	0.60
算例 3（D3, D2, D1, D4, ω_1）	真值	0.75	0.75	0.25	N/A	N/A	N/A
	$\omega_1=0.1$	0.733 7	0.757 4	0.232 7	2.17	0.99	6.92
	$\omega_1=0.5$	0.739 1	0.757 6	0.237 1	1.45	1.01	5.16
	$\omega_1=0.9$	0.736 0	0.757 3	0.241 0	1.87	0.97	3.60

由表 4.25 可以看出,内核的位置(a,b)及半径 r 反演结果最大误差为 15.84%。在面入射情况下,当 $\omega_1>0.5$ 时,SPSO 算法能够较为准确地反演出圆形内含物的位置及半径。尤其是算例 2,当内核在二维介质的中心附近时,采用 D1 ~ D3 三个位置的时域信号值(D3 和 D4 透射信号值相同)能够非常准确地估算出内核位置和半径,最大误差在 1.7% 以内。并且当内核偏离中心位置时(如算例 1 和算例 3)也能够较准确地反演出内核位置和半径,最大误不超过 4%。另外值得注意的是,相比低反照率的圆核,高散射性圆核几何特性的反演更为准确。

4.3.3　基于不同时段时域信号的辐射物性反演

算例 4.13　一维均匀介质不同时段的时域信号辐射物性反演。

本算例的目的在于研究不同的采样区间结合 SPSO 算法反演均匀介质的吸收系数和散射系数。考虑一维各向同性均匀冷介质,介质厚度 $L=1.0$ m,吸收系数、散射系数分别为 $\kappa=1.0$ m⁻¹,$\sigma_s=9.0$ m⁻¹,脉冲宽度 ct_p 为 0.1 m 的脉冲激光从介质的一侧入射。由正算模拟得到的透射信号,并考虑一定的测量误差($\gamma=5\%$)用作探测器在介质表面测量的信号值。图 4.25 给出了正算模型模拟的透射信号,选取三种不同的采样区间[1,2.2],[1,4]和[1,6]

分别记为算例 A、算例 B 和算例 C,结合 SPSO 算法反演介质的吸收系数和散射系数。SPSO 算法的搜索空间为[0,20],得到三种情况下的适应度曲线如图 4.26 所示。表 4.26 给出了采用三种不同的采样区间反演介质物性所得到的结果。

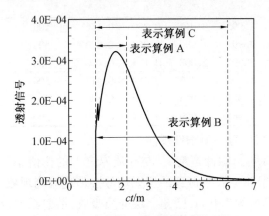

図 4.25　透射信号三种不同的采样区间:
算例 A、算例 B 和算例 C

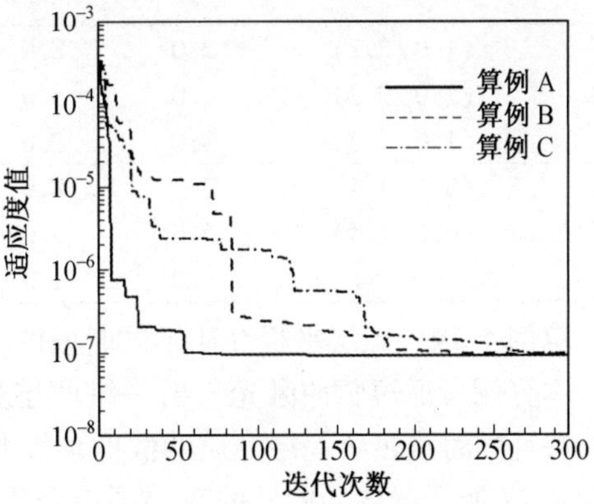

图 4.26　三种算例的适应度曲线

表 4.26　测量误差 γ=5% 时三种算例算例 A ~ 算例 C 反演结果

SPSO	迭代次数	计算用时	反演结果真值/m⁻¹		相对误差/%	
		/s	$\kappa_a = 1.0$	$\sigma_s = 9.0$	κ_a	σ_s
算例 A	300	232	0.996 31	9.026 06	0.369	0.290
算例 B	300	412	0.997 36	9.019 03	0.264	0.214
算例 C	300	661	1.001 11	8.983 91	0.111	0.179

由表 4.26 可以看出,随着取样时间增大(从算例 A 到算例 C)反演结果的相对误差逐渐减小,同时反演的效率会降低。三种算例的相对误差都在 0.37% 以内,算例 C 的反演结果比算例 A 和算例 B 更准确,这是因为算例 C 的信号采样区间大,包含了更多介质内部的信息。然而算例 C 的迭代步数要比算例 A 多很多,也就是说,算例 C 计算所用的时间几乎是算例 A 的两倍。由图 4.26 还可看出,算例 A 的适应度曲线在早期的种群代数下就已经开始呈直线下降达到最小值。综合考虑反演的效率和精度,时间区间$[L,2(L+ct_p)]$应当作为均匀介质透射信号最优的采样区间。为了验证取样区间$[L,2(L+ct_p)]$的有效性,考虑吸收散射系数(κ,σ_s)真值为$(2.0,8.0)$,$(5.0,5.0)$ 和 $(8.0,2.0)$的均匀介质,不同的介质厚度分别为 1.0 m 和 0.6 m,脉冲宽度固定为 $ct_p = 0.1$ m。对应的有效区间分别为$[1,2.2]$和$[0.6,1.4]$。当测量误差为 5% 时,利用有效区间结合 SPSO 算法,反演的吸收散射系数结果见表 4.27。由表可以看出,敏感性区间选取准则所确定的有效区间能够准确地反演出吸收散射系数。

表 4.27　测量误差时采样区间 $[L, 2(L+ct_p)]$ 反演光学参数结果

L/m	采样区间 $[L, 2(L+ct_p)]$	参数真实值 $/\text{m}^{-1}$		反演结果 $/\text{m}^{-1}$		相对误差 $/\%$		迭代次数
		κ	σ_s	κ	σ_s	κ	σ_s	
	$(1.0, 2.2)$	2.0	8.0	1.995	8.011	0.250	0.136	500
1.0	$(1.0, 2.2)$	5.0	5.0	4.997	4.999	0.060	0.020	500
	$(1.0, 2.2)$	8.0	2.0	7.991	2.008	0.113	0.400	500
	$(0.6, 1.4)$	2.0	8.0	1.993	8.033	0.350	0.413	500
0.6	$(0.6, 1.4)$	5.0	5.0	4.999	4.995	0.020	0.100	500
	$(0.6, 1.4)$	8.0	2.0	7.965	2.009	0.438	0.450	500

算例 4.14　二层平板介质不同时段的时域信号辐射物性反演。

本算例考虑短脉冲激光入射一维两层介质,当脉冲宽度 t_p^* 与介质厚度 L 的比值小于 1.0,并且同时满足后一层介质的散射系数大于前一层时得到的反射信号会出现双峰现象。如图 4.27 所示的各向同性的双层平板介质厚度为 1.0 m,已知上层介质吸收、散射系数分别为 $\kappa_1 = 0.9$ m 和 $\sigma_{s1} = 0.1$ m^{-1}。下层介质吸收散射系数分别记为 κ_2,σ_{s2},两层介质交界面到入射边界的距离记为 x_1。设定 $\kappa_2 = 0.1$ m^{-1},$\sigma_{s2} = 0.9$ m^{-1},$x_1 = 0.5$ m,考虑测量误差为 $\gamma = 5\%$,SPSO 算法的搜索空间设定为 $[0,5]$,采用四种不同的取样区间反演下层介质的物性 κ_2,σ_{s2} 和交界面与入射边界的距离 x_1,采样区间分别为 $[0, 1.4]$,$[0, 2.2]$,$[0, 6.0]$ 和 $[0.1, 1.7]$,记作算例 A～算例 D。反演得到的反射信号曲线及反射信号对 κ_2,δ_{s2} 和 x_1 的敏感性如图 4.28 所示。

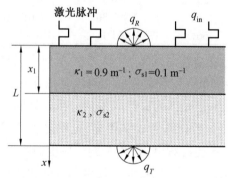

图 4.27　脉冲激光照射两层平板介质的物理模型

图 4.29 给出了算例 A～算例 D 的适应度曲线。由图中可以看出,随着取样区间的增大,适应度值越来越小。表 4.28 给出了 κ_2,σ_{s2} 和 x_1 反演结果和相对误差。算例 D 的采样区间为两个峰值间的信号值,算例 B 的采样区间为包含了两个峰值点的区间,算例 A 只包含了第一个峰值点。很明显,算例 A 和算法 D 中的物性反演结果不正确,算例 B 和算例 C 的反演结果与真实值符合得很好,且最大相对误差小于 1.5%。然而,算例 A 和算例 D 的反射信号取值区间能够准确地反演几何特性 x_1 的值。因此可以用两个峰值之间的信号准确地反演两层介质交界面的位置。总之,为了能够有效地反演两层介质的物性和交界面的位置,两层介质的光学物性以及几何特性,需要采用包含所有峰值的反射信号作为取样区间。根据敏感性区间选取准则,建议采用算例 B 长度量纲的区间 $[0, 2(L+ct_p)]$ 作为最优的反射信号取值区间。

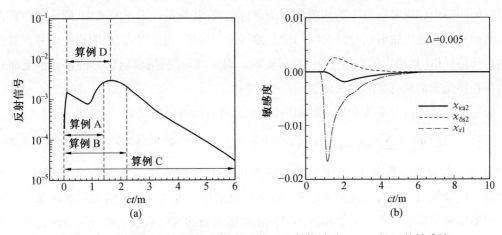

图 4.28　反射信号的四种不同取样区间及反射信号对 κ_2，σ_{s2} 和 x_1 的敏感性

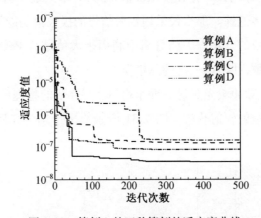

图 4.29　算例 2 的四种算例的适应度曲线

表 4.28　当测量误差 γ=5% 时算例 A 至算例 D 的反演结果和相对误差

SPSO（γ=5%）		算例 A	算例 B	算例 C	算例 D
采样区间/m		（0~1.4）	（0~2.2）	（0~6.0）	（0.1~1.7）
迭代次数		500	500	500	500
适应度值		3.64×10^{-8}	1.38×10^{-7}	1.64×10^{-7}	8.64×10^{-8}
计算用时/s		263	425	1141	320
反演结果	$\kappa_{a2}=0.1$ m^{-1}	0.060 40	0.103 85	0.103 69	0.125 09
	$\sigma_{s2}=0.9$ m^{-1}	0.894 31	0.902 6	0.901 29	0.909 36
	$x_1=0.5$ m	0.492 69	0.496 20	0.497 95	0.493 90
相对误差/%	κ_{a2}	39.60	3.85	3.69	25.09
	σ_{s2}	0.63	0.29	0.14	1.04
	x_1	1.462	0.76	0.41	1.22

4.3.4　采用时域峰值信号反演介质内部特性

时域透射信号与反射信号是随时间不断变化的，因此在对物性反演的过程中需要确定信号的取样时间段来构造目标函数。也就是用辐射信号估算值中的某段时间内的所有值与

该段时间间隔内相应时间点上的实验测量值进行比较,若满足一定误差准则,则认为估算正确。然而实际测量出辐射信号随时间的变化曲线比较困难,相比而言,获取辐射信号在某段时间内的特征值(如极大值和极小值)容易实现。因此,研究利用辐射信号的特征值反演介质内部物性是非常具有实际意义的。

采用时域峰值信号重构介质内的辐射特性,此时目标函数定义为

$$F(\boldsymbol{a}) = \sum_j \left[\rho_{j,\max,\mathrm{est}}(i,ct_j,\boldsymbol{a}) - \rho_{j,\max,\mathrm{mea}}(i,ct_j,\boldsymbol{a}) \right]^2, j = T \text{ and } R \quad (4.28)$$

式中,$\boldsymbol{a}$ 表示待反演参数向量;下标 T,R 分别表示透射、反射信号;下标 max 为信号极值;ct_T 表示透射信号极值对应的长度量纲时刻;ct_R 表示反射信号极值所对应的无量纲时刻。

如果仅采用辐射信号最大值构造的目标函数随介质的吸收系数和散射系数变化的三维立体图呈山谷形状[7],目标函数不存在多个极值,而只有单一最小值,这说明搜索区间内的最优解存在唯一性而无多值性。那么仅采用辐射信号的极大值是能够准确地反演出均匀介质的吸收系数和散射系数的。在以下的分析中利用极大值结合 PSO 算法及其改进型算法反演两层介质的散射系数,并考虑一定的测量误差。

图 4.30 所示给出了脉冲激光照射一维非均匀多层介质的物理模型,在入射边界和出射边界分别产生了反射和透射辐射热流。图 4.31 所示给出了均匀介质的反射信号和透射信号的峰值示意图。

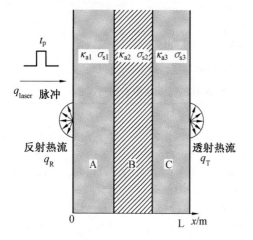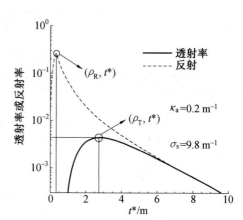

图 4.30　一维非均匀多层介质的物理模型　　图 4.31　反射信号和透射信号的峰值示意图

算例 4.15　均匀介质吸收系数和散射系数的反演。

本算例采用透射信号和反射信号峰值构造的目标函数反演介质的吸收系数、散射系数。考虑反照率为 0.1~0.9 的均匀介质,其光学参数反演结果见表 4.29~4.31,测量误差分别为 $\gamma = 1\%$,5% 和 10%。

表 4.29　不同反照率均匀介质物性反演结果,测量误差 $\gamma=1\%$

反照率	真值		反演结果		相对误差		迭代标准
ω	吸收率 κ/m^{-1}	散射率 $\sigma_\mathrm{s}/\mathrm{m}^{-1}$	κ/m^{-1}	$\sigma_\mathrm{s}/\mathrm{m}^{-1}$	$\kappa_\mathrm{a}/\mathrm{m}^{-1}$	$\sigma_\mathrm{s}/\mathrm{m}^{-1}$	ε
0.9	0.1	0.9	0.114 0	0.896 3	14.0	0.41	10^{-4}
0.9	0.1	0.9	0.107 09	0.896 6	7.09	0.37	10^{-10}
0.8	0.2	0.8	0.185 2	0.803 6	7.40	0.45	10^{-4}
0.7	0.3	0.7	0.283 1	0.704 1	5.63	0.59	10^{-4}
0.6	0.4	0.6	0.415 2	0.599 7	3.80	0.05	10^{-4}
0.5	0.5	0.5	0.513 8	0.497 3	2.76	0.54	10^{-4}
0.4	0.6	0.4	0.590 6	0.400 8	1.57	0.20	10^{-4}
0.3	0.7	0.3	0.709 1	0.298 5	1.30	0.50	10^{-4}
0.2	0.8	0.2	0.802 1	0.200 6	1.05	0.30	10^{-4}
0.1	0.9	0.1	0.906 3	0.100 4	0.70	0.40	10^{-4}

表 4.30　不同反照率均匀介质物性反演结果,测量误差 $\gamma=5\%$

反照率	真值		反演结果		相对误差		迭代标准
ω	吸收率 κ/m^{-1}	散射率 $\sigma_\mathrm{s}/\mathrm{m}^{-1}$	κ/m^{-1}	$\sigma_\mathrm{s}/\mathrm{m}^{-1}$	κ/m^{-1}	$\sigma_\mathrm{s}/\mathrm{m}^{-1}$	ε
0.9	0.1	0.9	0.136 5	0.882 8	36.5	1.91	10^{-4}
0.9	0.1	0.9	0.135 6	0.883 4	35.6	1.84	10^{-10}
0.8	0.2	0.8	0.234 9	0.784 4	17.45	1.95	10^{-4}
0.7	0.3	0.7	0.331 2	0.688 0	10.4	1.71	10^{-4}
0.6	0.4	0.6	0.430 2	0.588 4	7.55	1.93	10^{-4}
0.5	0.5	0.5	0.528 7	0.490 2	5.74	1.96	10^{-4}
0.4	0.6	0.4	0.627 2	0.392 8	4.53	1.80	10^{-4}
0.3	0.7	0.3	0.726 1	0.294 1	3.73	1.97	10^{-4}
0.2	0.8	0.2	0.825 2	0.196 2	3.15	1.90	10^{-4}
0.1	0.9	0.1	0.921 9	0.098 0	2.43	2.00	10^{-4}

表 4.31　不同反照率均匀介质物性反演结果,测量误差 $\gamma=10\%$

反照率	真值		反演结果		相对误差		迭代标准
ω	吸收率 κ/m^{-1}	散射率 $\sigma_\mathrm{s}/\mathrm{m}^{-1}$	κ/m^{-1}	$\sigma_\mathrm{s}/\mathrm{m}^{-1}$	κ/m^{-1}	$\sigma_\mathrm{s}/\mathrm{m}^{-1}$	ε
0.9	0.1	0.9	0.171 6	0.866 7	71.6	3.70	10^{-10}
0.8	0.2	0.8	0.268 4	0.770 3	34.2	3.71	10^{-10}
0.7	0.3	0.7	0.365 1	0.673 9	21.7	3.73	10^{-10}
0.6	0.4	0.6	0.461 8	0.577 6	15.45	3.73	10^{-10}
0.5	0.5	0.5	0.558 5	0.481 3	11.70	3.74	10^{-10}
0.4	0.6	0.4	0.655 2	0.384 9	9.20	3.78	10^{-10}
0.3	0.7	0.3	0.751 8	0.288 7	7.40	3.77	10^{-10}
0.2	0.8	0.2	0.848 3	0.192 4	6.04	3.80	10^{-10}
0.1	0.9	0.1	0.944 8	0.096 2	4.98	3.80	10^{-10}

　　从表中可以看出,随着反照率的增加,吸收系数的反演结果相对误差增大。当反演模型中的迭代截止准则 $\varepsilon=10^{-4}$,测量误差 $\gamma=1\%$ 时,吸收系数最大相对误差达到 14% ,而散射

系数的相对误差皆在 0.6% 以内,所以采用峰值信号反演的散射系数结果要比吸收系数更准确。同样,当测量误差 $\gamma=5\%$ 和 10% 时也有相同的规律,此时散射系数的最大相对误差分别为 2% 和 3.8%,吸收系数最大相对误差分别达到 36.5% 和 71.6%。但是当反演模型中的迭代截止准则 ε 取更小值时(如 $\varepsilon=10^{-10}$),吸收系数的反演结果精度会有很大提高,散射系数反演结果精度改善不大。

算例 4.16 两层介质散射系数反演。

当介质为双层非均匀介质时,已知两层吸收系数均为 $2.0\ \mathrm{m}^{-1}$,散射系数真值分别为 $\sigma_{s1}=0.5\ \mathrm{m}^{-1}$,$\sigma_{s2}=4.0\ \mathrm{m}^{-1}$,通过正问题计算得到目标函数随散射系数 σ_{s1} 与 σ_{s2} 的变化如图 4.32 所示。由图 4.32 可知,在 (0.5,2.0) 附近目标函数达到最小值,说明已知吸收系数时可以准确地反演出两层散射系数的大小。在两层介质中,第一层介质反演衰减系数很大(本例中 $\kappa_1=\sigma_{s1}=10\ \mathrm{m}^{-1}$),如果只用辐射信号的最大值去反演辐射物性,会出现如图 4.33 所示的多值现象。这是由于介质层数的增加,使得介质内部物性变得复杂,得到的透射或反射信号曲线峰值的个数以及产生峰值的位置具有不确定性而造成,该层介质的吸收系数和散射系数在这种情况下不能被准确地反演得到。

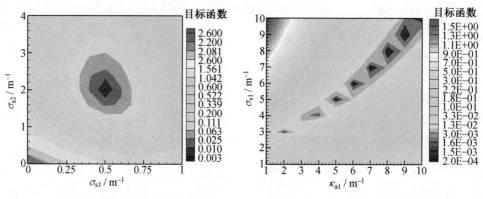

图 4.32　两层介质目标函数的变化曲线
($\kappa_1=\kappa_2=2.0\ \mathrm{m}^{-1}$,$\sigma_{s1}=0.5\ \mathrm{m}^{-1}$,$\sigma_{s2}=2.0\ \mathrm{m}^{-1}$)

图 4.33　两层介质目标函数的变化曲线
($\kappa_2=\sigma_2=0.1\ \mathrm{m}^{-1}$,$\kappa_1=\sigma_{s1}=10\ \mathrm{m}^{-1}$)

一维两层介质,已知两层的吸收系数为 $\kappa_1=0.2\ \mathrm{m}^{-1}$ 和 $\kappa_2=2.0\ \mathrm{m}^{-1}$。散射系数的真值为 $\sigma_{s1}=0.5\ \mathrm{m}^{-1}$ 和 $\sigma_{s2}=2.0\ \mathrm{m}^{-1}$,代入正算模型用以模拟实验测量值。采用时域透射信号和反射信号最大值计算目标函数反演两层介质的散射系数,结果见表 4.32。考虑到在不同的测量误差 γ 的影响下,仅采用辐射信号最大值是能够准确地反演出两层介质的散射系数,且最大误差不超过 7%。

表 4.32　两层介质吸收系数已知时两层散射系数反演结果

测量误差/%	真值/估计结果		相对误差/%	
	$\sigma_{s1}=0.5\ \mathrm{m}^{-1}$	$\sigma_{s2}=2.0\ \mathrm{m}^{-1}$	σ_{s1}	σ_{s2}
	1　0.497 9	2.013 4	0.42	0.67
	3　0.493 7	2.040 6	1.26	2.03
γ	5　0.489 6	2.067 9	2.08	3.395
	10　0.479 3	2.137 2	4.14	6.86

两层介质吸收系数、散射系数真值分别为 $\kappa_1=1.0\ \mathrm{m}^{-1}$,$\sigma_{s1}=2.0\ \mathrm{m}^{-1}$,$\kappa_2=3.0\ \mathrm{m}^{-1}$,$\sigma_{s2}=4.0\ \mathrm{m}^{-1}$。目标函数采用辐射信号极大值。分别采用单面入射、双面入射、综合反演三种模式

去估算两层介质四个物性。如图 4.34 所示,单面入射即脉冲激光照射介质的一面得到辐射信号极值反演物性;双面入射即短脉冲激光在介质两侧入射得到四个信号,同时反演两层介质的四个光学参数。综合反演即短脉冲激光入射一面反演入射层的物性,再用短脉冲激光入射另一面反演另一层的物性,共得到四个辐射信号极值去综合反演两层介质物性。三种模式测量误差均为 $\gamma=1\%$,反演结果见表 4.33。

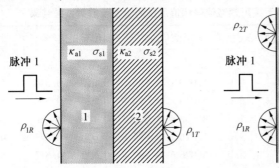

(a) 单面入射,两个信号峰值反演四个参数

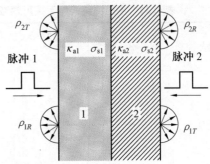

(b) 双面入射,四个信号峰值值反演四个参数

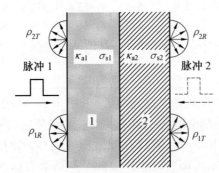

(c) 综合反演,其中两个信号峰值反演一层两个参数

图 4.34　双层介质三种峰值反演模式

表 4.33　两层介质吸收散射系数同时反演结果

入射模型		真值/测量误差/m^{-1}		真值/估计结果/m^{-1}		最大误差/%
		$\kappa_1=1.0$	$\sigma_{\text{s}1}=2.0$	$\kappa_2=3.0$	$\sigma_{\text{s}1}=4.0$	
$\gamma=1\%$	单面入射	1.145 4	3.655 1	3.999 1	1.738 8	56.53
	双面入射	1.226 6	1.932 0	3.139 2	3.745 0	22.66
	综合反演	1.006 5	1.899 5	3.111 2	3.970 2	5.025

由表 4.33 可以看出,单面入射时已经无法正确反演四个物性。双面入射模式反演时个别系数反演的误差比较大。采用综合反演模式能够准确地反演两层介质四个物性。这是因为辐射信号包含的介质内部信息的主要成分是与激光先发生作用的那部分介质的信息,因此离激光入射壁面近的那一层介质能够准确地由透射反射信号极值反演出,所以前后分别采用两次激光入射就能够先后准确地反演出四种物性。

4.3.5　基于频域信号的光学参数重构

本小节采用频域辐射传输模型,结合 SPSO 算法与 RD-PSO 算法分别重建了一维平板

介质的吸收系数 κ 和散射系数 σ_s。在本算例中吸收系数和散射系数 (κ, σ_s) 的真值(单位：m^{-1})分别为 $(1.0, 9.0)$，$(5.0, 5.0)$。两种微粒群反演模型中选取相同的算法参数：微粒数 M 取为 50，搜索空间的范围 $[X_{\min}, X_{\max}]$ 为 $[0, 20]$，微粒最大飞行速度 $V_{\max} = 1$。测量误差 γ 分别取 1%，5%，两种模型的计算代数均为 3 000 代，吸收系数和散射系数的反演结果和相对误差见表 4.34。

表 4.34　不同测量误差下采用频域信号幅值反演的吸收及散射系数结果

算法	γ	真值/m^{-1}		反演值/m^{-1}		相对误差/%		计算用时/s
		κ	σ_s	κ	σ_s	κ	σ_s	
SPSO	1%	1.0	9.0	1.000 1	8.996 3	0.010	0.044	50 075
		5.0	5.0	5.012 2	4.970 7	0.024	0.586	52 179
		9.0	1.0	8.988 4	1.005 3	0.129	0.53	56 766
	5%	1.0	9.0	1.016 7	8.975 1	1.670	0.277	49 750
		5.0	5.0	5.026 6	4.969 4	0.532	0.612	52 292
		9.0	1.0	8.983 3	0.988 1	1.856	1.190	56 468
RD-PSO	1%	1.0	9.0	1.002 4	9.049 2	0.24	0.547	33 902
		5.0	5.0	4.965 4	4.979 8	0.692	0.404	32 089
		9.0	1.0	8.981 7	0.999 1	0.203	0.09	29 879
	5%	1.0	9.0	0.996 4	8.892 1	0.36	1.199	33 630
		5.0	5.0	4.922 5	4.962 9	1.55	0.742	32 128
		9.0	1.0	9.024 7	0.996 6	0.274	0.340	29 692

由表 4.34 可以看出，随着测量误差的增大，采用 SPSO 算法和 RD-PSO 算法重建的吸收系数和散射系数相对误差都会增大。当测量误差 $\gamma = 1\%$ 时，两种优化算法反演结果的相对误差均未超过 1%，另外，RD-PSO 算法在反演精度上与 SPSO 算法相比并没有改善。然而当测量误差增大时($\gamma = 5\%$)，RD-PSO 算法的某些结果要比 SPSO 算法反演的结果更加准确。值得注意的是，从两种算法在计算效率上的比较结果可以看出，RD-PSO 算法计算效率比 SPSO 算法提高了几乎一倍。总之，在总体计算精度上，RD-PSO 算法和 SPSO 算法几乎没有太大区别，然而在计算效率上 RD-PSO 算法更为优越。

图 4.35 给出了 RD-PSO 算法和 SPSO 算法的适应度函数随反演代数的变化关系。图 4.35(a)所示是吸收系数和散射系数真值为 $\kappa = 5.0\ m^{-1}$，$\sigma_s = 5.0\ m^{-1}$，测量误差 $\gamma = 5\%$ 时的情况；图 4.35(b)所示是吸收系数和散射系数真值为 $\kappa = 9.0\ m^{-1}$，$\sigma_s = 1.0\ m^{-1}$，测量误差 $\gamma = 1\%$ 时的情况。从图中可以看出，两种情况下的 RD-PSO 算法的适应度函数比 SPSO 算法的适应度函数下降得更快，从而反映出 RD-PSO 算法相比 SPSO 算法在计算效率上更为优越。

下面分析时域信号和频域信号的反演精度。表 4.16 采用时域信号结合 SPSO 方法反演了吸收系数和散射系数真值分别为 $1.0\ m^{-1}$ 和 $9.0\ m^{-1}$ 的介质。仅利用频域信号幅值，结合 SPSO 算法反演的结果见表 4.34。以测量误差 $\gamma = 5\%$ 为例，采用频域信号幅值和相位信息反演的吸收散射系数结果见表 4.35。表 4.35 给出了采用不同种类的透射和反射信号，利用 SPSO 算法反演的一维均匀介质的吸收系数和散射系数。

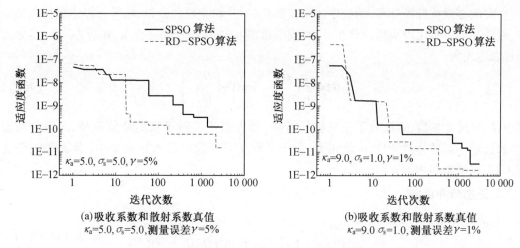

(a)吸收系数和散射系数真值
$\kappa_a=5.0,\sigma_s=5.0,$测量误差$\gamma=5\%$

(b)吸收系数和散射系数真值
$\kappa_a=9.0\ \sigma_s=1.0,$测量误差$\gamma=1\%$

图 4.35　SPSO 算法和 RD-PSO 算法的适应度

表 4.35　不同种类信号重构的吸收及散射系数结果

辐射信号种类	测量误差	真值/m^{-1}		重构值/m^{-1}		相对误差/%	
	γ/%	κ	σ_s	κ	σ_s	κ	σ_s
时域信号	5	1.0	9.0	0.992 4	8.994 8	0.760	0.058
频域信号幅值	5	1.0	9.0	1.016 7	8.975 1	1.670	0.277
频域幅值和相位	5	1.0	9.0	1.006 1	8.997 4	0.610	0.029

　　由表 4.35 可知,本算例中仅采用频域信号幅值的反演结果最大相对误差为 1.67%,而采用时域信号的反演模型最大相对误差为 0.76%。因此,与表 4.16 中 SPSO 时域模型反演结果相比,仅采用频域信号幅值的反演模型并没有提高反演的精度和效率,反演的精度与时域模型相比较低。然而,当采用频域信号幅值和相位共同作为已知信息,反演吸收系数和散射系数时,最大误为 0.601%,与时域反演模型相比吸收系数和散射系数的反演精度有所提高。因此,通过在频域逆问题模型中引入相位信息,可以提高光学参数的重构精度。

4.4　粒径分布逆问题的微粒群算法求解

　　粒径分布的反演算法可分为分布函数算法(也称非独立模式)和无分布函数算法(也称独立模式算法)两类。非独立模式算法基于假设被测颗粒系的粒径分布满足某个已知的分布函数(如 R-R 分布和正态分布、对数正态分布函数等),通过一定的优化方法确定分布函数中的待定系数。其中,R-R 分布函数是在研究煤粉磨碎过程中的颗粒尺寸分布提出的,适用于描述诸如喷雾形成的液滴群和磨碎形成的颗粒群的粒径分布。由于目前大多数分布函数都是双参数分布,所以非独立模式反演本质上就是两个参数的寻优求解过程。

　　在非独立模式反演粒径分布的方法中,通常需要预先假设粒径分布符合某个已知函数,然后通过优化计算得出粒径分布的真实函数。R-R 分布函数、正态分布函数和对数正态分布函数是目前应用比较广泛的三种分布函数。

1. R-R 分布函数

R-R 分布函数由 Rosin 和 Rammler 于 1933 年提出,用来描述煤粉的颗粒分布。除此之

外,火灾烟雾颗粒粒径分布、油液中污染物颗粒、矿井粉尘粒径分布、煤矸石粉体颗粒粒径分布、液柱冲击塔雾化液滴粒径分布、离心喷嘴液滴粒径分布等都符合 R-R 分布[8]。其分布函数表达式为

$$f(D) = \frac{\sigma}{\overline{D}} \left(\frac{D}{\overline{D}} \right)^{\sigma-1} \exp\left[-\left(\frac{D}{\overline{D}} \right)^{\sigma} \right] \tag{4.29}$$

式中,$\overline{D}$ 为尺寸参数,表征粒子系的特征粒径,可近似代表粒子系的峰值粒径;σ 为分散参数,表征粒子系的弥散特性,σ 值越大,粒子系粒子直径尺寸分布就越集中,当 σ 趋近于无穷大时,粒子系即为均一粒子系。

2. 正态分布函数

正态分布函数的表达式为

$$f(D) = \frac{1}{\sqrt{2\pi} D \cdot \sigma} \exp\left[-\frac{1}{2} \left(\frac{D-\overline{D}}{\sigma} \right)^2 \right] \tag{4.30}$$

正态分布的函数曲线在 $D=\overline{D}$ 时,$f(D)$ 取得最大值,$f(D)$ 的曲线关于 $D=\overline{D}$ 呈对称分布。当 D 值固定时,粒子系直径的分布随着 σ 值的变小而变得集中。

3. 对数正态分布函数

沙尘暴中的沙尘粒子粒径分布一般使用对数正态分布来进行描述。对数正态分布的分布函数为

$$f(D) = \frac{1}{\sqrt{2\pi} D \cdot \ln \sigma} \exp\left[-\frac{1}{2} \left(\frac{\ln D - \ln \overline{D}}{\ln \sigma} \right)^2 \right] \tag{4.31}$$

式中,$\overline{D}$ 为粒子最可几直径;σ 为粒径的平均几何偏差。

本节采用 MPPSO 算法结合多波长透射法对粒径分布进行反演。所计算的粒子复折射率参照实际粒子的折射率可能出现的范围,例如,煤灰粒子的典型复折射率的实部和虚部范围分别是 $n \in [1.18 \sim 1.92]$,$k \in [0.01 \sim 1.13]$,选择复折射率为 $1.51 \sim 0.003i$,采用三波长法进行反演,很显然,波长数目越少,仪器的光学和电子线路的结构就越简单,计算机求解的速度也越快,同时对使用光源也提供了更多的选择余地。假设粒子的复折射率不随波长变化,若复折射率随波长变化,则只需代入各个波长下的值即可,且计算量也不会增加。入射波长值分别为 $\lambda = 0.4, 0.6, 0.8$ μm。对于 R-R 分布假设粒子系的选择参数为 $\overline{D}=5$ μm,$\sigma = 10$,对于正态分布的反演,选择参数 $(\overline{D}, \sigma)$ 的真实值为 $(5, 0.4)$,对于对数正态分布反演,选择参数 $(\overline{D}, \sigma)$ 的真实值为 $(1.5, 1.2)$。

反演计算的适应度函数定义为

$$F = \sum_{j=1}^{k} \left\{ \frac{[I(\lambda_j)/I_0(\lambda_j)]_{\text{cal}} - [I(\lambda_j)/I_0(\lambda_j)]_{\text{true}}}{[I(\lambda_j)/I_0(\lambda_j)]_{\text{true}}} \right\}^2 \tag{4.32}$$

式中,下标 true 表示为真实值;下标 cal 表示每次迭代的计算值;k 表示入射激光的波长个数,本节采用 3 波长和 6 波长。

在实际的粒子系粒径参量实验中,测量误差不可避免,本节反演分别计算了测量误差为 0,5% 和 10% 三种情况。MPPSO 算法反演三种粒径分布函数的主要参数取值见表 4.36。

表 4.36　不同粒径分布函数下 MPPSO 算法的参数设置

参数	R–R 分布函数	正态分解	对数正态分布
M	50	50	50
$\overline{D}$	$1 \sim 10$	$1 \sim 30$	$0.01 \sim 10$
σ	$1 \sim 30$	$0.1 \sim 10$	$0.01 \sim 10$
V_{max}	5	5	3
V_c	10	10	10
f_p	50	50	50

4.4.1　粒径分布测量原理

设一束波长为 λ 的平行激光通过粒子系,由于激光受到粒子的吸收和散射的共同作用,光电接收器上接收的辐射能通量将减弱,根据 Lambert–Beer 定律,入射光强与出射光强之间的关系为

$$I = I_0 \exp\left[-\frac{\pi}{4} N_0 \int_{D_1}^{D_2} f(D) D^2 L Q_{ext}(x,m) \,\mathrm{d}D \right] \tag{4.33}$$

式中,I 为透过粒子系的出射光强;I_0 为入射光强;L 为平均光线行程长度;D 为粒子直径;$f(D)$ 为粒径分布函数;N_0 为粒子的总数密度;$Q_{ext}(x,m)$ 为粒子的衰减因子,是粒子尺度参数 x 和复折射率 m 的函数,可由 Mie 理论精确求得。对于具有一定尺寸分布的粒子系,设直径为 D_i 的粒子数为 N_i 个,则将式(4.33)两边取对数,得

$$\ln\left(\frac{I}{I_0}\right) = -\frac{\pi}{4} L \sum_{i=1}^{M} D_i^2 N_i Q_{ext}(x_i,m) \tag{4.34}$$

式中,M 为粒子粒径的分档数。当用 ρ 表示颗粒的相对密度时,颗粒质量频度 W 与粒子数密度尺寸分布 N 的关系表示为

$$W_i = \frac{\pi}{6} D_i^3 \rho N_i \tag{4.35}$$

将式(4.35)代入式(4.34),在单一波长入射的情况下,有

$$\ln\left(\frac{I}{I_0}\right) = -\frac{3}{2} L \sum_{i=1}^{M} \frac{W_i}{D_i \rho} Q_{ext}(x_i,m) \tag{4.36}$$

采用多波长激光入射时,对应波长记为 $\lambda_j, j = 1,\cdots k$,假设采用 k 个波长,则式(4.36)可以表示为

$$\ln\left| \frac{I(\lambda_j)}{I_0(\lambda_j)} \right| = -\frac{\pi}{4} L \sum_{i=1}^{M} D_i^2 N_i Q_{ext}(x_i,m), j = 1,\cdots,k \tag{4.37}$$

在实际求解方程(4.37)时,可将被测颗粒的最大尺寸范围 $[D_{min},D_{max}]$ 分成 M 个小区间 $[D_i,D_{i+1}](i = 1,2,\cdots,M)$,方程(4.37)中的 D_i 可取各个小区间的平均值或区间顶点,因此,式(3.64)实际上是一个常系数线性方程组。通过实测 $I_0(\lambda_j)$ 和 $I(\lambda_j)$ 的比值,求解方程组(4.37)就可求得被测粒子的粒径分布函数 $f(D)$。然而,式(4.37)的实质是第一类 Fredholm 积分方程,属于严重的病态方程,对其求解一般需用最优化方法。求解粒子粒径分布的算法模型,一般分为独立模式和非独立模式。独立模式算法是不事先假定被测颗粒系的

分布形式,而是根据实际测量结果确定粒子系的粒径分布。非独立模式算法(又称为函数限制解法)需预先假定被测颗粒系的尺寸分布符合某个双参数或多参数的函数规律,如正态分布、对数正态分布或 Rosin-Rammer 分布等(大部分实际颗粒系符合某一函数分布规律)。采用独立模型时,需要增加入射激光的个数,通过实测 $I(\lambda_j)/I_0(\lambda_j)$ 的值,求解方程组 (4.37)即可求得粒子系的粒子粒径分布 $[N_1,N_2,\cdots,N_M]$。本节采用 MPPSO 算法,反演非独立模式下三种不同的粒径分布。

4.4.2　粒径分布 MPPSO 反演结果与分析

MPPSO 方法的反演计算结果如图 4.36～4.38 所示,参数反演的具体结果见表 4.37 和表 4.38。表中粒子系的跨度以及各种反演误差等参数定义如下。

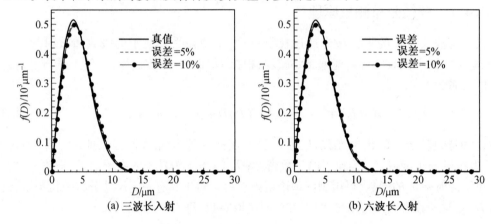

(a) 三波长入射　　　　　　　　　　(b) 六波长入射

图 4.36　不同测量误差对 R-R 分布反演结果的影响($\overline{D}=5,\sigma=1.5$)

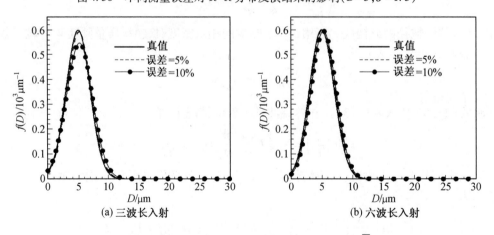

(a) 三波长入射　　　　　　　　　　(b) 六波长入射

图 4.37　不同测量误差对对数正态分布反演结果的影响($\overline{D}=5,\sigma=2$)

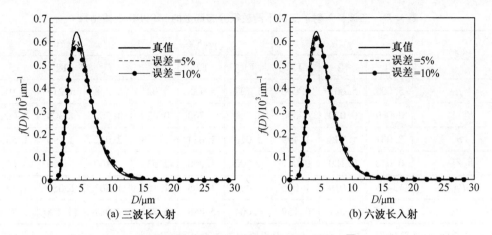

图 4.38　不同测量误差对正态分布反演结果的影响($\overline{D} = 5$, $\sigma = 1.5$)

（1）跨度 SPAN。

跨度 SPAN 表示粒子群粒径分布的跨度。其计算公式为

$$SPAN = \frac{D(V, 0.9) - D(V, 0.1)}{D(V, 0.5)} \qquad (4.38)$$

式中，$D(V, 0.1)$表示小于该粒径的粒子质量占粒子系总质量的10%；$D(V, 0.5)$表示小于该粒径的粒子质量占粒子系总质量的50%；$D(V, 0.9)$表示小于该粒径的粒子质量占粒子系总质量的90%。

（2）粒子系粒径分布绝对偏差 ε。

粒子系粒径分布绝对偏差 ε 表示由测量值经过反演计算得到的粒子系粒子概率分布与真实粒子系粒子概率分布的偏差。其计算公式为

$$\varepsilon = \frac{1}{2} \sum_{i=1}^{M} | f_{cal}(i) - f_{true}(i) | \qquad (4.39)$$

式中，f_{true}表示实际的粒径分布；f_{cal}表示反演计算得出的粒径分布值。

（3）特征值相对误差 $R_{\overline{D}}$ 和 R_{σ}。

反演计算所得的粒径分布函数的参数值与真实值相比较所得的误差称为特征值相对误差。其计算公式为

$$R_{\overline{D}} = \frac{\overline{D}_{cal} - \overline{D}_{true}}{\overline{D}_{true}} \times 100\% \qquad (4.40)$$

$$R_{\sigma} = \frac{\sigma_{cal} - \sigma_{true}}{\sigma_{true}} \times 100\% \qquad (4.41)$$

从图 4.36 ~ 4.38 中可以看出，在无误差的情况下，采用 MPPSO 方法得到的反演结果与真实结果吻合得非常好，即使在10%的测量误差下，采用 MPPSO 方法仍能获得较为准确的结果。而在消光法测量中，直接测量的是光强信号，通常由测量误差引起的误差一般小于10%。由计算结果可见，MPPSO 法对于分布函数峰值参数的反演精确度较高。同时，从图中可以很明显地看出，随着探测波长的增加，对于三种粒径分布而言，反演精度均有明显提高。当采用六个探测波长时，即使在10%的测量误差下，反演结果与真实值仍吻合较好，说明 MPPSO 具有很强的鲁棒性。

表 4.37　三波长入射下三种不同粒径分布函数的 MPPSO 反演结果

参数	$\gamma=0$			$\gamma=5\%$			$\gamma=10\%$		
	F1	F2	F3	F1	F2	F3	F1	F2	F3
$\overline{D}$	5.000	5.001	5.000	5.137	5.138	5.021	5.238	5.215	5.100
$R_{\overline{D}}/\%$	0.000	0.020	0.000	2.740	2.760	0.420	4.760	4.300	2.000
σ	2.001	1.998	1.499	2.010	2.024	1.538	2.042	2.190	1.555
$R_{\sigma}/\%$	0.050	0.100	0.067	0.500	1.200	2.533	2.100	9.500	3.667
SPAN	1.435	1.019	1.085	1.427	1.005	1.161	1.403	1.068	1.192
$\varepsilon/\%$	0.046	0.097	0.159	4.004	5.488	5.833	7.087	11.190	8.712

注:F1,F2 和 F3 分别表示 R-R 分布、正态分布和对数正态分布

表 4.38　六波长入射下三种不同粒径分布函数的 MPPSO 反演结果

参数	$\gamma=0$			$\gamma=5\%$			$\gamma=10\%$		
	F1	F2	F3	F1	F2	F3	F1	F2	F3
$\overline{D}$	5.000	5.000	5.000	5.101	5.150	5.099	5.170	5.285	5.203
$R_{\overline{D}}/\%$	0.000	0.000	0.000	2.020	3.00	1.980	3.400	5.700	4.060
σ	2.000	2.000	1.500	2.003	1.990	1.508	2.015	2.016	1.502
$R_{\sigma}/\%$	0.000	0.000	0.000	0.150	0.500	0.533	0.750	0.800	0.133
SPAN	1.435	1.020	1.087	1.431	0.987	1.103	1.423	0.974	1.091
$\varepsilon/\%$	0.000	0.000	0.000	2.947	5.873	3.978	4.969	11.150	7.831

　　综合分析数值实验的结果,对于采用激光透射法结合 MPPSO 算法应用于测量粒径分布的算法性能,可得出以下结论:①MPPSO 算法可以准确反演非独立模式的粒径分布。MPP-SO 算法避免了求解复杂的导数等数学信息,优化过程简单,遍历性好,计算精度高,具有对粒径分布形状不敏感、抗噪声能力强等优点,在无误差情况下,可以准确地反演粒径分布。②MPPSO 算法具有很好的鲁棒性,在引入误差的情况下,对于 R-R 分布和正态分布两种情况,逆问题的计算误差远小于引入的测量误差,对于对数正态分布,计算误差稍大,但也基本上与引入的测量误差相等;而在消光法测量中,通常由测量误差引起的误差一般小于 10%,所以本算法可以满足工程实践需要。③对于 R-R 分布和正态分布而言,MPPSO 算法对于尺度参数的反演精度高于分散参数,而对于对数正态分布而言,对于分散参数的反演精度高于尺寸参数。

参考文献

[1] MODEST M F. Radiative heat transfer[M]. Burlington：Academic Press, 2003.

[2] LIU L H, RUAN L M. Numerical approach for reflections and transmittance of finite plane-parallel absorbing and scattering medium subjected to normal and diffuse incidence[J]. Journal of Quantitative Spectroscopy & Radiative Transfer, 2002, 75：637-646.

［3］ LIU L H, TAN H P, YU Q Z. Simultaneous identification of temperature profile and wall emissivities in semitransparent medium by inverse radiation analysis［J］. Numerical Heat Transfer Part A, 1999, 36(5): 511-526.

［93］ LI H Y, YANG C Y. A genetic algorithm for inverse radiation problems［J］. International Journal of Heat and Mass Transfer, 1997, 40: 1545-1549.

［4］ MUSELLA M, TSCHUDI H. Transient radiative and conductive heat transfer in ceramic materials subjected to laser heating［J］. International Journal of Thermophysics, 2005, 26(4): 981-999.

［5］ 安巍. 求解辐射传输的有限元法及瞬态辐射反问题研究［D］. 哈尔滨：哈尔滨工业大学, 2007.

［6］ CHARETTE A, BOULANGER J, KIM H K. An overview on recent radiation transport algorithm development for optical tomography imaging［J］. Journal of Quantitative Spectroscopy and Radiative Transfer, 2008, 109(17): 2743-2766.

［7］ TANG H, SUN X G, YUAN G B. Calculation method for particle mean diameter and particle size distribution function under dependent model algorithm［J］. Chinese Optics Letter, 2007, 5(1): 31-33.

第5章 基于智能蚁群优化算法的辐射传输逆问题求解

本章主要将第3章讲述的蚁群算法等智能优化方法应用于辐射逆问题的求解。针对各种智能优化算法,分别介绍其在稳态辐射传输逆问题、瞬态辐射传输逆问题以及辐射导热耦合换热逆问题中的应用,其中包含笔者展开的相关理论研究工作。

蚂蚁是一种社会性动物,它们的个体行为非常简单而且随机,但是它们作为一个群体却可以进行复杂的活动,表现出来一定的"智能"。生物学家通过长期观察,发现蚂蚁在觅食的时候总能绕过障碍物找到从蚁巢到食物源的最短路径,其原因是蚂蚁在发现食物后,在返回蚁巢搬救兵的路径上留下了一种叫作信息素的挥发性物质,这样其他蚂蚁发现信息素后,在选择路径时会倾向于选择信息素多的路径,蚁群算法就是根据蚂蚁群体的这种智能行为,抽象出的一种具有启发行为的随机搜索寻优方法。

蚁群算法由意大利学者 Dorigo 等[1]在 1991 年提出,在其后的五年里,蚁群算法引起了众多的学者关注,其应用领域得到迅速拓宽[2-4]。当前,蚁群算法主要应用于旅行商问题[5,6]、调度问题[7,8]、连续函数优化[9,10]、数据挖掘[11,12]、目标分配[13-15]等领域。

在蚁群算法逐步发展的过程中,经过大量的研究表明蚁群算法具有以下优点[10]:①正反馈性:蚂蚁在觅食的过程中路径越短,该条路径上的信息素就越多,同时信息素越多,蚂蚁选择该条路径的概率就越高;②并行性:蚁群是一个分布式系统,每只蚂蚁的搜索过程彼此独立,它们彼此之间不直接接触,只通过蚁群整体的信息素来进行交流;③鲁棒性:单个蚂蚁的行为不会对整个算法的最优解产生影响,它不仅容易与其他方法结合,而且对模型做简单修改就可以适用于其他实际问题。

鉴于以上优点,本章在进行辐射传输逆问题研究时,选择蚁群算法及其改进模型先后对稳态辐射-导热耦合逆问题、瞬态辐射传输逆问题、瞬态辐射-导热耦合换热逆问题以及粒径分布逆问题进行求解,分析了蚁群算法及其改进算法的性能。

5.1 稳态辐射传输逆问题的蚁群算法求解

如 2.4.1 节描述的稳态一维导热-辐射耦合换热模型,其中 $L=10$ m, $T_{fl}=1\ 000$ K, $h_{fl}=20$ W/(m^2 · K), $T_{f2}=500$ K, $h_{f2}=10$ W/(m^2 · K), $\varepsilon_1=0.9$, $\varepsilon_2=0.7$,介质的热导率为 $\lambda=30$ W/(m · K)。通过测量边界上的温度 T_{w1}^*, T_{w2}^* 和净辐射热流密度 q_{w1}^{r*}, q_{w2}^{r*} 来反演介质的光学参数。

5.1.1 单参数反演

已知吸收系数为 $\kappa=0.5$ m^{-1},反演介质的散射系数。假设介质散射系数的真值 σ_s 分别为 0.1 m⁻¹,0.3 m⁻¹,0.5 m⁻¹,0.7 m⁻¹ 和 0.9 m⁻¹,利用网格数为 $N_x = 5\,000$、立体角个数为 $N_\theta = 100$ 的有限体积法程序计算得到的左侧壁面温度 T_{w1}^*、右侧壁面温度 T_{w2}^*、左侧壁面净辐射热流密度 q_{w1}^{r*} 和右侧壁面净辐射热流密度 q_{w2}^{r*} 作为逆问题中的测量值。

考虑到在逆问题研究过程中,正问题需要大量地被调用求解,网格数为 $N_x = 5\,000$、立体角个数为 $N_\theta = 100$ 的有限体积法程序计算效率较低,需要对辐射-导热耦合换热的有限体积法计算程序进行网格无关性验证。首先,保持立体角个数为 $N_\theta = 100$ 不变,在区间[10,2 000]内变化网格数,计算结果如图 5.1(a)所示。从图中可以看出,当网格数超过 300 时,继续增大网格数,计算精度提高得不明显。类似地,保持网格数为 $N_x = 300$ 不变,在区间[2,200]内变化立体角个数,计算结果如图 5.1(b)所示。从图中可以看出,当立体角数超过 30时,继续增加立体角个数,计算精度不能明显增加,因此在本节的辐射-导热耦合换热逆问题求解过程中,有限体积法程序的网格数和立体角个数分别选为 $N_x = 300$ 和 $N_\theta = 30$ 作为正问题的求解模型。

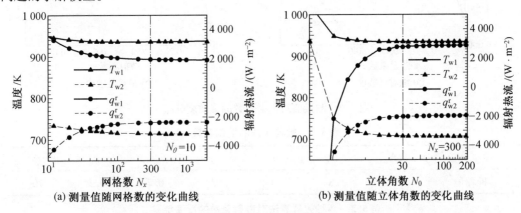

(a) 测量值随网格数的变化曲线　　　　(b) 测量值随立体角数的变化曲线

图 5.1　网格无关性验证

在研究逆问题前,需要设计目标函数,如果目标函数设计不合理,可能导致部分测量信号被湮灭,从而影响反演的精度。通常来说,目标函数可以由测量值和估计值的最小二乘平方和来确定,即

$$F_{obj} = \frac{1}{4} \times [\,(q_{w1}^r - q_{w1}^{r*})^2 + (q_{w2}^r - q_{w2}^{r*})^2 + (T_{w1} - T_{w1}^*)^2 + (T_{w2} - T_{w2}^*)^2\,] \tag{5.1}$$

验证目标函数的好坏可以通过测量信号对于散射系数的灵敏度来反映,将网格数为 $N_x = 5\,000$、立体角个数为 $N_\theta = 100$ 的有限体积法程序计算得到的结果作为逆问题的测量值,将网格数为 $N_x = 300$、立体角个数为 $N_\theta = 30$ 的有限体积法程序计算得到的结果作为逆问题的估计值,当散射系数在区间[0,1]内变化时,测量值对于散射系数的一阶导数分布如图 5.2(a)所示。从图中可以看出,边界的辐射热流密度的灵敏度远远大于温度的灵敏度,如果按照式(5.1)所设计的目标函数,在逆问题研究中容易导致温度信号的淹没。因此,需要对目标函数进行修改,将测量的信号值降到相同的量级,即

$$F_{obj} = \frac{1}{4} \times \left[\left(\frac{q_{w1}^r - q_{w1}^{r*}}{10^3}\right)^2 + \left(\frac{q_{w2}^r - q_{w2}^{r*}}{10^3}\right)^2 + \left(\frac{T_{w1} - T_{w1}^*}{10^2}\right)^2 + \left(\frac{T_{w2} - T_{w2}^*}{10^2}\right)^2 \right] \tag{5.2}$$

这样得到的相对灵敏度如图 5.2(b)所示。从图中可以看出,温度信号和辐射热流信号对于散射系数的灵敏度接近,适合用于逆问题研究。由于蚁群算法是一种随机寻优的方法,

每次的寻优结果都不会相同,为了克服随机误差带来的影响,我们分别利用标准蚁群算法和改进蚁群算法反演100次取平均值,其中蚁群算法的控制参数见表5.1。其反演结果见表5.2。其中目标函数的最小阈值设为 $\varepsilon = 10^{-10}$,子区间的最小值设为 $\xi = 10^{-5}$,最大迭代次数为 $N_c = 1\,000$,散射系数的初始搜索区间 $[0,1]$。从表5.2中可以看出,改进蚁群算法的反演精度比标准蚁群算法的精度要高,而且反演值的标准偏差远远小于标准蚁群算法的标准偏差。

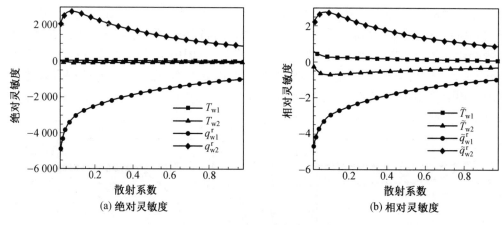

图 5.2　测量值对散射系数的灵敏度分布

表 5.1　蚁群算法的控制参数

控制参数	N_m	N_n	α	β	ρ	ζ	Q
推荐值	30	8	1	2	0.7	0.3	10

表 5.2　两种蚁群算法对散射系数的反演结果

No.	$\sigma_s^* / \mathrm{m^{-1}}$	标准蚁群算法		改进蚁群算法	
		$\sigma_s / \mathrm{m^{-1}}$	耗时/s	$\sigma_s / \mathrm{m^{-1}}$	耗时/s
1	0.1	$0.101 \pm 2.51 \times 10^{-3}$	55.1±6.3	$0.100 \pm 2.45 \times 10^{-3}$	79.6±252.5
2	0.3	$0.300 \pm 2.73 \times 10^{-3}$	85.4±8.4	$0.300 \pm 5.15 \times 10^{-6}$	76.7±7.4
3	0.5	$0.500 \pm 1.62 \times 10^{-4}$	105.0±13.1	$0.500 \pm 7.51 \times 10^{-6}$	93.9±13.6
4	0.7	$0.701 \pm 3.83 \times 10^{-3}$	118.0±21.1	$0.700 \pm 1.61 \times 10^{-4}$	143.6±58.8
5	0.9	$0.900 \pm 1.37 \times 10^{-3}$	131.9±23.2	$0.900 \pm 9.98 \times 10^{-6}$	123.7±22.0

5.1.2　多参数反演

假设一维介质的吸收系数分别满足直线分布 $\kappa^* = C_1 \cdot x/L + C_2 (\mathrm{m^{-1}})$、抛物线 $\kappa^* = C_1 \cdot (x/L - 0.5)^2 + C_2 (\mathrm{m^{-1}})$ 和正弦曲线分布 $\kappa^* = C_1 \cdot \sin(2\pi x/L) + C_2 (\mathrm{m^{-1}})$,其中直线分布中 $C_1^* = 0.7, C_2^* = 0.2$;抛物线分布中 $C_1^* = -2.0, C_2^* = 0.8$;正弦曲线分布中 $C_1^* = 0.4, C_2^* = 0.5$。利用网格数为 $N_x = 5\,000$、立体角个数为 $N_\theta = 100$ 的有限体积法程序计算得到的左侧壁面温度 T_{w1}^*、右侧壁面温度 T_{w2}^*、左侧壁面净辐射热流密度 q_{w1}^{r*} 和右侧壁面净辐射热流密度 q_{w2}^{r*} 作为逆问题中的测量值。

利用网格数为 $N_x = 300$、立体角个数为 $N_\theta = 30$ 的有限体积法程序作为正问题的求解模型,蚁群算法的参数按表 5.1 进行设置。蚁群算法的初始搜索范围分别为:直线分布中 C_1 的初始搜索范围为 $[0,2]$,C_2 的初始搜索范围为 $[0,1]$;抛物线分布中 C_1 的初始搜索范围为 $[-3,-1]$,C_2 的初始搜索范围为 $[0,2]$;正弦曲线分布中 C_1 的初始搜索范围为 $[0,1]$,C_2 的初始搜索范围为 $[0,1]$。100 次反演结果的平均值和标准偏差如表 5.3 和图 5.3 所示。

表 5.3　两参数反演结果

算法	反演参数	线性分布	抛物线分布	正弦分布
		$C_1^* =0.7$, $C_2^* =0.2$	$C_1^* =-2.0$, $C_2^* =0.8$	$C_1^* =0.4$, $C_2^* =0.5$
标准蚁群算法	C_1	$0.710\pm4.33\times10^{-2}$	$-1.968\pm1.95\times10^{-1}$	$0.429\pm8.98\times10^{-2}$
	C_2	$0.199\pm1.49\times10^{-2}$	$0.794\pm3.40\times10^{-2}$	$0.504\pm6.50\times10^{-3}$
	耗时/s	98.1 ± 4.8	82.4 ± 17.0	128.1 ± 42.9
均一蚂蚁模型	C_1	$0.699\pm2.87\times10^{-3}$	$-2.006\pm5.65\times10^{-2}$	$0.400\pm4.10\times10^{-4}$
	C_2	$0.200\pm1.04\times10^{-3}$	$0.801\pm9.98\times10^{-3}$	$0.500\pm3.83\times10^{-5}$
	耗时/s	95.8 ± 12.7	100.4 ± 28.8	113.7 ± 29.5

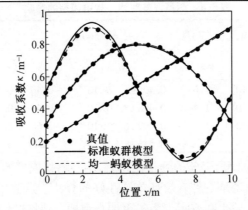

图 5.3　吸收系数的初始和反演分布曲线

从图 5.3 和表 5.3 中可以看出,均一蚂蚁模型的反演结果无论是平均值还是标准偏差,都比标准蚁群算法好,另一方面反演误差相对于单参数反演有所增大,这说明利用少量的测量值来反演多个参数是困难的。

同时,反演介质热导率 λ、吸收系数 κ 和散射系数 κ_s。假设介质热导率、吸收系数和散射系数的真值分别为 $\lambda^* =30$ W/$(m \cdot K)$,$\kappa^* =0.5$ m^{-1},$\kappa_s^* =0.5$ m^{-1}。利用网格数为 $N_x =5\,000$、立体角个数为 $N_\theta =100$ 的有限体积法程序计算得到的左侧壁面温度 T_{w1}^*、右侧壁面温度 T_{w2}^*、左侧壁面净辐射热流密度 q_{w1}^{r*} 和右侧壁面净辐射热流密度 q_{w2}^{r*} 作为逆问题中的测量值。

由于一般仪器都有测量误差,这里我们考察了测量误差对参数反演效果的影响,在精确测量值的基础上增加了一定的随机误差,反演中实际测量值和精确测量值的关系为

$$Z^* =Z_{exa}^*+rand_n\sigma \tag{5.3}$$

式中,$rand_n$ 为一个服从标准正态分布的随机数;σ 为半球反射率测量的标准偏差,是一个测量误差为 γ 具有 99% 的置信区间的测量标准偏差,由下式确定:

$$\sigma =\frac{Z_{exa}^*\times\gamma}{2.576} \tag{5.4}$$

在分别加入测量误差为 1% ,2% ,5% ,10% ,20% 的噪声后,真实测量值相对精确测量值的误差可以定义为

$$\chi = \frac{Z^* - Z^*_{\text{exa}}}{Z^*_{\text{exa}}} \tag{5.5}$$

为了考察测量误差对反演结果的影响,将反演的相对误差定义为

$$\varepsilon_{\text{rel}} = 100 \times \frac{\overline{Y} - Y_{\text{exa}}}{Y_{\text{exa}}} \tag{5.6}$$

式中,ε_{rel} 为反演参数的相对误差;$\overline{Y}$ 表示加入测量误差后的反演值;Y_{exa} 为参数的精确值。

利用网格数为 $N_x = 300$、立体角个数为 $N_\theta = 30$ 的有限体积法程序作为正问题的求解模型,蚁群算法的参数按表 5.1 进行设置。将蚁群算法的初始搜索范围分别为:热导率 λ 的初始搜索范围为 $[0,100]$,吸收系数 κ 的初始搜索范围为 $[0,1]$,散射系数 σ_s 的初始搜索范围为 $[0,1]$。100 次反演结果的平均值和标准偏差见表 5.4。

表 5.4 测量误差对均一蚁群模型的影响

测量误差 $\gamma/\%$	$\lambda^* = 30.000\ \text{W/(m·K)}$		$\kappa^* = 0.500\ \text{m}^{-1}$		$\sigma_s^* = 0.500\ \text{m}^{-1}$	
	$\overline{\lambda}/(\text{W·m}^{-1}\text{·K}^{-1})$	$\varepsilon_{\text{rel}}/\%$	$\overline{\kappa}/\text{m}^{-1}$	$\varepsilon_{\text{rel}}/\%$	$\overline{\lambda}/[\text{W·(m·K)}^{-1}]$	$\varepsilon_{\text{rel}}/\%$
0	$30.501 \pm 2.47 \times 10^0$	1.67	$0.498 \pm 6.78 \times 10^{-2}$	-0.40	$0.500 \pm 8.37 \times 10^{-2}$	0.00
1	$30.439 \pm 2.74 \times 10^0$	1.46	$0.498 \pm 8.20 \times 10^{-2}$	-0.40	$0.501 \pm 1.04 \times 10^{-1}$	0.20
2	$30.580 \pm 4.25 \times 10^0$	1.93	$0.492 \pm 8.29 \times 10^{-2}$	-1.60	$0.506 \pm 1.17 \times 10^{-1}$	1.20
5	$29.657 \pm 5.77 \times 10^0$	-1.14	$0.516 \pm 8.71 \times 10^{-2}$	3.20	$0.502 \pm 1.38 \times 10^{-1}$	0.40

从表中可以看出,在加入了 5% 的测量误差后,均一蚂蚁模型的反演值的最大误差小于 3.2%,证明了均一蚂蚁模型是一种有效且鲁棒性好的算法。从表中还可以看出,随着误差的增大反演得到的标准偏差也在变大。为了更加直观地反映标准偏差相对于真实值的相对误差分布,我们做出反演参数的平均值和标准偏差相对于真值的相对误差分布图,如图 5.4 所示。从图中可以看出,虽然 100 次反演值的平均值误差在 3.2% 以内,但是标准偏差的相对误差最大值接近 30%,说明在对测量数据少的逆问题中,每次反演值的波动范围较大,需要反演多次后取平均值才能达到降低反演误差的效果。

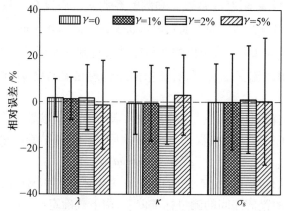

图 5.4 不同测量误差下反演参数的数学期望和标准偏差的相对误差

5.2　瞬态辐射传输逆问题的蚁群算法求解

5.2.1　基于时域信号的正问题数值计算

如算例 4.7 描述的稳态一维均匀介质参数反演模型,为了验证本书正问题模型的准确性,介质的物性参数设为与文献[16]中相同,光学厚度为 $\tau_L = 0.5$,散射反照率为 $\omega = 0.7$,激光的无量纲脉冲宽度为 $t_p^* = 0.15$,计算无量纲时间在 $t^* < 4$ 内的介质半球反射率大小,反射率表示为

$$R(t^*) = 2\pi \int_{\pi/2}^{\pi} \frac{I^-(0, \theta, t^*)}{I_0} \cos\theta \sin\theta \mathrm{d}\theta \tag{5.7}$$

本书分别采用有限体积法和蒙特卡洛法计算了介质的反射率,如图 5.5 所示,图中的有限体积法程序中空间网格划分份数 $N_x = 5\,000$,天顶角的划分份数为 $N_\theta = 100$,时间步长为 $\Delta t_{\mathrm{fvm}}^* = 0.000\,1$,蒙特卡洛法程序中时间步长为 $\Delta t_{\mathrm{mcm}}^* = 0.04$,每个时间步长内随机抽样数为 $N_s = 10^8$。从图中可以看出,有限体积法程序和蒙特卡洛法程序的计算结果与文献[16]中的结果吻合得很好。

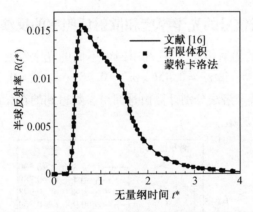

图 5.5　时域半球反射率随无量纲时间的变化曲线

随着抽样数的增多,蒙特卡洛法的计算结果会非常精确,通常作为辐射传输计算的标准验证,因此可以将其计算结果作为逆问题的测量值。但是蒙特卡洛法的计算效率偏低,考虑到在逆问题计算中需要大量调用正问题,因此选用有限体积法作为正问题的求解模型。为了进一步提高计算效率,需要对有限体积法进行网格无关性验证。

以天顶角的划分份数为 $N_\theta = 100$,空间网格划分份数为 $N_x = 5\,000$,时间步长为 $\Delta t_{\mathrm{fvm}}^* = 0.000\,1$的有限体积法计算结果为参照,首先在保持时间步长为 $\Delta t_{\mathrm{fvm}}^* = 0.04$,天顶角划分个数 $N_\theta = 10$ 不变的情况下,空间网格划分个数由 $N_x = 5$ 增加到 $N_x = 3\,000$;然后在保持时间步长为 $\Delta t_{\mathrm{fvm}}^* = 0.04$,空间网格划分份数 $N_x = 300$ 不变的情况下,天顶角划分个数由 $N_\theta = 2$ 增加到 $N_\theta = 100$,计算结果如图 5.6 所示。

其中,最大绝对误差和最大相对误差可以定义为

$$\varepsilon_{m,\mathrm{abs}} = \max\{|R_i - R_i^*|\}, i = 1, 2, \cdots, N \tag{5.8}$$

$$\varepsilon_{m,\mathrm{rel}} = \max\{|R_i - R_i^*|/R_i^*\}, i = 1, 2, \cdots, N \tag{5.9}$$

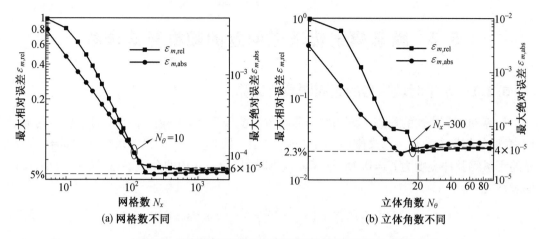

图 5.6　最大相对误差和绝对误差随网格数的变化曲线

从图中可以看出,当空间网格数 $N_x > 300$,天顶角划分个数 $N_\theta > 20$ 时的计算结果与网格数 $N_x = 5\,000$,$N_\theta = 100$ 的计算结果精度的最大绝对误差小于 4×10^{-5},最大相对误差小于 2.3%,满足了精度的要求,再增加空间网格数量和天顶角个数已不能明显增加计算精度,因此在正问题中采用网格数为 $N_x = 300$,天顶角个数为 $N_\theta = 20$。

5.2.2　基于时域信号的光学厚度和散射反照率的反演

如 5.2.1 节所描述的辐射传输模型,选用四个不同的光学厚度和散射反照率的组合来反演:① $\tau_L^* = 0.3$,$\omega^* = 0.5$;② $\tau_L^* = 0.456$,$\omega^* = 0.789$;③ $\tau_L^* = 0.8$,$\omega^* = 0.998$;④ $\tau_L^* = 0.9$,$\omega^* = 0.3$。采用蒙特卡洛法分别计算由这四组参数得到的在无量纲时间为 $t^* < 10$ 内的半球反射信号,如图 5.7 所示。

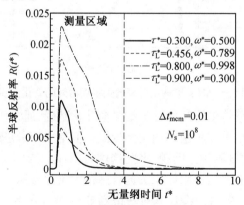

图 5.7　四种工况下时域半球反射信号随无量纲时间的变化曲线

从图中可以看出,当无量纲时间 $t^* > 4$ 时,反射信号强度已经很弱,因此,在逆问题中选在区间 $[0,4]$ 内等间距的 100 个时刻的半球反射率作为测量值。

在确定好测量位置后,测量值和估计值可以分别由蒙特卡洛法和有限体积法来计算获得,应用蚁群算法来反演瞬态辐射问题,其中目标函数为

$$F_{\text{obj}}(t) = \frac{1}{100} \sum_{l=1}^{100} \left[z_l^k(t) - z_l^* \right]^2 \tag{5.10}$$

式中, $z_l^k(t)$ 和 z_l^* 分别为在第 l 个测量位置的估计值和测量值。

按照表 5.1 设置蚁群算法的控制参数,应用 100 次蚁群算法求平均值的方法来减少由于蚁群算法本身随机性而导致的随机误差,计算结果见表 5.5,其中算法的最大迭代次数设为 1 000,目标函数精度设为 10^{-10} ,子区间最小范围设为 10^{-5} ,光学厚度和散射反照率的初始搜索空间都设为 $[0,1]$ 。从表中可以看出,改进模型的反演精度都比标准蚁群算法的计算精度高,改进模型的目标函数都比前一种小;与标准蚂蚁模型相比较,区间蚂蚁模型在精度上得到了明显的提高,计算效率也有明显提高;随机蚂蚁模型在计算精度上较区间蚂蚁模型有了一定的改善,但是由于加入了随机蚂蚁,其在计算时间上略有增加;由于加入了均一化因子,有效地抑制了局部收敛,让全局最优值的命中率提高,计算精度有明显的提高,但由于其抑制收敛,导致其在效率上有所下降。

表 5.5　四种蚁群算法的反演结果

		标准蚂蚁	区间蚂蚁	随机蚂蚁	均一蚂蚁
1	$\tau_L^* = 0.300$	$0.302\pm5.23\times10^{-3}$	$0.300\pm4.18\times10^{-4}$	$0.300\pm8.07\times10^{-5}$	$0.300\pm6.32\times10^{-5}$
	$\omega^* = 0.500$	$0.499\pm5.28\times10^{-3}$	$0.500\pm5.05\times10^{-4}$	$0.500\pm7.72\times10^{-5}$	$0.500\pm7.01\times10^{-5}$
	时间/s	100.0 ± 31.5	71.3 ± 30.0	67.7 ± 22.3	68.8 ± 21.9
2	$\tau_L^* = 0.456$	$0.461\pm1.36\times10^{-2}$	$0.456\pm2.42\times10^{-4}$	$0.456\pm2.29\times10^{-4}$	$0.456\pm1.03\times10^{-4}$
	$\omega^* = 0.789$	$0.783\pm2.11\times10^{-2}$	$0.789\pm3.08\times10^{-4}$	$0.789\pm2.91\times10^{-4}$	$0.789\pm9.90\times10^{-5}$
	时间/s	76.4 ± 31.9	68.9 ± 21.1	74.7 ± 26.7	75.1 ± 19.6
3	$\tau_L^* = 0.800$	$0.816\pm4.50\times10^{-2}$	$0.806\pm1.01\times10^{-2}$	$0.805\pm6.06\times10^{-3}$	$0.801\pm2.74\times10^{-3}$
	$\omega^* = 0.998$	$0.986\pm2.11\times10^{-2}$	$0.996\pm2.64\times10^{-3}$	$0.997\pm1.95\times10^{-3}$	$0.998\pm7.90\times10^{-4}$
	时间/s	99.5 ± 31.5	96.6 ± 32.8	94.0 ± 32.3	84.5 ± 34.9
4	$\tau_L^* = 0.900$	$0.889\pm3.93\times10^{-2}$	$0.894\pm1.63\times10^{-2}$	$0.894\pm1.51\times10^{-2}$	$0.897\pm1.31\times10^{-2}$
	$\omega^* = 0.300$	$0.300\pm3.74\times10^{-3}$	$0.300\pm4.03\times10^{-4}$	$0.300\pm4.61\times10^{-4}$	$0.300\pm3.53\times10^{-4}$
	时间/s	98.5 ± 25.3	92.2 ± 36.0	91.2 ± 34.3	76.9 ± 36.1

由于每种模型目标函数每次收敛的过程不同,为了更加直观地反应出几种蚁群算法的目标函数收敛规律,对于光学厚度为 $\tau_L^* = 0.456$,散射反照率为 $\omega^* = 0.789$ 的工况,我们让每种模型的每次都迭代 1 000 步才结束寻优过程,取 100 次的寻优过程中目标函数的平均值作出曲线,如图 5.8 图所示。从图中可以看出,随着迭代步数的增加,标准蚁群算法、优区蚁群算法、随机蚁群算法和均一蚁群算法的计算精度依次增加,体现了改进蚁群算法的优势。

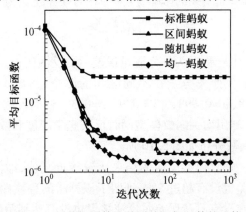

图 5.8　几种蚁群算法的平均目标函数的比较

5.2.3　反演误差分析

由于一般仪器都有测量误差,这里考察了测量误差对参数反演效果的影响,在精确测量值的基础上增加了一定的随机误差,反演中实际测量值和精确测量值的关系为

$$Z^* = Z_{exact}^* + rand_n \sigma \tag{5.11}$$

式中,$rand_n$ 为一个服从标准正态分布的随机数;σ 为半球反射率测量的标准偏差,是一个测量误差为 γ 具有99%的置信区间的测量标准偏差,即

$$\sigma = \frac{Z_{exact}^* \times \gamma}{2.576} \tag{5.12}$$

在分别加入测量误差为1%,2%,5%,10%,20%的噪声后,真实测量值相对精确测量值的误差可由下式定义,其分布如图5.9所示。

$$\chi = \frac{Z^* - Z_{exact}^*}{Z_{exact}^*} \tag{5.13}$$

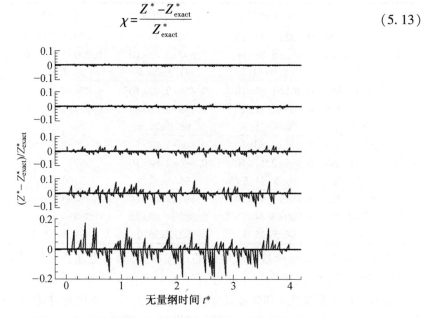

图5.9　真实测量值相对精确测量值的误差分布

为了考察测量误差对反演结果的影响,反演的相对误差定义为

$$\varepsilon_{rel} = 100 \times \frac{Y - Y_{exact}}{Y_{exact}} \tag{5.14}$$

式中,ε_{rel} 为反演参数的相对误差;Y 为加入测量误差后的反演值;Y_{exact} 为参数的精确值。

选取光学厚度和散射反照率分别在不同区间的四个组合:①$\tau = 0.3$,$\omega = 0.5$;②$\tau = 0.456$,$\omega = 0.789$;③$\tau = 0.8$,$\omega = 0.998$;④$\tau = 0.9$,$\omega = 0.3$。在加入测量误差分别为1%,2%,5%,10%,20%的噪声后,利用均一蚂蚁模型同时反演光学厚度和散射反照率两个参数。其反演结果见表5.6,目标函数分布如图5.10所示。

从表中可以看出,均一蚂蚁模型反演的结果比较接近真值,即使在测量误差达到20%时,反演值的最大相对误差也没有超过5%,证明了该算法的鲁棒性较强。但由于正问题求解模型具有一定的误差,在没有测量误差时反演结果也没有达到精确值,随着测量误差的增大,反演值的相对误差也有增大的趋势,但由于算法本身的随机性,反演值的相对误差并不

是随着测量误差一致地增大。从图 5.10 中可以看出,组合四中的目标函数的最小值分布较大,这就意味着可能存在多值性使得反演误差相对较大,而从表 5.6 的结果中刚好可以得到应证。

表 5.6　加入测量误差后的均一蚁群算法反演结果

反演参数	Y_{exact}	$\gamma=0$		$\gamma=1\%$		$\gamma=2\%$		$\gamma=5\%$		$\gamma=10\%$		$\gamma=20\%$	
		$\overline{Y}$	ε_{rel}	$\overline{Y}$	ε_{rel}	$\overline{Y}$	ε_{rel}	$\overline{Y}$	ε_{rel}	$\overline{Y}$	ε_{rel}	$\overline{Y}$	ε_{rel}
τ_L	0.300	0.300	0.00	0.300	0.00	0.300	0.00	0.299	−0.33	0.298	−0.67	0.299	−0.33
ω	0.500	0.500	0.00	0.500	0.00	0.502	0.40	0.501	0.20	0.504	0.80	0.504	0.80
τ_L	0.456	0.456	0.00	0.456	0.00	0.456	0.00	0.455	−0.22	0.463	1.54	0.464	1.75
ω	0.789	0.789	0.00	0.788	−0.13	0.790	0.13	0.788	−0.13	0.779	−1.27	0.794	0.63
τ_L	0.800	0.801	0.13	0.803	−0.38	0.804	0.50	0.806	0.75	0.812	1.50	0.814	1.75
ω	0.998	0.996	−0.20	0.997	−0.10	0.997	−0.10	0.997	−0.10	0.997	−0.10	0.995	−0.30
τ_L	0.900	0.897	−0.33	0.895	−0.56	0.891	−1.00	0.887	−1.44	0.884	−1.78	0.882	−2.00
ω	0.300	0.300	0.00	0.300	0.00	0.300	0.00	0.301	0.33	0.299	−0.33	0.302	0.67

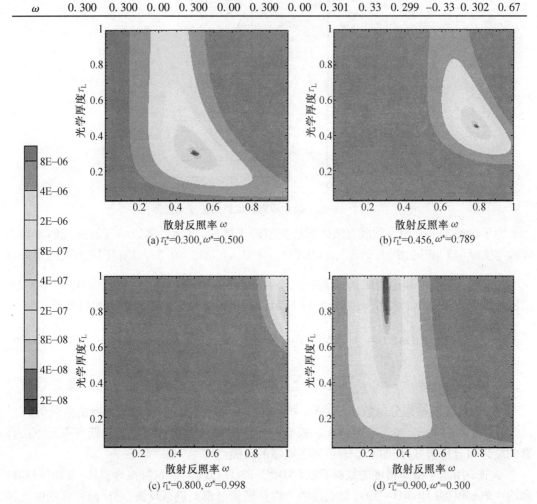

图 5.10　四种不同组合的辐射参数的目标函数分布

5.2.4 基于频域信号的辐射传输逆问题的蚁群算法求解

考虑一各向异性散射一维平板形均匀介质,它的衰减系数为 β,散射反照率为 ω,光学厚度为 τ_L,折射率为 n,这些物性参数都不随时间变化,平板介质置于真空环境中,它的左侧受到单阶跃脉冲激光的照射,如图 5.11 所示,其中激光的脉冲宽度为 t_p,峰值功率为 q_0,考虑各向异性散射的散射相函数服从 Henyey-Greenstein 相函数,对于一维问题来说,其表达式为

$$\Phi(\theta, \theta') = \frac{1-g^2}{\left[1+g^2-2g \cdot \cos(\theta'-\theta)\right]^{3/2}} \tag{5.15}$$

式中,θ' 为入射方向;θ 为散射方向;g 为不对称因子。

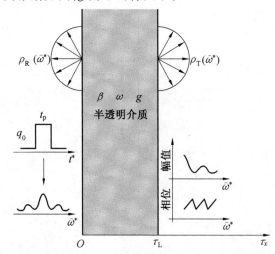

图 5.11 一维平板介质内频域辐射传输示意图

为了验证本书采用的频域有限体积法模型的正确性,将物性参数和入射激光的参数设置成与文献[17]相同,$\beta=1.0$ m^{-1},$\omega=0.5$,$\tau_L=1.0$,$n=1$,$t_p^*=0.5$。计算不同无量纲角频率 $\widehat{\omega}^*$ 下半球反射比 $\hat{\rho}_R$ 和透射比 $\hat{\rho}_T$ 的幅值大小,在有限体积法中空间网格数为 $N_x=1\,000$,角度网格数为 $N_\theta=100$,计算结果如图 5.12 所示。其中半球反射比和透射比的幅值定义为

$$\hat{\rho}_R(\widehat{\omega}^*) = \sum_{i=N_\theta/2}^{N_\theta} \left[2\pi \cdot \Delta\mu_i \cdot \hat{I}_d(\tau_L, \mu_i, \widehat{\omega}^*) \cdot |\mu_i| / q_0\right] \tag{5.16}$$

$$\hat{\rho}_T(\widehat{\omega}^*) = \hat{q}_c(\tau_L, \mu_c, \widehat{\omega}^*)/q_0 + \sum_{i=1}^{N_\theta/2} \left[2\pi \cdot \Delta\mu_i \cdot \hat{I}_d(\tau_L, \mu_i, \widehat{\omega}^*) \cdot |\mu_i| / q_0\right] \tag{5.17}$$

式中,N_θ 为角度网格划分份数;μ_i 为第 i 个立体角的余弦值;μ_c 为平行光方向的余弦值。

从图中可以看出,本书有限体积法模型的计算结果与文献[18]中的间断有限元方法计算的结果吻合得很好,证明了本书正问题模型的正确性。

本书采用基于概率密度的蚁群算法(BDDF-PSO)、蚁群-微粒群混合算法(IPDF-ACO)和均一蚂蚁模型(HOMO-ACO)对上述的一维频域辐射模型进行反演,对比两种算法的反演精度和效率,通过五个算例来说明这两种算法的性能。在这五个算例中,都是通过测量边界上固定无量纲频率 $\widehat{\omega}^*=0.5$ 下的半球反射比和透射比来反演介质的内部物性参数;测量值

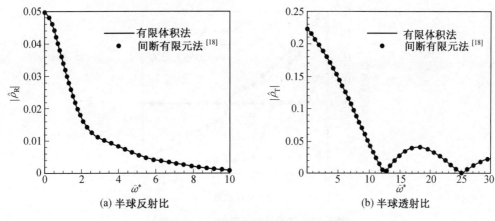

图 5.12　幅值随无量纲频率的变化曲线

和估计值均通过空间网格数为 $N_x = 1\,000$，角度网格数为 $N_\theta = 100$ 的有限体积法模型计算得到；蚁群算法的控制参数分别为：蚁群的总数为 $N_a = 30$，优势蚂蚁的个数为 $M = 5$，信息启发因子 $\alpha = 0.5$，期望启发因子 $\hat{\beta} = 0.1$，最大迭代次数 $N_t = 1\,000$、目标函数最大容忍度 $\varepsilon_o = 10^{-10}$ 和标准偏差最大容忍度 $\varepsilon_d = 10^{-4}$；目标函数定义为

$$F_{obj} = \frac{1}{N_m} \sum_{i=1}^{N_m} \left(\frac{M_i - E_i}{M_i} \right)^2 \tag{5.18}$$

算例 5.1　已知介质的衰减系数为 $\beta = 1.0 \text{ m}^{-1}$，散射反照率为 $\omega = 0.5$，光学厚度为 $\tau_L = 1.0$，折射率为 $n = 1$，激光的无量纲脉冲宽度为 $t_p^* = 0.5$。只通过反射比和透射比的幅值信息来反演介质的不对称因子 g，它的真值 $\tilde{g}$ 分别设为 −0.789，−0.456，−0.123，0.210，0.543 和 0.876，它们的搜索范围为 $g \in [-1, 1]$，每个工况均独立运行 100 次，反演结果见表 5.7 所示。

表 5.7　通过幅值信息反演不对称因子的结果

$\tilde{g}$	BPDF−ACO		IPDF−ACO		HOMO−ACO	
	时间/s	反演结果	时间/s	反演结果	时间/s	反演结果
−0.789	84.3±1.9	−0.789±1.5×10⁻⁶	43.1±0.6	−0.789±1.5×10⁻⁶	16.6±7.3	−0.789±1.5×10⁻⁴
−0.456	75.6±1.9	−0.456±1.9×10⁻⁶	42.5±0.6	−0.456±1.8×10⁻⁶	26.1±5.9	−0.456±2.9×10⁻⁴
−0.123	66.6±1.9	−0.123±4.5×10⁻⁶	36.1±0.6	−0.123±4.5×10⁻⁶	27.1±6.0	−0.123±5.6×10⁻⁴
0.210	68.5±1.9	0.210±3.2×10⁻⁶	40.0±0.6	0.210±2.9×10⁻⁶	13.9±4.3	0.211±2.5×10⁻⁴
0.543	76.1±2.5	0.543±1.6×10⁻⁶	41.9±0.6	0.543±1.7×10⁻⁶	28.0±6.0	0.543±3.0×10⁻⁴
0.876	78.0±1.9	0.876±1.3×10⁻⁶	41.9±0.6	0.876±1.4×10⁻⁶	29.3±7.5	0.876±2.7×10⁻⁴

从表中可以看出，只利用透射比和反射比的幅值信息反演一个参数时，反演值跟真值很接近，两个算法的反演精度差别不大，但是对于反演效率来说，混合算法明显高于基于概率密度策略的蚁群算法，体现了微粒群算法思想的加速效果。为了更加直观地反映两种算法的收敛特性，本书做出了当不对称因子真值为 $\tilde{g} = 0.543$ 时的目标函数平均值随迭代次数的下降曲线，如图 5.13 所示，从图中可以明显看出混合算法在反演效率上的优势。

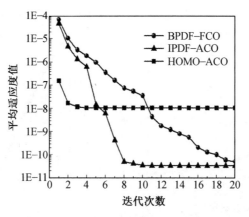

图 5.13　平均目标函数值的下降曲线

算例 5.2　已知介质的光学厚度为 $\tau_L = 1.0$，折射率为 $n = 1$，散射不对称因子为 $g = 0$，激光的无量纲脉冲宽度为 $t_p^* = 0.5$。仅通过反射比和透射比的幅值信息来反演介质的衰减系数 β 和散射反照率 ω，它们的真值 $(\widetilde{\beta}, \widetilde{\omega})$ 分别设为 $(1.00, 0.70)$，$(3.00, 0.10)$，$(5.00, 0.50)$，$(7.00, 0.30)$ 和 $(9.00, 0.10)$，搜索范围分别为 $\beta \in [0, 10]$ 和 $\omega \in [0, 1]$，每个工况均独立运行 100 次，反演结果见表 5.8。

表 5.8　通过幅值信息反演衰减系数和散射反照率的结果

算法	时间/s	$\widetilde{\beta}$	β	ε_{rel}	$\widetilde{\omega}$	ω	ε_{rel}
	6 201.2±39.51	1.00	1.000±1.7×10⁻³	0.00	0.70	0.700±2.2×10⁻⁴	0.00
	6 512.6±187.43	3.00	3.040±2.7×10⁻¹	1.33	0.10	0.101±4.9×10⁻³	1.00
BPDF–ACO	6 489.3±197.54	5.00	5.011±1.3×10⁻¹	0.22	0.50	0.501±7.8×10⁻³	0.20
	6 825.6±238.95	7.00	7.107±4.2×10⁻¹	1.53	0.30	0.303±1.2×10⁻²	1.00
	6 685.2±203.65	9.00	9.058±2.4×10⁻¹	0.64	0.90	0.903±1.4×10⁻²	0.33
	277.8±4.63	1.00	1.000±1.2×10⁻⁴	0.00	0.70	0.700±1.9×10⁻⁵	0.00
	2 055.9±86.05	3.00	3.014±2.4×10⁻²	0.47	0.10	0.100±4.4×10⁻⁴	0.00
IPDF–ACO	724.8±29.42	5.00	5.000±4.6×10⁻³	0.00	0.50	0.500±2.6×10⁻⁴	0.00
	2 358.4±123.47	7.00	7.043±2.4×10⁻¹	0.61	0.30	0.301±7.1×10⁻³	0.33
	2 253.7±119.41	9.00	8.967±1.5×10⁻¹	0.37	0.90	0.898±1.1×10⁻²	0.22
	70.1±14.85	1.00	1.216±4.0×10⁻¹	21.64	0.70	0.736±6.5×10⁻²	5.11
	61.3±18.68	3.00	4.873±1.574	62.42	0.10	0.138±3.2×10⁻²	38.30
HOMO–ACO	65.3±20.90	5.00	6.136±1.138	22.71	0.50	0.568±6.6×10⁻²	13.51
	63.3±21.18	7.00	7.179±9.3×10⁻¹	2.56	0.30	0.305±2.9×10⁻²	1.68
	74.8±21.94	9.00	8.394±1.245	6.73	0.90	0.861±7.9×10⁻²	4.37

从表中可以看出，用两个测量值来反演两个参数时，反演的精度要比反演一个参数时下降很多，只有很少的反演达到了预设的精度，尽管 100 次反演值平均值都小于 1.53%，但是标准偏差相对于算例 5.1 变得很大，换句话说，每次反演的结果波动很大；另外从图中还可以看出，相对于基于概率密度策略的蚁群算法来说，无论是在精度上还是在效率上，蚁群–微粒群混合算法相对要高，为了说明反演效率上的显著优势，本书做出了当衰减系数和散射反照率的真值分别为 $(\widetilde{\beta}, \widetilde{\omega}) = (1.00, 0.70)$ 时，两种算法中某一次的反演过程如图 5.14 所

示,从图中可以看出混合算法的优势。

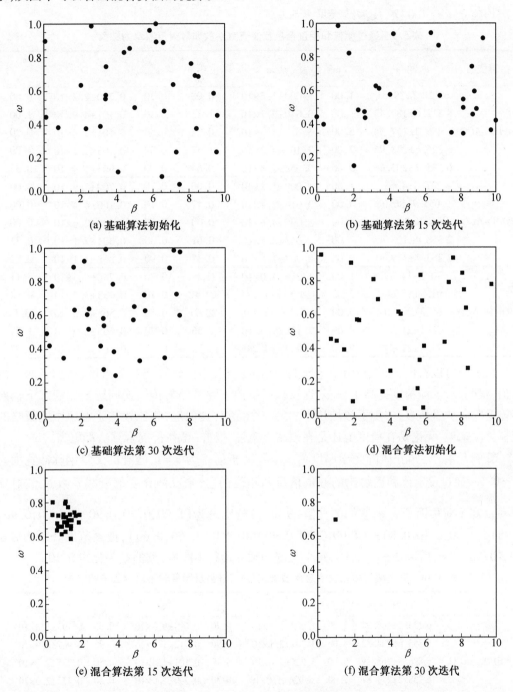

(a) 基础算法初始化　　　　　　　　　　(b) 基础算法第 15 次迭代

(c) 基础算法第 30 次迭代　　　　　　　　(d) 混合算法初始化

(e) 混合算法第 15 次迭代　　　　　　　　(f) 混合算法第 30 次迭代

图 5.14　两种算法的反演过程

算例 5.3　已知介质的光学厚度为 $\tau_{\text{L}} = 1.0$,折射率为 $n = 1$,散射不对称因子为 $g = 0$,激光的无量纲脉冲宽度为 $t_{\text{p}}^* = 0.5$。通过反射比和透射比的幅值信息和相位信息来反演介质的衰减系数 β 和散射反照率 ω,它们的真值 $(\widetilde{\beta}, \widetilde{\omega})$ 分别设为 $(1.00, 0.70)$,$(3.00, 0.10)$,

$(5.00,0.50)$，$(7.00,0.30)$和$(9.00,0.10)$，搜索范围分别为$\beta\in[0,10]$和$\omega\in[0,1]$，每个工况均独立运行100次，反演结果见表5.9。

表5.9　通过幅值和相位信息反演衰减系数和散射反照率的结果

算法	时间/s	β^*/m^{-1}	β/m^{-1}	e_{rel} /%	ω^*	ω	e_{rel} /%
BPDF-ACO	6 201.2±39.51	1.00	1.000±1.7×10⁻³	0.00	0.70	0.700±2.2×10⁻⁴	0.00
	6 512.6±187.43	3.00	3.040±2.7×10⁻¹	1.33	0.10	0.101±4.9×10⁻³	1.00
	6 489.3±197.54	5.00	5.011±1.3×10⁻¹	0.22	0.50	0.501±7.8×10⁻³	0.20
	6 825.6±238.95	7.00	7.107±4.2×10⁻¹	1.53	0.30	0.303±1.2×10⁻²	1.00
	6 685.2±203.65	9.00	9.058±2.4×10⁻¹	0.64	0.90	0.903±1.4×10⁻²	0.33
IPDF-ACO	277.8±4.63	1.00	1.000±1.2×10⁻⁴	0.00	0.70	0.700±1.9×10⁻⁵	0.00
	2 055.9±86.05	3.00	3.014±2.4×10⁻²	0.47	0.10	0.100±4.4×10⁻⁴	0.00
	724.8±29.42	5.00	5.000±4.6×10⁻³	0.00	0.50	0.500±2.6×10⁻⁴	0.00
	2 358.4±123.47	7.00	7.043±2.4×10⁻¹	0.61	0.30	0.301±7.1×10⁻³	0.33
	2 253.7±119.41	9.00	8.967±1.5×10⁻¹	0.37	0.90	0.898±1.1×10⁻²	0.22
HOMO-ACO	70.1±14.85	1.00	1.216±4.0×10⁻¹	21.64	0.70	0.736±6.5×10⁻²	5.11
	61.3±18.68	3.00	4.873±1.574	62.42	0.10	0.138±3.2×10⁻²	38.30
	65.3±20.90	5.00	6.136±1.138	22.71	0.50	0.568±6.6×10⁻²	13.51
	63.3±21.18	7.00	7.179±9.3×10⁻¹	2.56	0.30	0.305±2.9×10⁻²	1.68
	74.8±21.94	9.00	8.394±1.245	6.73	0.90	0.861±7.9×10⁻²	4.37

从表中可以看出，由于利用了边界上的相位信息，相比较算例5.2来说，增加了两个测量值，很明显，反演精度提高了很多，这反映了单频下频域辐射传输逆问题要比稳态下辐射传输逆问题测量值多，体现了频域技术的另一个优点；类似地，相比较基于概率密度策略的蚁群算法来说，无论是在精度上还是在效率上来说，蚁群-微粒群混合算法都更高。

算例5.4　已知介质的光学厚度为$\tau_\mathrm{L}=1.0$，折射率为$n=1$，激光的无量纲脉冲宽度为$t_\mathrm{p}^*=0.5$。通过反射比和透射比的幅值信息和相位信息，来反演介质的衰减系数β、散射反照率ω和不对称因子为g，它们的真值$(\widetilde{\beta},\widetilde{\omega},\widetilde{g})$分别设为$(1.00,0.70,0.20)$，$(3.00,0.90,0.98)$，$(5.00,0.10,0.80)$，$(7.00,0.30,0.40)$和$(9.00,0.50,0.60)$，搜索范围分别为$\beta\in[0,10]$，$\omega\in[0,1]$和$g\in[-1,1]$，每个工况均独立运行100次，反演结果见表5.10。

表5.10　通过幅值和相位信息反演衰减系数、散射反照率和不对称因子的结果

算法	时间/s	$\widetilde{\beta}$	β	$\widetilde{\omega}$	ω	$\widetilde{g}$	g
BPDF-ACO	6 135.2±105.91	1.00	1.003±6.7×10⁻²	0.70	0.699±9.3×10⁻³	0.20	0.193±1.8×10⁻²
	6 356.8±204.32	3.00	3.291±3.1×10⁻¹	0.90	0.912±1.8×10⁻²	0.98	0.907±6.9×10⁻²
	6 826.5±268.39	5.00	5.225±2.0×10⁻¹	0.10	0.101±1.4×10⁻³	0.80	0.785±2.8×10⁻²
	6 758.2±241.87	7.00	6.926±1.0×10⁰	0.30	0.299±2.0×10⁻²	0.40	0.473±2.9×10⁻¹
	6897.8±262.39	9.00	8.520±8.0×10⁻¹	0.50	0.486±2.3×10⁻²	0.60	0.683±1.2×10⁻¹
IPDF-ACO	465.5±7.29	1.00	1.000±2.4×10⁻⁴	0.70	0.700±3.4×10⁻⁵	0.20	0.200±5.8×10⁻⁴
	1 540.3±59.74	3.00	3.019±2.6×10⁻²	0.90	0.900±9.2×10⁻⁴	0.98	0.974±7.7×10⁻³
	627.2±53.33	5.00	5.132±1.8	0.10	0.101±1.3×10⁻³	0.80	0.790±2.5×10⁻¹
	801.6±61.26	7.00	6.929±6.1×10⁻¹	0.30	0.300±1.2×10⁻²	0.40	0.465±1.6×10⁻¹
	2 253.7±119.41	9.00	8.670±5.2×10⁻¹	0.50	0.490±1.5×10⁻²	0.60	0.646±6.0×10⁻²

　　从表中可以看出,随着反演数目的增加,反演结果的精度逐渐下降,并且混合算法的反演精度和反演效率都有了很大的提高。为了展现出这种反演精度上的差别,本书做出了当衰减系数、散射反照率和不对称因子的真值分别为 $(\tilde{\beta},\tilde{\omega},\tilde{g}) = (1.00,0.70,0.20)$ 时,两种算法执行 100 次,对每个反演参数的反演结果如图 5.15 所示,从图中可以看出混合算法的优势。

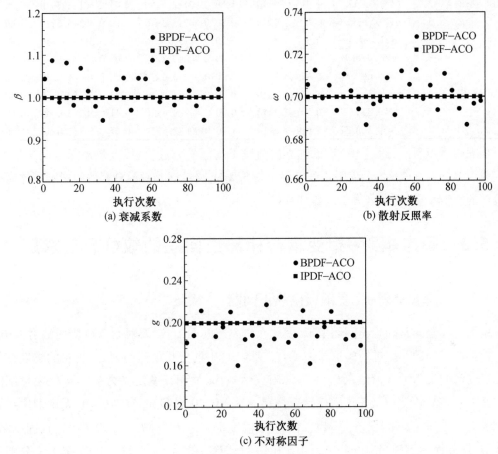

图 5.15　两种算法每次执行的反演值

　　算例 5.5　已知介质的光学厚度为 $\tau_{\mathrm{L}}=1.0$,折射率为 $n=1$,激光的无量纲脉冲宽度为 $t_{\mathrm{p}}^{*}=0.5$。通过反射比和透射比的幅值信息和相位信息,来反演介质的衰减系数 β、散射反照率 ω 和不对称因子为 g,它们的真值 $(\tilde{\beta},\tilde{\omega},\tilde{g})$ 设为 $(1.00,0.90,0.50)$,搜索范围分别为 $\beta\in[0,10]$,$\omega\in[0,1]$ 和 $g\in[-1,1]$,对每个测量值分别添加测量误差分别为 $\gamma=1\%,2\%$,5% 和 10% 的高斯噪声,每个工况均独立运行 100 次,反演结果见表 5.11。

表 5.11　测量误差对两种算法的影响

算法	$\gamma/\%$	时间/s	$\beta^*=1.0\ \text{m}^{-1}$	ε_{rel} /%	$\omega^*=0.9$	ε_{rel} /%	$g^*=0.5$	ε_{rel} /%
	0	6108.2 ± 115.21	$0.999\pm7.3\times10^{-2}$	0.10	$0.899\pm1.2\times10^{-2}$	0.11	$0.498\pm1.7\times10^{-2}$	0.40
	1	6134.4 ± 120.78	$0.996\pm8.6\times10^{-2}$	0.40	$0.899\pm1.6\times10^{-2}$	0.11	$0.501\pm1.8\times10^{-2}$	0.20
BPDF–ACO	2	6172.0 ± 127.23	$1.016\pm1.6\times10^{-1}$	1.60	$0.904\pm2.9\times10^{-2}$	0.44	$0.501\pm2.7\times10^{-2}$	0.20
	5	6179.5 ± 132.68	$1.023\pm2.9\times10^{-1}$	2.30	$0.909\pm5.2\times10^{-2}$	1.00	$0.493\pm5.6\times10^{-2}$	1.40
	10	6162.7 ± 121.45	$0.968\pm4.3\times10^{-1}$	3.20	$0.921\pm7.4\times10^{-2}$	2.33	$0.514\pm1.1\times10^{-1}$	2.80
	0	469.9 ± 8.94	$1.000\pm4.5\times10^{-4}$	0.00	$0.900\pm7.8\times10^{-5}$	0.00	$0.500\pm5.8\times10^{-5}$	0.00
	1	475.6 ± 9.64	$0.999\pm5.5\times10^{-2}$	0.10	$0.900\pm1.0\times10^{-2}$	0.00	$0.500\pm1.0\times10^{-2}$	0.00
IPDF–ACO	2	478.1 ± 8.12	$1.002\pm1.0\times10^{-1}$	0.20	$0.903\pm1.9\times10^{-2}$	0.33	$0.502\pm2.2\times10^{-2}$	0.40
	5	475.0 ± 9.89	$0.997\pm2.7\times10^{-1}$	0.30	$0.899\pm4.6\times10^{-2}$	0.11	$0.503\pm6.4\times10^{-2}$	0.60
	10	470.5 ± 8.37	$1.019\pm4.8\times10^{-1}$	1.90	$0.906\pm8.5\times10^{-2}$	0.67	$0.508\pm1.0\times10^{-1}$	1.60

从表中可以看出,通过 100 次的独立反演取平均值的方法,可以有效地降低反演误差,在测量误差达到 10% 时,最大平均误差仍小于 3.2%;测量误差对混合算法的影响要比对基础算法的影响小,说明混合算法的鲁棒性好。

5.3　瞬态辐射–相变耦合换热逆问题的蚁群算法求解

5.3.1　瞬态辐射–相变耦合换热正问题

由于逆问题的基础是正问题模拟,因此在研究逆问题前,需要对第 2 章所述辐射–相变耦合换热的正问题模型进行验证。为了与文献[19]中的分析解进行对比,材料的物性在每个相区内都假设为常数,有一个一维半无限大平板,无量纲长度定义为 $x^*=x/L$,无量纲时间定义为 $t^*=\lambda_s t/r_s c_{p,s}L^2$,无量纲热导率分别为 $\lambda_e/\lambda_s=0.6$ 和 $\lambda_m/\lambda_s=0.76$,无量纲比热容分别为 $c_{p,l}/c_{p,s}=1.2$ 和 $c_{p,m}/c_{p,s}=1.12$,无量纲温度定义为 $T^*=(T-T_0)/(T_i-T_0)$,固/糊界面和液/糊界面的无量纲温度分别为 0.6 和 0.8,计算在斯蒂芬数 $St=c_{p,s}(T_i-T_0)/L$ 分别为 0.1 和 1.0 时无量纲时间 $t^*<2$ 内的相界面的位置,以及无量纲时间 $t^*=1$ 时的介质内部温度分布。

由于在非稳态导热中当无量纲时间 $t^*<0.06$ 时,可以认为是半无限大平板,这里我们利用厚度为 $0.5L$ 的平板进行计算,在有限体积法中网格数设为 500。文献[19]中的解析解与本书的计算结果的对比如图 5.16 所示,从图中可以看出,本书的有限体积法模型和解析解吻合得很好,证明了本书正问题模型的正确性。

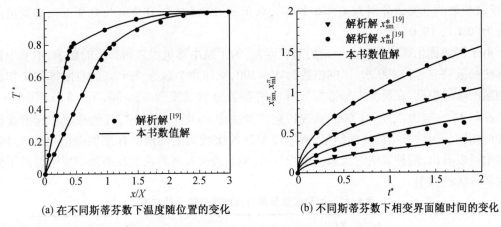

(a) 在不同斯蒂芬数下温度随位置的变化　　　　(b) 不同斯蒂芬数下相变界面随时间的变化

图5.16　文献中的分析解与本书模型的结果对比

5.3.2　衰减系数反演

如5.3.1节所描述的激光辐照半透明相变介质模型,其中介质的长度为$L_x = 0.5$ m,密度为$r = 1\,000$ kg/m^3,折射率为$n = 1$,散射反照率为$w = 0.8$,相变潜热为$L = 150\,000$ J/kg,固/糊界面温度为$T_s = 450$ K,液糊界面温度为$T_1 = 600$ K,固相热导率为$\lambda_s = 0.8$ W/(m·K),液相热导率为$l_1 = 0.64$ W/(m·K),糊状区热导率为$\lambda_m = 0.56$ W/(m·K),固相比热容为$c_{p,s} = 1\,000$ J/(kg·K),液相比热容为$c_{p,1} = 800$ J/(kg·K),糊状区比热容为$c_{p,m} = 900$ J/(kg·K);介质初始温度为$T_0 = 300$ K;两侧的环境温度均为$T_f = 300$ K,对流换热系数均为$h_f = 20$ W/(m^2·K),两侧壁面均为不透明黑体,左侧受到一个热流密度为$q_w = 20\,000$ W/m^{2}的激光照射,计算在不同衰减系数下,无量纲时间$t^* = 50$ ($t^* = \lambda_s t / r_s c_{p,s}$)内的两侧壁温变化曲线。

本书在反演前利用已经得到验证的有限体积法程序,网格数为$N_x = 1000$,立体角个数为$N_q = 100$,分别对$\kappa_e = 0.01$ m^{-1},0.1 m^{-1},1.0 m^{-1},10.0 m^{-1}的四个不同衰减系数进行了计算,得到了两侧边界的温度分布,如图5.18所示。

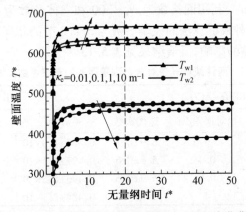

图5.17　不同衰减系数下两侧壁温随时间的变化曲线

从图中可以看出,当无量纲时间超过20时,模型均已达到稳态,因此选取无量纲时间在$[0,20]$区间内等间距的20个时刻的壁面温度作为测量值。本书在反演衰减系数的研究中,反演参数的真实值分别为 $\kappa_e^* = 0.1$ m^{-1},0.3 m^{-1},0.5 m^{-1},0.7 m^{-1},0.9 m^{-1},搜索范围设置为$[0.01,10.0]$。

由于智能优化算法都存在一定的随机误差,为了减小随机误差对算法的影响,本书中每个算法都被独立运行 100 次,以网格数为 $N_x = 300$,立体角个数为 $N_q = 20$ 的有限体积法作为正问题的求解模型,在反演中标准蚁群算法的参数分别设置为 $N_m = 30, N_n = 5, a = 0.5, b = 1.5, e_o = 10^{-8}, e_s = 10^{-4}, N_c = 1\,000$,在改进蚁群算法中 $c = 0.7, e = 10^{-4}$,其他参数和标准蚁群算法的相同。两种算法的反演结果、残差以及迭代次数的平均值和标准偏差值见表 5.14。从表中可以看出,两种算法的反演精度很接近,但是改进蚁群算法的反演效率要明显高于标准蚁群算法的效率。

表 5.12　两种蚁群算法对衰减系数的反演结果

κ_e^* /m^{-1}	BPDF-ACO			IPDF-ACO		
	κ_e/m^{-1}	残差	迭代次数	κ_e/m^{-1}	残差	迭代次数
0.1	0.100±1.2×10^{-4}	7.1×10^{-4}±1.5×10^{-3}	5.6±0.6	0.100±1.3×10^{-4}	7.5×10^{-4}±1.2×10^{-3}	4.7±0.5
0.3	0.300±7.9×10^{-5}	2.6×10^{-4}±4.4×10^{-4}	5.9±0.7	0.300±1.1×10^{-4}	5.3×10^{-4}±8.5×10^{-4}	4.7±0.6
0.5	0.500±1.2×10^{-4}	5.0×10^{-4}±7.4×10^{-3}	6.0±0.7	0.500±1.9×10^{-4}	1.2×10^{-3}±3.7×10^{-3}	4.8±0.7
0.7	0.700±9.7×10^{-5}	2.9×10^{-4}±5.9×10^{-4}	6.0±0.8	0.700±1.1×10^{-4}	3.4×10^{-4}±6.6×10^{-4}	4.9±0.6
0.9	0.900±1.1×10^{-4}	3.0×10^{-4}±5.0×10^{-4}	5.8±0.9	0.900±1.8×10^{-4}	8.2×10^{-4}±2.1×10^{-3}	4.9±0.5

5.3.3　反演误差分析

为了进一步说明蚁群算法的能力,考虑测量误差的影响,测量值是在真值的基础上加上一个服从标准正态分布的误差后得到的,即

$$z_l^* = z_{\text{exa},l}^* \times \left(1 + \frac{rand_n}{2.576} \times \gamma\right), l = 1, 2, \cdots, N_l \tag{5.19}$$

式中,2.576 表示标准正态分布中具有 99% 的置信度的置信区间大小;$rand_n$ 是服从正态分布的随机数;g 是测量误差。

本书中用分别含有 1%,2% 和 5% 测量误差的测量值来反演相变介质的衰减系数,衰减系数的真值为 $\kappa_e^* = 0.5$ m^{-1},利用网格数为 $N_x = 300$ 和立体角数为 $N_q = 20$ 的有限体积法作为正问题的求解模型,两种蚁群算法的控制参数与 5.2.3 节的相同,将两种蚁群算法分别运行 100 次以减小随机误差的影响,反演结果见表 5.13。

表 5.13　两种蚁群算法对含有测量误差的衰减系数反演结果

γ /%	BPDF-ACO			IPDF-ACO		
	κ_e/m^{-1}	相对误差/%	迭代次数	κ_e/m^{-1}	相对误差/%	迭代次数
0	0.500±1.2×10^{-4}	0	6.0±0.7	0.500±1.9×10^{-4}	0	4.8±0.7
1	0.498±3.7×10^{-2}	0.4	5.8±0.6	0.497±4.1×10^{-2}	0.6	4.7±0.6
2	0.496±7.7×10^{-2}	0.8	5.9±0.6	0.496±8.2×10^{-2}	0.8	4.5±0.7
5	0.480±2.0×10^{-1}	4	5.8±0.7	0.484±2.1×10^{-1}	3.2	4.8±0.8

从表 5.9 中可以看出,反演值的误差均小于测量误差,说明蚁群算法的稳定性较好,两种算法的反演精度差别不大,改进蚁群算法的反演效率明显高于标准蚁群算法的反演效率,同时还可以看出,随着测量误差的增大,反演值的精度有所下降,反演值的标准偏差也在相

应增大。

5.4　粒径分布逆问题的蚁群算法求解

5.4.1　探测原理

光全散射法以光的散射理论为基础,当一束光强为 I_0,波长为 λ 的平行单色激光,照射到厚度为 L 的悬浮待测颗粒系时,由于颗粒对入射光的吸收和散射作用,穿过颗粒系透射光的光强将减弱。根据 Lambert-Beer 定律,如果假设颗粒系为服从一定粒径分布范围的多分散球形粒子系,并且颗粒间满足不相关单散射的条件(忽略多次散射效应),则多分散球形颗粒系在波长为 λ 时的消光值可以表示为[21]

$$\ln \frac{I(\lambda)}{I_0(\lambda)} = -\frac{3}{2} \times L \times N \times \int_{D_{\min}}^{D_{\max}} \frac{Q_{\text{ext}}(\lambda, m, D)}{D} f(D) \, \mathrm{d}D \tag{5.20}$$

式中,I_0 表示入射激光强度;I 为透射光强,$I(\lambda)/I_0(\lambda)$ 为波长为 λ 的消光值,它可以通过人工实验测量得到;N 表示待测颗粒系的颗粒总数;$f(D)$ 表示颗粒系的体积频度分布;$D_{\max}$ 和 $D_{\min}$ 分别表示颗粒粒径分布的上下限;$Q_{\text{ext}}(\lambda, m, D)$ 为根据 Mie 散射理论求得的消光系数,它是波长 λ、介质复折射率 m 以及颗粒粒径 D 的函数。

这是一个第一类 Fredholm 积分方程,它的左侧是测量值,右侧积分号内的 $f(D)$ 为待求的粒径分布。它是一个严重的病态方程,直接求解比较困难,一般需要采用反演的方法。在实际的颗粒粒径测量中,许多颗粒系的分布通常符合某种函数的分布规律,并且大多数为双参数分布函数,较为常见的双参数分布函数有 Rosin-Rammler 函数(R-R)、正态分布函数(N-N)、对数正态分布函数(L-N)、修正函数以及 Johnson-S_B 函数。在非独立模式下,可以利用反演的方法反演出颗粒系的粒径分布。

5.4.2　球形粒子粒径分布反演

1. 已知粒径分布反演

在非独立模式下,用得最广的粒径分布函数有 R-R 函数、正态分布(N-N)以及对数正态函数(L-N),它们的单峰体积频度分布的数学表达式分别为[22]

$$f_{\text{R-R}}(D) = \frac{k}{\overline{D}} \times \left(\frac{D}{\overline{D}}\right)^{k-1} \times \exp\left[-\left(\frac{D}{\overline{D}}\right)^k\right] \tag{5.21}$$

$$f_{\text{N-N}}(D) = \frac{1}{\sqrt{2\pi}\,\sigma_N} \times \exp\left[-\frac{(D-\mu_N)^2}{2\sigma_N^2}\right] \tag{5.22}$$

$$f_{\text{L-N}}(D) = \frac{1}{\sqrt{2\pi}\,D\ln\sigma_L} \times \exp\left[-\frac{(\ln D - \ln\mu_L)^2}{2\,(\ln\sigma_L)^2}\right] \tag{5.23}$$

式中,$\overline{D}, k, \mu_N, \sigma_N, \mu_L$ 和 σ_L 为粒径分布的特性参数。它们的双峰体积频度分布的数学表达式分别为

$$f_{\text{R-R}}(D) = n \times \frac{\sigma_1}{\overline{D_1}} \times \left(\frac{D}{\overline{D_1}}\right)^{\sigma_1-1} \times \exp\left[-\left(\frac{D}{\overline{D_1}}\right)^{\sigma_1}\right] + (1-n) \times \frac{\sigma_2}{\overline{D_2}} \times \left(\frac{D}{\overline{D_2}}\right)^{\sigma_2-1} \times \exp\left[-\left(\frac{D}{\overline{D_2}}\right)^{\sigma_2}\right]$$

$$\tag{5.24}$$

$$f_{N\text{-}N}(D) = n \times \frac{1}{\sqrt{2\pi}\,\sigma_1} \times \exp\left[-\frac{(D-\overline{D}_1)^2}{2\sigma_1^2}\right] + (1-n) \times \frac{1}{\sqrt{2\pi}\,\sigma_2} \times \exp\left[-\frac{(D-\overline{D}_2)^2}{2\sigma_2^2}\right] \quad (5.25)$$

$$f_{L\text{-}N}(D) = n \times \frac{1}{\sqrt{2\pi}\,D\ln\sigma_1} \times \exp\left[-\frac{1}{2}\left(\frac{\ln D - \ln\overline{D}_1}{\ln\sigma_1}\right)^2\right] + (1-n) \times \frac{1}{\sqrt{2\pi}\,D\ln\sigma_2} \times \exp\left[-\frac{1}{2}\left(\frac{\ln D - \ln\overline{D}_2}{\ln\sigma_2}\right)^2\right]$$

$$(5.26)$$

采用蚁群算法分别反演服从这三种常见分布函数的颗粒系的粒径分布,反演结果如图 5.18～5.20 和表 5.14 所示。三种分布的真实参数分别为 $(\overline{D},k) = (3.0, 7.55)$, $(\mu_N, \sigma_N) = (3.6, 2.4)$ 和 $(\mu_L, \sigma_L) = (3.0, 1.2)$,参数的搜索范围均为 $[0, 150]$,目标函数为

$$F_{\text{obj}} = \sum_{i=1}^{N_\lambda} \left\{ \frac{\left[(I/I_0)_\lambda\right]_{\text{est}} - \left[(I/I_0)_\lambda\right]_{\text{mea}}}{\left[(I/I_0)_\lambda\right]_{\text{mea}}} \right\}^2 \quad (5.27)$$

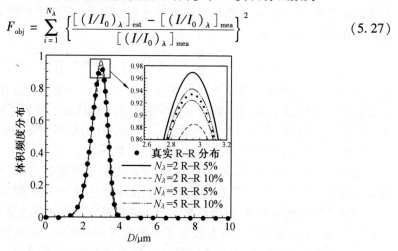

图 5.18　两波长和五波长反演 R-R 分布

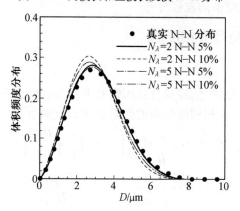

图 5.19　两波长和五波长反演 N-N 分布

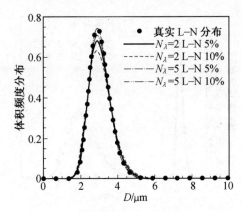

图 5.20　两波长和五波长反演 L-N 分布

表 5.14　利用蚁群算法反演三种粒径分布结果

函数		两个波长		五个波长	
R-R $(\overline{D},k)=$ $(3.0,7.55)$	噪声 γ	$\overline{D}$	k	$\overline{D}$	k
	0	$3.00\pm7.52\times10^{-7}$	$7.55\pm3.68\times10^{-5}$	$3.00\pm4.37\times10^{-7}$	$7.55\pm3.68\times10^{-6}$
	5%	$3.00\pm4.01\times10^{-2}$	$7.84\pm1.57\times10^{0}$	$3.00\pm2.50\times10^{-2}$	$7.47\pm4.67\times10^{-1}$
	10%	$3.02\pm8.01\times10^{-2}$	$7.20\pm2.00\times10^{0}$	$3.00\pm4.79\times10^{-2}$	$7.62\pm9.27\times10^{-1}$
N-N $(\mu_N,\sigma_N)=$ $(3.6,2.4)$	噪声 γ	$\mu_N e$	$\sigma_N e$	$\mu_N E$	σ_N
	0	$3.60\pm1.18\times10^{-6}$	$2.40\pm3.78\times10^{-6}$	$3.60\pm5.86\times10^{-7}$	$2.40\pm1.83\times10^{-6}$
	5%	$3.52\pm1.48\times10^{-1}$	$2.44\pm3.19\times10^{-1}$	$3.54\pm1.32\times10^{-1}$	$2.41\pm2.89\times10^{-1}$
	10%	$3.28\pm5.40\times10^{-1}$	$2.46\pm5.41\times10^{-1}$	$3.36\pm4.32\times10^{-1}$	$2.38\pm5.34\times10^{-1}$
L-N $(\mu_L,\sigma_L)=$ $(3.0,1.2)$	噪声 γ	μ_L e	σ_L e	μ_L E	σ_L e
	0	$3.00\pm3.07\times10^{-4}$	$1.20\pm1.78\times10^{-2}$	$3.00\pm2.81\times10^{-6}$	$1.20\pm3.11\times10^{-6}$
	5%	$3.01\pm3.44\times10^{-2}$	$1.22\pm9.12\times10^{-2}$	$3.00\pm2.92\times10^{-2}$	$1.20\pm2.73\times10^{-2}$
	10%	$3.01\pm6.25\times10^{-2}$	$1.24\pm1.37\times10^{-1}$	$3.01\pm5.03\times10^{-2}$	$1.21\pm5.10\times10^{-2}$

　　应用基于概率密度模型的蚁群算法(ACO)分别研究了在非独立模型弥散系球形粒子粒径服从三种常见的双峰函数:双峰 R-R 函数、双峰 N-N 函数以及双峰 L-N 函数分布。在非独立模型下,研究了三种常用的双峰函数的反演。对于双峰 R-R 分布函数,其真值为 $(\overline{D}_1,k_1,\overline{D}_2,k_2,n)=(1.5,10,7,10,0.3)$。对于双峰 N-N 分布函数,其真值为 $(\mu_1,\sigma_1,\mu_2,\sigma_2,n)=(2.5,0.5,7.5,0.6,0.3)$。对于双峰 L-N 分布函数,其真值为 $(\mu'_1,\sigma'_1,\mu'_2,\sigma'_2,n)=(2.5,1.1,6.0,1.2,0.2)$。从图 5.21~5.23 可以看出,在非独立模型下,基于概率密度模型的蚁群算法能很好地反演得到球形粒子的分布函数,即便是存在 5% 的随机测量误差的情况。同时,从表 5.15~5.17 中可以看出,采用七个入射光谱模型比采用五个光谱模型反演得到的结果的精确度更高,鲁棒性更好。

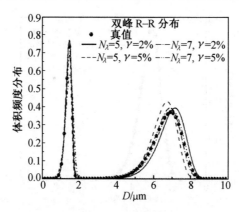

图 5.21 五波长和七波长反演 R-R 分布

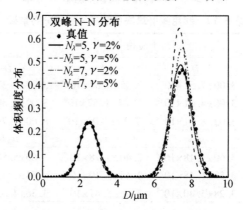

图 5.22 五波长和七波长反演 N-N 分布

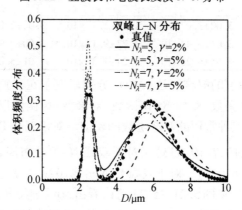

图 5.23 五波长和七波长反演 L-N 分布

表 5.15　利用蚁群算法反演双峰 R–R 分布结果

$\gamma/\%$	五波长			七波长		
	0	2%	5%	0%	2%	5%
$\overline{D}_1$	$1.48\pm4.11\times10^{-2}$	$1.50\pm2.57\times10^{-2}$	$1.48\pm4.49\times10^{-2}$	$1.50\pm3.51\times10^{-4}$	$1.52\pm3.89\times10^{-2}$	$1.54\pm6.75\times10^{-2}$
σ_1	$10.2\pm9.79\times10^{-3}$	$10.3\pm1.17\times10^{0}$	$10.4\pm1.85\times10^{0}$	$10.0\pm2.45\times10^{-5}$	$9.31\pm2.87\times10^{0}$	$7.90\pm3.31\times10^{0}$
$\overline{D}_2$	$6.94\pm6.50\times10^{-2}$	$7.22\pm7.72\times10^{-1}$	$6.80\pm9.17\times10^{-1}$	$7.00\pm4.56\times10^{-3}$	$6.96\pm3.15\times10^{-1}$	$7.07\pm9.62\times10^{-1}$
σ_2	$10.6\pm6.85\times10^{-2}$	$11.0\pm1.27\times10^{0}$	$11.1\pm1.46\times10^{0}$	$10.0\pm7.56\times10^{-1}$	$10.63\pm2.02\times10^{0}$	$10.56\pm2.30\times10^{0}$
n	$0.29\pm1.76\times10^{-2}$	$0.30\pm1.72\times10^{-2}$	$0.29\pm2.35\times10^{-2}$	$0.30\pm3.78\times10^{-3}$	$0.30\pm1.24\times10^{-2}$	$0.31\pm3.11\times10^{-2}$
δ	0.087 413	0.172 812	0.203 185	0.000 458	0.083 996	0.184 239
t/s	33.062 05	33.222 10	33.525 09	47.272 15	48.332 20	48.518 13

表 5.16　利用蚁群算法反演双峰 N–N 分布结果

$\gamma/\%$	五波长			七波长		
	0	2%	5%	0%	2%	5%
$\overline{D}_1$	$2.50\pm5.19\times10^{-2}$	$2.48\pm5.97\times10^{-2}$	$2.46\pm1.27\times10^{-1}$	$2.50\pm4.61\times10^{-4}$	$2.51\pm3.37\times10^{-2}$	$2.49\pm7.87\times10^{-2}$
σ_1	$0.49\pm3.89\times10^{-2}$	$0.48\pm6.57\times10^{-2}$	$0.46\pm7.61\times10^{-2}$	$0.50\pm4.93\times10^{-6}$	$0.50\pm1.67\times10^{-2}$	$0.49\pm6.17\times10^{-2}$
$\overline{D}_2$	$7.41\pm3.52\times10^{-1}$	$7.36\pm5.41\times10^{-1}$	$7.34\pm6.74\times10^{-1}$	$7.50\pm5.12\times10^{-4}$	$7.49\pm1.38\times10^{-1}$	$7.49\pm5.50\times10^{-1}$
σ_2	$0.58\pm9.92\times10^{-2}$	$0.60\pm8.17\times10^{-1}$	$0.44\pm1.60\times10^{-1}$	$0.60\pm4.58\times10^{-3}$	$0.61\pm1.01\times10^{-1}$	$0.54\pm2.02\times10^{-1}$
n	$0.30\pm2.27\times10^{-2}$	$0.29\pm4.30\times10^{-2}$	$0.29\pm4.80\times10^{-2}$	$0.30\pm1.36\times10^{-6}$	$0.30\pm1.09\times10^{-2}$	$0.30\pm2.88\times10^{-2}$
δ	0.106 865	0.147 494	0.347 651	0.000 108	0.013 113	0.153 445
t/s	21.064 01	21.383 11	21.146 25	18.507 15	28.491 25	30.058 12

表 5.17　利用蚁群算法反演双峰 L–N 分布结果

$\gamma/\%$	五波长			七波长		
	0	2%	5%	0%	2%	5%
$\overline{D}_1$	$2.55\pm1.43\times10^{-2}$	$2.55\pm7.49\times10^{-2}$	$2.54\pm8.92\times10^{-2}$	$2.50\pm4.91\times10^{-3}$	$2.50\pm3.17\times10^{-2}$	$2.49\pm8.92\times10^{-2}$
σ_1	$1.13\pm2.56\times10^{-2}$	$1.11\pm7.19\times10^{-2}$	$1.12\pm7.44\times10^{-2}$	$1.10\pm3.78\times10^{-4}$	$1.08\pm4.06\times10^{-2}$	$1.07\pm7.41\times10^{-2}$
$\overline{D}_2$	$6.10\pm1.89\times10^{-1}$	$5.92\pm3.47\times10^{-1}$	$6.73\pm9.67\times10^{-1}$	$6.00\pm4.58\times10^{-5}$	$5.95\pm1.97\times10^{-1}$	$5.86\pm7.96\times10^{-1}$
σ_2	$1.21\pm3.23\times10^{-2}$	$1.30\pm2.06\times10^{-1}$	$1.19\pm2.16\times10^{-1}$	$1.20\pm1.25\times10^{-1}$	$1.21\pm6.30\times10^{-1}$	$1.23\pm1.80\times10^{-1}$
n	$0.22\pm1.80\times10^{-2}$	$0.22\pm4.49\times10^{-2}$	$0.26\pm6.34\times10^{-2}$	$0.20\pm4.69\times10^{-4}$	$0.20\pm1.49\times10^{-2}$	$0.24\pm8.23\times10^{-2}$
δ	0.115 708	0.276 663	0.410 622	0.000 156	0.096 542	0.244 494
t/s	25.496 87	28.793 15	28.712 54	35.397 12	39.095 87	39.176 25

2. 未知粒径分布反演

　　实际上,大部分的待测粒径分布虽然近似符合某种函数分布规律,但是往往实际并不清楚待测颗粒系的实际粒径分布近似符合哪种分布函数。但是却存在一些函数能够拟合出大部分的颗粒系的粒径分布的单峰函数,比如 Popplewell 提出的修正 β 函数(M_β 函数)以及 Yu 提出的 Johnson's S_B 函数[23](J-S_B 函数分布),单峰和双峰函数的数学表达式分别为

$$f_{M-\beta}(D) = \frac{(D - D_{\min})^{\alpha m} (D_{\max} - D)^m}{\int_{D_{\min}}^{D_{\max}} (D - D_{\min})^{\alpha m} (D_{\max} - D)^m \mathrm{d}D} \tag{5.28}$$

$$f_{S_B}(D) = \frac{\sigma_S}{\sqrt{2\pi}} \times \frac{D_{\max} - D_{\min}}{(D - D_{\min})(D_{\max} - D)} \times \exp\left\{ -\frac{\sigma_S^2}{2} \left[\ln\left(\frac{D - D_{\min}}{D_{\max} - D}\right) - \ln\left(\frac{M - D_{\min}}{D_{\max} - M}\right) \right]^2 \right\}$$
$$(5.29)$$

$$f_{M-\beta}(D) = n \times \frac{(D - D_{\min})^{\alpha'_1 m_1}(D_{\max} - D)^{m_1}}{\int_{D_{\min}}^{D_{\max}} (D - D_{\min})^{\alpha'_1 m_1}(D_{\max} - D)^{m_1} dD} +$$
$$(1 - n) \times \frac{(D - D_{\min})^{\alpha'_2 m_2}(D_{\max} - D)^{m_2}}{\int_{D_{\min}}^{D_{\max}} (D - D_{\min})^{\alpha'_2 m_2}(D_{\max} - D)^{m_2} dD}$$
$$(5.30)$$

$$f_{J-S_B}(D) = n \times \frac{\sigma'_1}{\sqrt{2\pi}} \frac{D_{\max} - D_{\min}}{(D - D_{\min})(D_{\max} - D)} \exp\left\{ -\frac{(\sigma'_1)^2}{2} \left[\ln\left(\frac{D - D_{\min}}{D_{\max} - D}\right) - \ln\left(\frac{M_1 - D_{\min}}{D_{\max} - M_1}\right) \right]^2 \right\} +$$
$$(1 - n) \times \frac{\sigma'_2}{\sqrt{2\pi}} \frac{D_{\max} - D_{\min}}{(D - D_{\min})(D_{\max} - D)} \exp\left\{ -\frac{(\sigma'_2)^2}{2} \left[\ln\left(\frac{D - D_{\min}}{D_{\max} - D}\right) - \ln\left(\frac{M_2 - D_{\min}}{D_{\max} - M_2}\right) \right]^2 \right\}$$
$$(5.31)$$

式中,α,m,σ_s,M,σ'_1,M_1,σ'_2,M_2,α'_1,m_1,α'_2,m_2 以及 n 为分布函数的特性参数。

下面分别以服从单峰 R-R 分布、单峰 N-N 分布以及单峰 L-N 分布三种粒子系作为真实分布,分别用真实的分布函数以及单峰 Johnson-S_B 函数和单峰修正 β 函数分布来反演三种分布,反演结果如图 5.24 ~ 5.26 和表 5.18 ~ 5.20 所示。三种分布的真实参数分别为 $(\overline{D}, k) = (2.0, 7.0)$,$(\mu_N, \sigma_N) = (5.0, 1.2)$ 和 $(\mu_L, \sigma_L) = (6.0, 1.15)$,参数的搜索范围均为 $[0, 150]$,定义反演误差为

$$\varepsilon_{ret} = \left\{ \frac{\sum_{i=1}^{100} \left[f_{ret}(\widetilde{D}_i) - f_{ori}(\widetilde{D}_i) \right]^2}{\sum_{i=1}^{100} \left[f_{ori}(\widetilde{D}_i) \right]^2} \right\}^{1/2} \qquad (5.32)$$

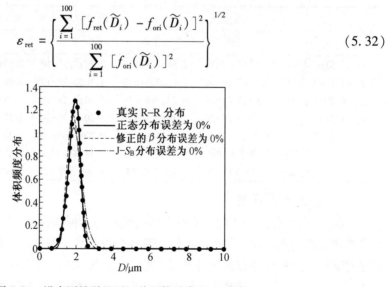

图 5.24　没有测量误差下三种函数反演 R-R 分布

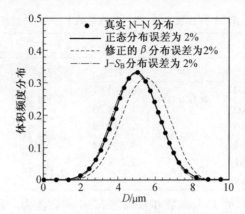

图 5.25 2% 的测量误差下三种函数反演 N–N 分布

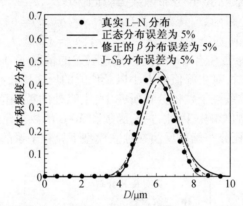

图 5.26 5% 测量误差下三种函数反演 L–N 分布

表 5.18 用 M–β 以及 J–S_B 函数重建单峰 R–R 分布的反演结果

函数	参数	$\gamma=0$		$\gamma=2\%$		$\gamma=5\%$	
		结果	ε_{ret}	结果	ε_{ret}	结果	ε_{ret}
$f_{\text{R–R}}$	$\overline{D}$	2.000 00	0.000 00	2.000 51	0.001 21	2.002 51	0.006 77
	k	7.000 00		7.001 69		7.033 19	
$f_{\text{M–}\beta}$	α	0.209 59	0.205 38	0.209 5	0.205 39	0.210 78	0.197 19
	m	98.126 41		98.506 75		96.414 65	
$f_{\text{J–}S_B}$	σ_S	3.864 98	0.222 20	3.976 06	0.207 50	3.955 21	0.208 19
	M	1.929 10		1.896 76		1.903 37	

表 5.19 用 M–β 以及 J–S_B 函数重建单峰 N–N 分布的反演结果

函数	参数	$\delta=0$		$\delta=2\%$		$\delta=5\%$	
		结果	ε_{ret}	结果	ε_{ret}	结果	ε_{ret}
$f_{\text{N–N}}$	μ_N	5.000 00	0.000 00	5.004 42	0.000 27	5.031 73	0.002 61
	σ_N	1.200 00		1.201 10		1.226 16	
$f_{\text{M–}\beta}$	α	1.155 62	0.222 55	1.203 79	0.272 68	1.302 44	0.373 92
	m	6.597 48		6.206 93		6.142 35	
$f_{\text{J–}S_B}$	σ_S	2.022 92	0.003 65	2.033 83	0.003 65	1.979 46	0.042 13
	M	4.967 41		4.965 20		5.025 25	

表 5.20　用 M-β 以及 J-S_B 函数重建单峰 L-N 分布的反演结果

函数	参数	$\gamma=0$		$\gamma=2\%$		$\gamma=5\%$	
		结果	ε_{ret}	结果	ε_{ret}	结果	ε_{ret}
$f_{\text{L-N}}$	μ_L	6.000 00	0.000 00	6.010 81	0.004 29	6.185 39	0.162 16
	σ_L	1.150 00		1.158 20		1.168 09	
$f_{\text{M-}\beta}$	α	1.693 80	0.261 66	1.847 69	0.389 78	1.713 35	0.278 84
	m	9.349 64		8.539 24		8.899 97	
$f_{\text{J-}S_B}$	σ_S	2.710 91	0.134 65	2.733 54	0.133 36	2.671 70	0.164 51
	M	6.064 98		6.065 33		6.111 48	

　　在独立模型下,用双峰的 J-S_B 函数和双峰的 M-β 函数作为一假设的分布,反演以上三种常用的双峰函数。对于双峰 R-R 分布函数,其真值为$(\overline{D}_1,k_1,\overline{D}_2,k_2,n)=(1.5,4.9,6.1,7,0.7)$。对于双峰 N-N 分布函数,其真值为$(\mu_1,\sigma_1,\mu_2,\sigma_2,n)=(2.5,0.6,7.5,0.7,0.8)$。对于双峰 L-N 分布函数,其真值为$(\mu_1',\sigma_1',\mu_2',\sigma_2',n)=(2.5,1.1,6.0,1.2,.2)$。从图 5.27~5.29 中可以看出,即便在有 5% 的随机测量误差的情况下,J-S_B 函数和 M-β 函数在反演三种常见的双峰函数时,对主峰值的大小以及位置的反演比较准确,而误差大的是在副峰处。通常来说,在对弥散系粒子粒径分布研究中,主峰处的粒径范围所占比例大,对弥散系的辐射特性有着决定性的影响。因此,J-S_B 函数和 M-β 函数在允许的误差范围内可以作为一种很好的假设颗粒粒径分布函数反演在独立模型下原粒子系的粒径分布函数为三种常见的双峰函数的情况。

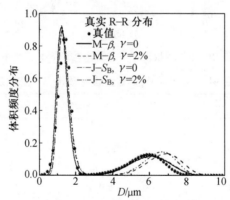

图 5.27　存在测量误差下两种一般性函数反演 R-R 分布

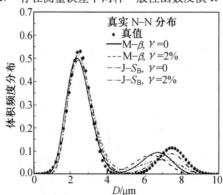

图 5.28　存在测量误差下两种一般性函数反演 N-N 分布

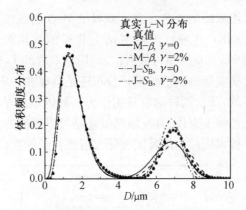

图 5.29 存在测量误差下两种一般性函数反演 L-N 分布

表 5.21 用 M-β 以及 J-S_B 函数重建双峰 R-R 分布的反演结果

随机偏差	J-S_B			M-β		
	0	2%	5%	0	2%	5%
M_1	$1.35\pm7.17\times10^{-8}$	$1.35\pm1.43\times10^{-2}$	$1.36\pm2.76\times10^{-2}$	$0.14\pm6.84\times10^{-4}$	$0.14\pm1.47\times10^{-3}$	$0.14\pm1.74\times10^{-3}$
σ'_1	$3.75\pm7.91\times10^{-8}$	$3.69\pm5.50\times10^{-1}$	$3.79\pm8.69\times10^{-1}$	$103.5\pm8.7\times10^{-1}$	$104.2\pm2.4\times10^{1}$	$104.7\pm5.7\times10^{1}$
M_2	$6.01\pm4.33\times10^{-8}$	$6.56\pm5.57\times10^{-1}$	$6.96\pm1.15\times10^{0}$	$1.55\pm1.57\times10^{-3}$	$2.21\pm2.64\times10^{-1}$	$2.50\pm3.53\times10^{-1}$
σ'_2	$2.20\pm5.74\times10^{-8}$	$2.66\pm1.27\times10^{0}$	$3.84\pm1.64\times10^{0}$	$7.80\pm6.34\times10^{-1}$	$7.54\pm1.29\times10^{0}$	$7.66\pm1.75\times10^{0}$
n	$0.69\pm1.96\times10^{-9}$	$0.69\pm1.54\times10^{-2}$	$0.70\pm2.79\times10^{-2}$	$0.69\pm9.14\times10^{-3}$	$0.69\pm1.21\times10^{-3}$	$0.68\pm1.68\times10^{-2}$
ε_{ret}	0.204 772	0.239 003	0.336 737	0.325 479	0.368 264	0.402 302
t/s	101.606 0	118.956 0	125.877 9	1435.866	1447.065	1454.654

表 5.22 用 M-β 以及 J-S_B 函数重建双峰 N-N 分布的反演结果

随机偏差	J-S_B			M-β		
	0	2%	5%	0	2%	5%
M_1	$2.56\pm4.75\times10^{-2}$	$2.58\pm6.70\times10^{-2}$	$2.58\pm8.87\times10^{-2}$	$0.31\pm9.77\times10^{-3}$	$0.31\pm4.79\times10^{-3}$	$0.32\pm1.44\times10^{-3}$
σ'_1	$2.95\pm2.22\times10^{-1}$	$2.81\pm3.15\times10^{-1}$	$2.80\pm3.87\times10^{-1}$	$32.1\pm2.87\times10^{0}$	$31.2\pm1.43\times10^{0}$	$30.8\pm5.67\times10^{-1}$
M_2	$7.26\pm1.59\times10^{0}$	$6.80\pm1.46\times10^{0}$	$6.71\pm1.55\times10^{0}$	$2.07\pm1.26\times10^{0}$	$1.77\pm1.13\times10^{0}$	$1.08\pm5.91\times10^{-2}$
σ'_2	$2.48\pm1.48\times10^{0}$	$2.02\pm1.64\times10^{0}$	$1.57\pm1.74\times10^{0}$	$10.8\pm1.04\times10^{0}$	$10.6\pm1.06\times10^{0}$	$10.7\pm9.12\times10^{-1}$
n	$0.82\pm5.05\times10^{-2}$	$0.83\pm6.51\times10^{-2}$	$0.82\pm2.62\times10^{-2}$	$0.81\pm4.16\times10^{-2}$	$0.82\pm2.25\times10^{-2}$	$0.82\pm6.66\times10^{-3}$
ε_{ret}	0.105 101	0.175 790	0.184 464	0.188 409	0.217 802	0.288 362
t/s	107.563 0	117.668 0	201.137 0	1 722.222	1 782.691	1 377.922

表 5.23 用 M-β 以及 J-S_B 函数重建双峰 L-N 分布的反演结果

误差	J-S_B			M-β		
	0	2%	5%	0	2%	5%
M_1	$6.95\pm3.24\times10^{-8}$	$6.77\pm3.58\times10^{-1}$	$6.99\pm1.01\times10^{0}$	$2.12\pm4.85\times10^{-8}$	$2.45\pm1.18\times10^{0}$	$3.71\pm2.41\times10^{0}$
σ'_1	$3.00\pm7.82\times10^{-8}$	$3.84\pm3.25\times10^{-1}$	$3.98\pm8.09\times10^{-1}$	$8.62\pm7.35\times10^{-7}$	$7.04\pm3.44\times10^{0}$	$7.10\pm3.89\times10^{0}$
M_2	$1.49\pm6.66\times10^{-16}$	$1.49\pm1.49\times10^{-2}$	$1.52\pm1.22\times10^{-1}$	$0.14\pm3.84\times10^{-9}$	$0.14\pm1.66\times10^{-3}$	$0.14\pm4.82\times10^{-3}$
σ'_2	$1.95\pm4.58\times10^{-8}$	$2.04\pm1.66\times10^{-1}$	$2.17\pm9.40\times10^{-1}$	$25.2\pm5.07\times10^{-7}$	$25.4\pm3.59\times10^{0}$	$25.5\pm4.43\times10^{0}$
n	$0.30\pm1.39\times10^{-9}$	$0.31\pm5.64\times10^{-1}$	$0.29\pm6.00\times10^{-1}$	$0.30\pm1.39\times10^{-9}$	$0.30\pm2.04\times10^{-2}$	$0.29\pm3.33\times10^{-2}$
ε_{ret}	0.226 696	0.235 22	0.264 230	0.223 343	0.312 027	0.323 550
t/s	102.489 5	121.748 9	148.159 8	1 315.753	1 386.852	1 685.195

此外,在独立模型下,用双峰的 J-S_B 函数和双峰的 M-β 函数作为一假设的分布,并结合蚁群算法反演了从 AERONET 气溶胶监控网站上获得的气溶胶的粒径分布情况,如图 5.30 ~ 5.32 以及表 5.24 所示。从图中可以看出,应用用双峰的 J-S_B 函数和双峰的 M-β 函数作为一假设的分布去反演实际的气溶胶粒径分布还是会存在一定的反演误差。这主要是气溶胶的粒径分布是多变的,而这两种函数只能作为一种近似的估计函数来描述实际气溶胶的粒径分布情况。但从整体上来说,其反演结果还是可以接受的。这说明,蚁群算法作为一种有效的逆问题求用于技术同样也能反演实际气溶胶粒子的粒径分布情况。

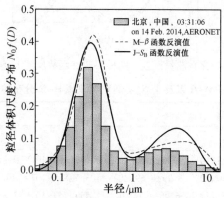

图 5.30　两种一般性函数反演北京地区气溶胶粒径分布情况

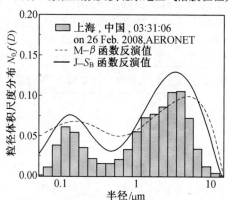

图 5.31　两种一般性函数反演上海地区气溶胶粒径分布情况

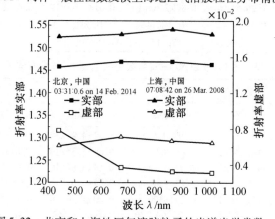

图 5.32　北京和上海地区气溶胶粒子的光谱光学常数

表 5.24　用 M-β 以及 J-S_B 函数重建 AERONET 网站实际测量的气溶胶粒径分布情况

气溶胶粒径分布	反演结果	
	M-β ($\alpha'_1, m_1, \alpha'_2, m_2, n$)	J-S_B ($M_1, \sigma'_1, M_2, \sigma'_2, n$)
北京	(0.02, 250.56, 0.45, 1.31, 0.12)	(0.34, 1.96, 4.89, 1.22, 0.15)
上海	(0.008, 101.24, 0.49, 1.19, 0.02)	(0.21, 1.51, 4.98, 1.05, 0.02)

5.4.3　椭球形粒子粒径分布反演

1. 已知粒径分布反演

在非独立模式下,应用最广的椭球形粒子粒径分布函数有 Rosin-Rammler（R-R）函数、正态分布（N-N）以及对数正态函数（L-N）分布,它们的联合分布的数学表达式分别为[24]

$$f_{R-R}(a,\varepsilon) = \frac{\sigma_1}{a} \times \left(\frac{a}{\bar{a}}\right)^{\sigma_1-1} \times \exp\left[-\left(\frac{a}{\bar{a}}\right)^{\sigma_1}\right] \times \frac{\sigma_2}{\varepsilon} \times \left(\frac{\varepsilon}{\bar{\varepsilon}}\right)^{\sigma_2-1} \times \exp\left[-\left(\frac{\varepsilon}{\bar{\varepsilon}}\right)^{\sigma_2}\right] \quad (5.33)$$

$$f_{N-N}(a,\varepsilon) = \frac{1}{\sqrt{2\pi}\sigma_1} \times \exp\left[-\frac{(a-\bar{a})^2}{2\sigma_1^2}\right] \times \frac{1}{\sqrt{2\pi}\sigma_2} \times \exp\left[-\frac{(\varepsilon-\bar{\varepsilon})^2}{2\sigma_2^2}\right] \quad (5.34)$$

$$f_{L-N}(a,\varepsilon) = \frac{1}{\sqrt{2\pi}a\ln\sigma_1} \times \exp\left[-\frac{(\ln a-\ln\bar{a})^2}{2(\ln\sigma_1)^2}\right] \times \frac{1}{\sqrt{2\pi}\varepsilon\ln\sigma_2} \times \exp\left[-\frac{(\ln\varepsilon-\ln\bar{\varepsilon})^2}{2(\ln\sigma_2)^2}\right]$$

$$(5.35)$$

式中,$\alpha, m, \sigma_S, M, \sigma'_1, M_1, \sigma'_2, M_2, \alpha'_1, m_1, \alpha'_2, m_2$ 以及 n 为分布函数的特性参数。

针对椭球形粒子系也考虑到椭球形粒子的旋转半轴和长短轴比值都变化的情况,即二者服从联合分布。本研究假设椭球形粒子的旋转半轴和长短轴比值相互独立,且分别服从三种常见的单峰函数,同时共同服从联合分布函数。如图 5.33 ~ 5.35 和表 5.25 ~ 5.27 所示,为在非独立模型下,考虑随机测量误差时,基于概率分布模型的蚁群算法反演椭球形粒子系粒子服从联合分布情况。其中,联合 R-R 分布函数的真值 $(\bar{a}, k'', \bar{\varepsilon}, k') = (5.5, 2.0, 1.6, 7.0)$,联合 N-N 分布函数的真值 $(\mu_1, \sigma_1, \mu_2, \sigma_2) = (4.5, 3.2, 1.5, 0.3)$,联合 L-N 分布函数的真值 $(\mu'_1, \sigma'_1, \mu'_2, \sigma'_2) = (5.0, 0.4, 1.5, 0.15)$,而测量光谱为 $l = 0.45~\mu m, 0.50~\mu m,$ 0.55 μm, 0.60 μm, 0.65 μm, 0.70 μm。从图中可以看出,当椭球形粒子满足联合分布时,蚁群算法在反演所得到的椭球形粒子的粒径分布情况有非常满意的精度,即便是在有 2% 的随机测量误差的情况下。因此可以得出,基于概率密度模型的蚁群算法能有效地反演椭球形粒子满足联合分布时的粒径分布,且反演结果有很高的精度和很好的鲁棒性。

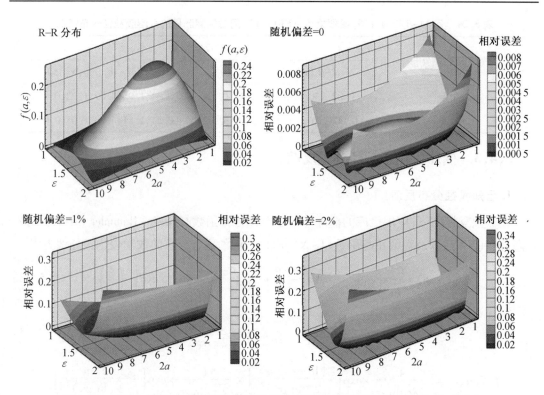

图 5.33　非独立模型下,椭球形粒子旋转半轴长度和长短轴比值满足联合 R–R 分布

$$(\bar{a},k'',\bar{\varepsilon},k') = (5.5,2.0,1.6,7.0)$$

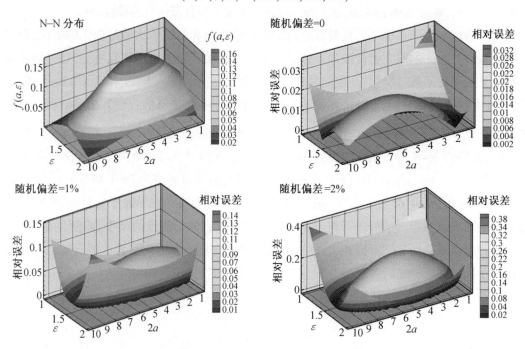

图 5.34　非独立模型下,椭球形粒子旋转半轴长度和长短轴比值满足联合 N–N 分布

$$(\mu_1,\sigma_1,\mu_2,\sigma_2) = (4.5,3.2,1.5,0.3)$$

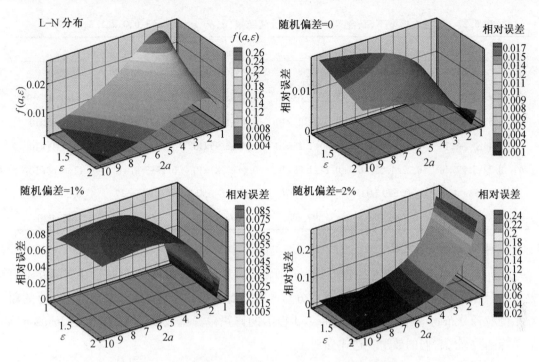

图 5.35　非独立模型下,椭球形粒子旋转半轴长度和长短轴比值满足联合 L-N 分布
$(\mu_1', \sigma_1', \mu_2', \sigma_2') = (5.0, 0.4, 1.5, 0.15)$

表 5.25　非独立模型下,联合 R-R 分布的反演结果 $(\bar{a}, \sigma_1, \bar{\varepsilon}, \sigma_2) = (5.5, 2.0, 1.6, 7.0)$

误差	四个波长			六个波长		
	0	1%	2%	0	1%	2%
$\bar{a}$	$5.49\pm2.57\times10^{-1}$	$5.60\pm3.72\times10^{-1}$	$5.53\pm3.19\times10^{-1}$	$5.49\pm2.50\times10^{-2}$	$5.41\pm2.29\times10^{-1}$	$5.40\pm3.18\times10^{-1}$
σ_1	$2.01\pm3.42\times10^{-2}$	$2.07\pm4.71\times10^{-1}$	$2.07\pm2.28\times10^{-1}$	$2.00\pm2.10\times10^{-2}$	$2.00\pm1.67\times10^{-1}$	$2.04\pm2.34\times10^{-1}$
$\bar{\varepsilon}$	$1.58\pm1.49\times10^{-1}$	$1.55\pm3.43\times10^{-1}$	$1.53\pm2.66\times10^{-1}$	$1.60\pm3.48\times10^{-3}$	$1.59\pm3.25\times10^{-2}$	$1.61\pm4.27\times10^{-2}$
σ_2	$7.11\pm5.18\times10^{-1}$	$6.92\pm6.86\times10^{-1}$	$7.08\pm5.25\times10^{-1}$	$6.99\pm2.27\times10^{-1}$	$7.23\pm1.67\times10^{0}$	$7.62\pm2.08\times10^{-1}$
δ	0.078 698	0.143 392	0.233 455	0.001 995	0.048 015	0.084 017
t/s	573.278	637.689	515.021	763.955	764.824	747.905

表 5.26　非独立模型下,联合 N-N 分布的反演结果 $(\bar{a}, \sigma_1, \bar{\varepsilon}, \sigma_2) = (4.5, 3.2, 1.5, 0.3)$

误差	四个波长			六个波长		
	0	1%	2%	0	1%	2%
$\bar{a}$	$4.93\pm5.62\times10^{-1}$	$4.86\pm5.57\times10^{-1}$	$4.83\pm6.52\times10^{-1}$	$4.53\pm2.39\times10^{-1}$	$4.47\pm6.88\times10^{-1}$	$4.57\pm8.76\times10^{-1}$
σ_1	$3.19\pm3.63\times10^{-1}$	$3.10\pm7.37\times10^{-1}$	$2.96\pm7.81\times10^{-1}$	$3.17\pm7.42\times10^{-2}$	$3.13\pm2.69\times10^{-1}$	$2.93\pm4.39\times10^{-1}$
$\bar{\varepsilon}$	$1.49\pm1.28\times10^{-1}$	$1.46\pm2.22\times10^{-1}$	$1.52\pm3.11\times10^{-1}$	$1.50\pm1.77\times10^{-2}$	$1.50\pm5.71\times10^{-2}$	$1.52\pm8.37\times10^{-2}$
σ_2	$0.42\pm1.62\times10^{-1}$	$0.49\pm2.32\times10^{-1}$	$0.56\pm2.73\times10^{-1}$	$0.30\pm2.24\times10^{-2}$	$0.29\pm5.83\times10^{-2}$	$0.27\pm1.21\times10^{-1}$
δ	0.247 765	0.313 167	0.367 187	0.012 157	0.048 307	0.156 096
t/s	457.422	545.375	606.965	725.474	732.144	742.198

表 5.27　非独立模型下,联合 N–N 分布的反演结果 $(\bar{a},\sigma_1,\bar{\varepsilon},\sigma_2)=(5.0,0.4,1.5,0.15)$

误差	四个波长			六个波长		
	0	1%	2%	0	1%	2%
$\bar{a}$	$4.97\pm5.31\times10^{-1}$	$4.95\pm5.28\times10^{-1}$	$5.18\pm5.63\times10^{-1}$	$5.02\pm4.81\times10^{-1}$	$5.07\pm7.52\times10^{-1}$	$4.69\pm1.02\times10^{0}$
σ_1	$0.53\pm2.21\times10^{-1}$	$0.56\pm1.82\times10^{-1}$	$0.57\pm2.25\times10^{-1}$	$0.40\pm1.18\times10^{-2}$	$0.41\pm3.81\times10^{-2}$	$0.39\pm4.95\times10^{-2}$
$\bar{\varepsilon}$	$1.43\pm1.36\times10^{-1}$	$1.42\pm1.23\times10^{-1}$	$1.40\pm1.25\times10^{-1}$	$1.49\pm2.95\times10^{-1}$	$1.55\pm3.07\times10^{-1}$	$1.56\pm4.11\times10^{-1}$
σ_2	$0.22\pm1.27\times10^{-1}$	$0.22\pm1.25\times10^{-1}$	$0.24\pm1.28\times10^{-1}$	$0.15\pm2.84\times10^{-2}$	$0.17\pm3.81\times10^{-2}$	$0.17\pm4.68\times10^{-2}$
δ	0.549 444	0.679 603	0.771 670	0.009 650	0.065 637	0.114 630
t/s	441.769	546.086	597.690	678.057	678.938	678.920

2. 未知粒径分布反演

实际上,大部分的待测粒径分布虽然近似符合某种函数分布规律,但是往往实际并不清楚待测颗粒系的粒径分布近似符合哪种分布函数。而存在一些函数能够拟合出大部分的颗粒系的粒径分布的单峰函数,如 Popplewell 提出的修正单峰函数以及 Yu 提出的 Johnson's S_B 单峰函数[23],它们的数学表达式分别为

$$f_{M-\beta}(a,\varepsilon)=\frac{(a-a_{\min})^{\alpha_1 m_1}(a_{\max}-a)^{m_1}}{\int_{a_{\min}}^{a_{\max}}(a-a_{\min})^{\alpha_1 m_1}(a_{\max}-a)^{m_1}\mathrm{d}a}\times\frac{(\varepsilon-\varepsilon_{\min})^{\alpha_2 m_2}(\varepsilon_{\max}-\varepsilon)^{m_2}}{\int_{\varepsilon_{\min}}^{\varepsilon_{\max}}(\varepsilon-\varepsilon_{\min})^{\alpha_2 m_2}(\varepsilon_{\max}-\varepsilon)^{m_2}\mathrm{d}\varepsilon}$$

$$(5.36)$$

$$f_{J-S_B}(a,\varepsilon)=\frac{\sigma''_1}{\sqrt{2\pi}}\frac{a_{\max}-a_{\min}}{(a-a_{\min})(a_{\max}-a)}\exp\left\{-\frac{(\sigma''_1)^2}{2}\left[\ln\left(\frac{a-a_{\min}}{a_{\max}-a}\right)-\ln\left(\frac{M_1-a_{\min}}{a_{\max}-M_1}\right)\right]^2\right\}\times$$

$$\frac{\sigma''_2}{\sqrt{2\pi}}\frac{\varepsilon_{\max}-\varepsilon_{\min}}{(\varepsilon-\varepsilon_{\min})(\varepsilon_{\max}-\varepsilon)}\exp\left\{-\frac{(\sigma''_2)^2}{2}\left[\ln\left(\frac{\varepsilon-\varepsilon_{\min}}{\varepsilon_{\max}-\varepsilon}\right)-\ln\left(\frac{M_2-\varepsilon_{\min}}{\varepsilon_{\max}-M_2}\right)\right]^2\right\}\quad(5.37)$$

考虑在独立模型下,用联合分布的 J–S_B 函数和联合分布的 M–β 函数作为一假设的分布,反演以上三种常用的联合分布函数。对于联合 R–R 分布函数,其真值为 $(\bar{a},k',\bar{\varepsilon},k'')=(5.5,2.0,1.6,7.0)$。对于联合 N–N 分布函数,其真值为 $(\mu_1,\sigma_1,\mu_2,\sigma_2)=(4.5,3.2,1.5,0.3)$。对于联合 L–N 分布函数,其真值为 $(\mu'_1,\sigma'_1,\mu'_2,\sigma'_2)=(6.0,0.5,1.55,0.8)$。从图 5.36~5.38 中可以看出,即便在没有误差的情况下,用 J–S_B 函数和 M–β 函数反演得到的结果精度也不理想,但是两种函数反演所得分布规律还是与原函数一致,峰值所在位置也差别不大。这可能是因为当反演椭球形粒子的旋转半轴和长短轴比值满足联合分布时,由于分布函数的多值性原因,使得反演结果不会存在唯一性,这样就会出现即便目标函数已经达到了收敛水平,而实际的结果并不是很理想。因此在接下来的研究中,还要对反演结果的多值性进行分析。

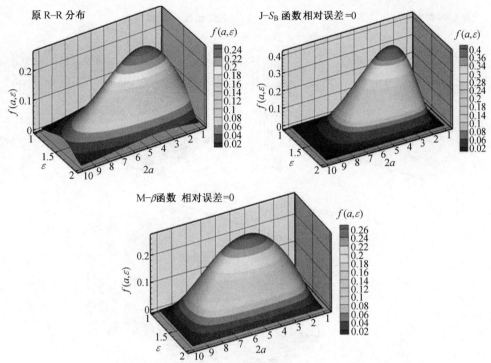

图 5.36　独立模型下, $J-S_B$ 函数和 $(M-\beta)$ 函数反演椭球形粒子旋转半轴长度和长短轴

比值满足联合 R-R 分布 $(\bar{a}, \sigma_1, \bar{\varepsilon}, \sigma_2) = (5.5, 2.0, 1.6, 7.0)$

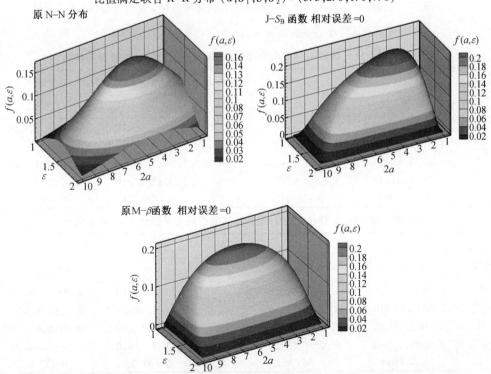

图 5.37　独立模型下, $J-S_B$ 函数和 $(M-\beta)$ 函数反演椭球形粒子旋转半轴长度和长短轴

比值满足联合 N-N 分布 $(\bar{a}, \sigma_1, \bar{\varepsilon}, \sigma_2) = (4.5, 3.2, 1.5, 0.3)$

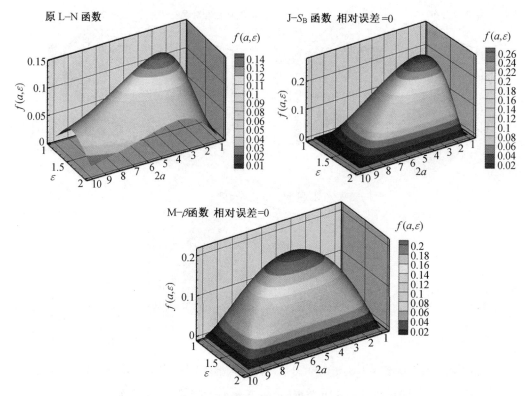

图 5.38　独立模型下,J-S_B 函数和(M-β)函数反演椭球形粒子旋转半轴长度和长短轴

比值满足联合 L-N 分布$(\bar{a},\sigma_1,\bar{\varepsilon},\sigma_2)=(6.0,0.5,1.55,0.8)$

表 5.28　用 J-S_B 函数和(M-β)函数反演椭球形粒子联合 R-R 分布结果

相对误差	J-S_B		相对误差	M-β	
	0	1%		0	1%
M_1	$4.33\pm1.89\times10^{-2}$	$4.01\pm8.55\times10^{-2}$	α_1	$0.81\pm2.66\times10^{-2}$	$0.80\pm3.72\times10^{-2}$
σ''_1	$1.12\pm7.81\times10^{-2}$	$1.40\pm1.25\times10^{-1}$	m_1	$1.25\pm4.30\times10^{-2}$	$1.27\pm1.33\times10^{-1}$
M_2	$1.49\pm8.43\times10^{-2}$	$1.60\pm1.29\times10^{-1}$	α_2	$1.04\pm2.36\times10^{-1}$	$0.90\pm2.70\times10^{-1}$
σ''_2	$1.15\pm9.04\times10^{-2}$	$1.22\pm9.91\times10^{-2}$	m_2	$1.06\pm2.97\times10^{-1}$	$1.07\pm2.72\times10^{-1}$
δ	0.752 768	0.821 627	δ	0.709 331	0.820 177

表 5.29　用 J-S_B 函数和(M-β)函数反演椭球形粒子联合 N-N 分布结果

相对误差	J-S_B		相对误差	M-β	
	0	1%		0	1%
M_1	$4.79\pm2.39\times10^{-4}$	$4.97\pm2.76\times10^{-2}$	α_1	$1.20\pm1.78\times10^{-2}$	$1.70\pm9.75\times10^{-2}$
σ''_1	$0.84\pm3.87\times10^{-4}$	$0.70\pm5.92\times10^{-2}$	m_1	$0.41\pm4.78\times10^{-3}$	$0.32\pm2.81\times10^{-2}$
M_2	$1.50\pm2.29\times10^{-4}$	$1.44\pm2.08\times10^{-2}$	α_2	$0.82\pm7.57\times10^{-3}$	$0.96\pm5.62\times10^{-3}$
σ''_2	$0.86\pm1.21\times10^{-3}$	$0.62\pm1.07\times10^{-1}$	m_2	$1.03\pm4.41\times10^{-2}$	$1.52\pm3.60\times10^{-2}$
δ	0.485 014	0.547 862	δ	0.480 780	0.623 672

表 5.30　用 J–S_B 函数和 (M–β) 函数反演椭球形粒子联合 L–N 分布结果

相对误差	J–S_B		相对误差	M–β	
	0	1%		0	1%
M_1	4.46±2.07×10^{-2}	4.36±2.30×10^{-2}	α_1	1.10±1.17×10^{-6}	1.40±8.20×10^{-3}
σ''_1	0.92±1.64×10^{-2}	0.94±1.16×10^{-2}	m_1	0.81±4.85×10^{-6}	0.90±6.32×10^{-2}
M_2	1.55±6.52×10^{-2}	1.65±4.69×10^{-2}	α_2	1.39±5.57×10^{-5}	1.54±6.31×10^{-3}
σ''_2	0.89±1.19×10^{-2}	0.91±1.67×10^{-2}	m_2	0.30±5.02×10^{-2}	0.51±8.22×10^{-2}
δ	0.839 667	1.101 965	δ	0.682 148	0.825 670

　　对球形粒子系和椭球形粒子的粒径反演研究可以发现,在已知粒子系所满足分布函数类型的非独立模型下,吸引扩散粒子微粒群算法、果蝇算法以及基于概率密度模型的蚁群算法都能很好地反演得到粒子系的粒径分布。即便在有误差的情况下,反演结果也很令人满意。同时也发现,采用多个测量光谱反演的结果会更加精确鲁棒性会更好,因此在实际设备和反演时间允许的情况下,可以采用多个光谱以获得更好的反演结果。而对于事先不知道粒子系的分布函数类型的独立模型,可采用 J–S_B 函数和 M–β 函数作为一假设的分布来反演粒子系的粒径分布。从研究所得结果可以发现,针对球形粒子粒径分布以及只考虑椭球形粒子的旋转半轴的变化的情况,采用蚁群算法能得到很不错的结果。但是,对于椭球形粒子满足联合分布的情况,采用蚁群算法结合两种假设的分布函数并不能反演得到很好的结果,其原因可能是由反演结果的多值性造成的。

参考文献

[1] COLORNI M, DORIGO M, MANIEZZO V. Distributed optimization by ant colonies [C]. Paris:Proceedings of the First European Conference on Artificial life, 1991: 134-142.

[2] GUTJAHR W J. A graph-based ant system and its convergence[J]. Future Generation Computer Systems, 2000, 16(8): 873-888.

[3] BONABEAU E, DORIGO M, THERAULAZ G. Inspiration for optimization from social insect behavior[J]. Nature, 2000, 406(6791): 39-42.

[4] DORIGO M, STÜTZLE T. Ant colony optimization[M]. Cambridge:Massachusetts Institute of Technology Press, 2004.

[5] BAI J, YANG G K, CHEN Y W, et al. A model induced max-min ant colony optimization for asymmetric traveling salesman problem[J]. Applied Soft Computing, 2013, 13(3): 1365-1375.

[6] ZHOU X F, WANG R L. Self-evolving ant colony optimization and its application to traveling salesman problem[J]. International Journal of Innovative Computing Information and Control, 2012, 8(12): 8311-8321.

[7] KOKILAVANI T, AMALARETHINAM D I G. An ant colony optimization based load sharing technique for meta task scheduling in grid computing[J]. Advances in Computing and Information Technology, 2013, 177(2): 395-404.

[8] LI D W, ZHANG R R, WANG L. On the batch scheduling problem in steel plants based on

ant colony algorithm[C]. Berlin:Proceedings of the 2012 International Conference of Modern Computer Science and Applications, 2013:Springer-Verlag:645-650.

[9] LU C F, HSU C H, JUANG C F. Coordinated control of flexible AC transmission system devices using an evolutionary fuzzy lead-lag controller with advanced continuous ant colony optimization[J]. IEEE Transactions on Power Systems, 2013, 28(1): 385-392.

[10] ATAIE A B, KETABCHI H. Elitist continuous ant colony optimization algorithm for optimal management of coastal aquifers[J]. Water Resources Management, 2011, 25(1): 165-190.

[11] BONABEAU E, DORIGO M, THERAULAZ G. Inspiration for optimization from social insect behavior [J]. Nature, 2000, 406(6791): 39-42.

[12] WU M T, HONG T P, LEE C N. A continuous ant colony system framework for fuzzy data mining [J]. Soft Computing-A Fusion of Foundations, Methodologies and Applications, 2012, 16: 2071-2082.

[13] BOZDOGAN A O, EFE M. Improved assignment with ant colony optimization for multi-target tracking [J]. Expert Syst, 2011, 38(8): 9172-9178.

[14] D'ACIERNO L, GALLO M, MONTELLA B. An ant colony optimisation algorithm for solving the asymmetric traffic assignment problem[J]. European Journal of Operational Research, 2012, 217(2): 459-469.

[15] RIZK J P, ARNAOUT. ACO for the surgical cases assignment problem[J]. Journal of Medical Systems, 2012, 36(3): 1891-1899.

[16] SMITH K D, KATIKA K M, PILON L. Maximum time-resolved hemispherical reflectance of absorbing and isotropically dcattering media[J]. Journal of Quantitative Spectroscopy & Radiative Transfer, 2007, 104(3):384-399.

[17] LIU L H, HSU P F. Analysis of transient radiative transfer in semitransparent graded index medium[J]. Journal of Quantitative Spectroscopy and Radiative Transfer, 2007, 105(3): 357-376.

[18] RAJ R, PRASAD A, PARIDA P R, et al. Analysis of solidification of a semitransparent planar layer using the lattice boltzmann method and the discrete transfer method[J]. Numerical Heat Transfer Part a-Applications, 2006, 49(3): 279-299.

[19] JIAUNG W S, HO J R, KUO C P. Lattice boltzmann method for the heat conduction problem with phase change[J]. Numerical Heat Transfer Part B-Fundamentals, 2001, 39(2): 167-187.

[20] SHELOKAR P S, SIARRY P, JAYARAMAN V K,et al. Particle swarm and ant colony algorithms hybridized for improved continuous optimization[J]. Applied Mathematics and Computation, 2007, 188(1): 129-142.

[21] WANG L, SUN X G, LI F. Generalized eikonal approximation for fast retrieval of particle size distribution in spectral extinction technique[J]. Applied Optics, 2012, 51(15): 2997-3005.

[22] QI H, RUAN L M, WANG S G, et al. Application of multi-phase particle swarm optimiza-

tion technique to retrieve the particle size distribution[J]. Chinese Optics Letters, 2008, 6 (5): 346-349.

[23] TANG H, LIANG G W. Inversion of particle size distribution from spectral extinction data using the bimodal johnson′s SB function[J]. Powder Technology, 2010, 198(3): 330-336.

[24] HE Z Z, QI H, WANG Y Q, et al. Inverse estimation of the spheroidal particle size distribution using ant colony optimization algorithms in multispectral extinction technique[J]. Optics Communications, 2014, 328:8-22.

第6章 基于混合及其他智能优化算法的辐射传输逆问题求解

本章主要将第3章讲述的自组织迁移算法、生物地理学优化算法以及果蝇算法等其他智能优化方法应用于辐射逆问题的求解。针对各种智能优化算法,分别介绍其在瞬态辐射传输逆问题以及颗粒粒径分布逆问题中的应用,其中包含笔者近年来开展的相关理论研究工作。

6.1 采用自组织迁移算法求解辐射传输逆问题

自组织迁移算法(SOMA)是一种基于社会环境下群体的自组织行为的新型随机优化算法,它可以和蚁群算法、粒子群优化算法一样归于集群智能的范畴[1,2]。作为一种高效并行优化方法,SOMA算法具有程序实现简捷、需要调整的参数少等优点,可用于求解大量非线性、不可微和多峰值的复杂优化问题,是一类很有潜力的新型优化算法。本节将采用自组织迁移算法以及改进的基于随机变异步长的自组织迁移算法(RM-SOMA)和改进的基于随机搜索的自组织迁移算法(RS-SOMA)来研究超短脉冲激光作用下多层不均匀介质瞬态辐射传输逆问题,并通过实验对理论进行验证[3]。

6.1.1 逆问题数值模拟计算结果及分析

如图6.1所示,非均匀介质分别受到左右两侧激光照射,激光入射角度为 $\theta_0 = 0$,脉冲宽度为 $t_p^* = 0.3$ m,介质几何总厚度为 $L = 1.0$ m,中间分界面的位置分别为 $L_1 = 0.3$ m,$L_2 = 0.5$ m。背景介质层1和3的吸收系数为 0.5 m^{-1},散射系数为 3.5 m^{-1},中间介质层2的吸收系数和散射系数分别为 0.5 m^{-1},7.5 m^{-1}。仅考虑各向同性散射介质,且忽略边界和分界面反射率的影响。采用有限体积法(FVM)求解瞬态辐射传输正问题[4],计算介质两边界出射透反射信号作为逆问题的输入数据。

在逆问题研究中,将测量得到的介质边界出射时变透反射信号作为输入数据,通过最小化目标函数反演介质内部辐射特性参数和几何位置参数,目标函数定义为

$$F(\boldsymbol{a}) = \frac{1}{2} \sum_{i=1}^{2} \left\{ \int_0^{t_s} \| \rho_{T,\text{est}}(t,\boldsymbol{a}) - \rho_{T,\text{mea}}(t,\boldsymbol{a}) \|_{L_2} \mathrm{d}t + \int_0^{t_s} \| \rho_{R,\text{est}}(t,\boldsymbol{a}) - \rho_{R,\text{mea}}(t,\boldsymbol{a}) \|_{L_2} \mathrm{d}t \right\}$$

$$(6.1)$$

式中,$\rho_{T,\text{mea}}(t,\boldsymbol{a})$ 和 $\rho_{R,\text{mea}}(t,\boldsymbol{a})$ 分别表示测量得到的时变透射信号和反射信号;$\rho_{T,\text{est}}(t,\boldsymbol{a})$ 和 $\rho_{R,\text{est}}(t,\boldsymbol{a})$ 分别表示预测的时变透射信号和反射信号;$\boldsymbol{a} = (a_0, a_1, \cdots, a_N)^{\mathrm{T}}$ 表示待反演参数向量;t_s 表示取样时间。

为了研究测量误差对反演结果的影响,通过在实际计算得到的透反射信号的基础上添加随机误差构造带有测量误差的透反射信号测量值,即

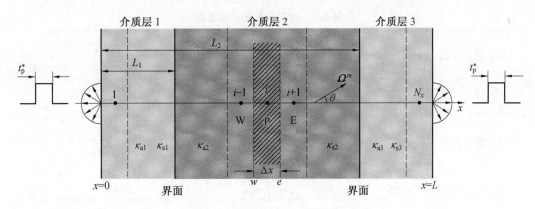

图 6.1　三层非均匀介质物理模型

$$\rho_{\text{mea}} = \rho_{\text{exact}} + \sigma\zeta \tag{6.2}$$

式中，ρ 为边界出射透反射信号；ζ 表示均值为 0，标准偏差为 1 的正态分布随机变量；σ 表示透反射信号的标准偏差，定义为

$$\sigma = \frac{\rho_{\text{exact}}\gamma}{2.576} \tag{6.3}$$

分别采用无测量噪声以及添加 5% 噪声和 10% 噪声的测量值反演介质中间层的吸收系数、散射系数和几何位置参数。并且为了便于比较，定义反演结果相对误差为

$$\varepsilon_{\text{rel}} = 100 \times \frac{Y_{\text{est}} - Y_{\text{exact}}}{Y_{\text{exact}}} \tag{6.4}$$

式中，Y_{est} 表示待反演参数的估计值；Y_{exact} 表示待反演参数的真值。

为验证算法性能，首先分别采用 SOMA 算法、RM-SOMA 算法以及 RS-SOMA 算法对单层介质的吸收系数和散射系数进行反演研究；之后分别采用 SOMA 算法、RM-SOMA 算法以及 RS-SOMA 算法对三层介质的中间层吸收系数、散射系数以及中间层左右边界位置参数 L_1 和 L_2 进行反演；最后分别采用 RM-SOMA 和 RS-SOMA 算法在不同激光辐照模式的条件下对三层介质的三层吸收系数进行反演，以研究不用激光辐照模式对反演精度的影响。

算例 6.1　采用 SOMA 算法反演均匀介质辐射特性参数。

为了验证 SOMA 算法的精度和计算效率，首先对均匀介质的吸收系数和散射系数进行反演研究。假设介质平板厚度为 1.0 m，激光脉冲宽度为 $t_p^* = 0.3$ m，吸收系数 κ 和散射系数 σ_s 的真值分别为 0.5 m⁻¹ 和 7.5 m⁻¹。分别采用 SOMA 算法、RM-SOMA 算法以及 RS-SOMA 算法同时反演介质的吸收系数和散射系数，反演结果见表 6.1。从表 6.1 中可以看出，对于单层介质，即使是在有测量误差的条件下，各个算法均可以得到很好的反演结果。而且随着测量误差从 0 增加到 10%，反演精度随之降低，但是即使在添加 10% 测量误差条件下，各个算法也都能得到满意的反演结果，其中 RS-SOMA 算法和 RM-SOMA 算法的最大反演相对误差只有 0.107%，SOMA 算法的最大反演相对误差也只有 0.2%，略微高于其他两种算法。因此，可以证明对于单层均匀介质的辐射特性参数反演问题，这三种 SOMA 算法都具有较高的精度和较好的稳定性。

表6.1　均匀介质的反演结果

反演参数	真值	γ=0		γ=5%		γ=10%	
		RS-SOMA	ε_{rel}/%	RS-SOMA	RS-SOMA	ε_{rel}/%	RS-SOMA
κ	0.500	0.000	0.499	0.200	0.500	0.000	
σ_s	7.5	7.500	0.000	7.504	0.053	7.508	0.107

反演参数	真值	γ=0		γ=5%		γ=10%	
		RM-SOMA	ε_{rel}/%	RM-SOMA	ε_{rel}/%	RM-SOMA	ε_{rel}/%
κ	0.5	0.500	0.000	0.499	0.200	0.500	0.000
σ_s	7.5	7.500	0.000	7.504	0.053	7.508	0.107

反演参数	真值	γ=0		γ=5%		γ=10%	
		SOMA	ε_{rel}/%	SOMA	ε_{rel}/%	SOMA	ε_{rel}/%
κ	0.5	0.500	0.000	0.499	0.200	0.501	0.200
σ_s	7.5	7.500	0.000	7.504	0.053	7.508	0.107

算例6.2　采用 SOMA 算法反演三层非均匀介质的辐射特性参数及几何位置参数。

在许多实际工程应用中,人们往往同时关注多层非均匀介质的光学参数和内部每一层的尺寸,如生物组织光学层析成像、无损探测以及海洋大气遥感等[5-8]。此外,在介质层数以及每一层介质光学参数已知的情况下,人们更关注每一层的位置和厚度。针对如图6.1所示的三层非均匀介质,假设外侧两层的吸收系数和散射系数已知,分别采用三种 SOMA 基算法对中间层介质的几何位置参数以及光学参数进行反演研究。在研究过程中分别采用了两种激光辐照模式,一种是激光仅在介质左侧入射,另一种是激光在介质两侧入射,如图6.1所示。分别在两种激光入射模式的情况下采用 SOMA 算法、RM-SOMA 算法以及 RS-SOMA 算法对三个参数(κ,σ_s,L_1)同时反演的结果分别见表6.2和表6.3;对四个参数(κ,σ_s,L_1,L_2)同时反演的结果见表6.4和表6.5。

表6.2　激光左侧入射时三个参数同时反演结果

反演参数	真值	γ=0		γ=5%		γ=10%	
		RS-SOMA	ε_{rel}/%	RS-SOMA	ε_{rel}/%	RS-SOMA	ε_{rel}/%
κ	0.500	0.000	0.500	0.000	0.504	0.800	
σ_s	7.5	7.500	0.000	7.515	0.200	7.532	0.427
L_1	0.3	0.300	0.000	0.301	0.333	0.302	0.667

反演参数	真值	γ=0		γ=5%		γ=10%	
		RM-SOMA	ε_{rel}/%	RM-SOMA	ε_{rel}/%	RM-SOMA	ε_{rel}/%
κ	0.5	0.500	0.000	0.500	0.000	0.504	0.800
σ_s	7.5	7.500	0.000	7.515	0.200	7.532	0.427
L_1	0.3	0.296	1.333	0.297	1.000	0.303	1.000

反演参数	真值	γ=0		γ=5%		γ=10%	
		SOMA	ε_{rel}/%	SOMA	ε_{rel}/%	SOMA	ε_{rel}/%
κ	0.5	0.502	0.400	0.501	0.200	0.509	1.800
σ_s	7.5	7.404	1.280	7.515	0.200	7.543	0.573
L_1	0.3	0.296	1.333	0.299	0.333	0.295	1.667

表6.3 激光两侧入射时三参数同时反演结果

反演参数	真值	$\gamma=0$		$\gamma=5\%$		$\gamma=10\%$	
		RS-SOMA	$\varepsilon_{rel}/\%$	RS-SOMA	$\varepsilon_{rel}/\%$	RS-SOMA	$\varepsilon_{rel}/\%$
κ	0.5	0.500	0.000	0.500	0.000	0.503	0.600
σ_s	7.5	7.500	0.000	7.519	0.253	7.539	0.520
L_1	0.3	0.298	0.667	0.301	0.333	0.301	0.333
反演参数	真值	$\gamma=0$		$\gamma=5\%$		$\gamma=10\%$	
		RM–SOMA	$\varepsilon_{rel}/\%$	RM–SOMA	$\varepsilon_{rel}/\%$	RM–SOMA	$\varepsilon_{rel}/\%$
κ	0.5	0.500	0.000	0.500	0.000	0.509	1.800
σ_a	7.5	7.500	0.000	7.519	0.253	7.526	0.347
L_1	0.3	0.298	0.667	0.301	0.333	0.314	4.667
反演参数	真值	$\gamma=0$		$\gamma=5\%$		$\gamma=10\%$	
		SOMA	$\varepsilon_{rel}/\%$	SOMA	$\varepsilon_{rel}/\%$	SOMA	$\varepsilon_{rel}/\%$
κ	0.5	0.500	0.000	0.502	0.400	0.492	1.600
σ_s	7.5	7.499	0.013	7.525	0.333	7.573	0.973
L_1	0.3	0.300	0.000	0.296	1.333	0.303	1.000

表6.4 激光左侧入射时四个参数同时反演结果

反演参数	真值	$\gamma=0$		$\gamma=5\%$		$\gamma=10\%$	
		RS-SOMA	$\varepsilon_{rel}/\%$	RS-SOMA	$\varepsilon_{rel}/\%$	RS-SOMA	$\varepsilon_{rel}/\%$
κ	0.5	0.500	0.000	0.500	0.000	0.502	0.400
σ_s	7.5	7.500	0.000	7.513	0.173	7.010	6.533
L_1	0.3	0.301	0.333	0.299	0.333	0.292	2.667
L_2	0.5	0.500	0.000	0.509	1.800	0.520	4.000
反演参数	真值	$\gamma=0$		$\gamma=5\%$		$\gamma=10\%$	
		RM–SOMA	$\varepsilon_{rel}/\%$	RM–SOMA	$\varepsilon_{rel}/\%$	RM–SOMA	$\varepsilon_{rel}/\%$
κ	0.5	0.500	0.000	0.501	0.200	0.502	0.400
σ_s	7.5	7.500	0.000	7.515	0.200	7.010	6.533
L_1	0.3	0.296	1.333	0.301	0.333	0.291	3.000
L_2	0.5	0.501	0.200	0.505	1.000	0.520	4.000
反演参数	真值	$\gamma=0$		$\gamma=5\%$		$\gamma=10\%$	
		SOMA	$\varepsilon_{rel}/\%$	SOMA	$\varepsilon_{rel}/\%$	SOMA	$\varepsilon_{rel}/\%$
κ	0.5	0.530	6.000	0.528	5.600	0.491	1.800
σ_s	7.5	7.048	6.027	8.568	14.24	6.629	11.61
L_1	0.3	0.291	3.000	0.316	5.333	0.278	7.333
L_2	0.5	0.524	4.800	0.485	3.000	0.539	7.800

表 6.5　　激光两侧入射时四个参数同时反演结果

反演参数	真值	$\gamma=0$		$\gamma=5\%$		$\gamma=10\%$	
		RS-SOMA	$\varepsilon_{rel}/\%$	RS-SOMA	$\varepsilon_{rel}/\%$	RS-SOMA	$\varepsilon_{rel}/\%$
κ	0.5	0.500	0.000	0.500	0.000	0.503	0.600
σ_s	7.5	7.500	0.000	7.489	0.147	7.539	0.520
L_1	0.3	0.302	0.667	0.298	0.667	0.296	1.333
L_2	0.5	0.500	0.000	0.508	1.600	0.513	2.600

反演参数	真值	$\gamma=0$		$\gamma=5\%$		$\gamma=10\%$	
		RM-SOMA	$\varepsilon_{rel}/\%$	RM-SOMA	$\varepsilon_{rel}/\%$	RM-SOMA	$\varepsilon_{rel}/\%$
κ	0.5	0.500	0.000	0.500	0.000	0.501	0.200
σ_s	7.5	7.500	0.000	7.519	0.253	7.167	4.440
L_1	0.3	0.301	0.333	0.301	0.333	0.292	2.667
L_2	0.5	0.499	0.200	0.496	0.800	0.514	2.800

反演参数	真值	$\gamma=0$		$\gamma=5\%$		$\gamma=10\%$	
		SOMA	$\varepsilon_{rel}/\%$	SOMA	$\varepsilon_{rel}/\%$	SOMA	$\varepsilon_{rel}/\%$
κ	0.5	0.510	2.000	0.481	3.800	0.490	2.000
σ_s	7.5	7.709	2.787	6.691	10.78	6.730	10.27
L_1	0.3	0.305	1.667	0.277	7.667	0.266	11.33
L_2	0.5	0.495	1.000	0.535	7.000	0.516	3.200

从表 6.2~6.5 可以看出,在同时反演三个参数时,无论是否存在测量误差,SOMA 算法、RM-SOMA 算法及 RS-SOMA 算法都可以得到很好的反演结果。反演精度均随测量误差的增大而降低,并且 RS-SOMA 算法和 RM-SOMA 算法的精度相当,均优于 SOMA 算法。但是当同时反演四个参数时,在没有测量误差的情况下,SOMA 算法的最大反演误差已经达到 6.027%,并且随着测量误差的增加,其反演精度进一步降低,当添加 10% 测量误差时,SOMA 算法的最大反演误差甚至达到 11.61%,因此在同时反演四个参数的情况下,SOMA 算法已经不能得到合理的反演结果,尤其是在激光仅从左侧入射的情况下。然而,无论激光单侧入射还是两侧入射,RM-SOMA 算法和 RS-SOMA 算法都表现出了很好的性能。即使添加 10% 的噪声,在激光单侧入射时 RM-SOMA 算法和 RS-SOMA 算法的最大反演相对误差只有 6.533%,而在激光两侧入射时 RM-SOMA 算法的最大反演相对误差只有 4.44%,RS-SOMA 算法的最大反演相对误差仅为 2.6%,证明了 RS-SOMA 算法具有较强的鲁棒性。以上结果表明:RM-SOMA 算法和 RS-SOMA 算法的精度优于 SOMA 算法,并且 RS-SOMA 算法的精度略优于 RM-SOMA 算法。因此仅考虑计算精度时,RM-SOMA 算法和 RS-SOMA 算法优于 SOMA 算法,特别是在瞬态辐射传输多参数同时反演问题中。

在无测量误差的情况下采用 SOMA 算法及 RM-SOMA 算法和 RS-SOMA 算法分别反演三个参数和四个参数时的目标函数值下降曲线分别如图 6.2 所示。从图 6.2(a) 中可以看出,无论是激光单侧入射还是激光两侧入射,在反演三个参数时,RM-SOMA 算法和 RS-SOMA 算法的目标函数的收敛速度相当,但明显快于 SOMA 算法的收敛速度,并且 SOMA 算法的目标函数不能收敛到所需要的精度。从图 6.2(b) 可以看出,在同时反演四个参数时,RS-SOMA 算法的目标函数的收敛速度远快于 SOMA 算法和 RM-SOMA 算法。因此,综合考虑算法的计算精度和计算效率时,RS-SOMA 算法具有最好的性能,更适合于求解瞬态辐射传输多参数同时反演问题。RM-SOMA 算法的性能略差些,而 SOMA 算法的性能最差。此外,从图 6.2 中还可以看出,在激光两侧入射时,无论对于哪种 SOMA 算法,其目标函数收敛速度均快于单侧照射激光时的情况。

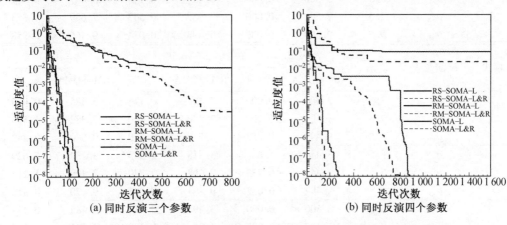

图 6.2　RS-SOMA,RM-SOMA 和 SOMA 三种算法的目标函数下降曲线对比

算例 6.3　采用 SOMA 算法同时反演三层介质中每层的辐射特性参数。

为了进一步研究激光入射模式对反演精度的影响,在给定每层介质几何位置参数的前提下分别在不同的激光入射模式的情况下对三层介质中每一层的辐射特性参数进行反演研究。如图 6.1 所示,假设三层介质的几何厚度分别为 0.3 m,0.2 m 和 0.5 m;三层的吸收系数均为 $\kappa = 0.5$ m^{-1};而三层介质的散射系数均未知,假设其真值分别为 $\sigma_{s1} = 3.5$ m^{-1},$\sigma_{s2} = 7.5$ m^{-1},$\sigma_{s3} = 9.5$ m^{-1}。本算例在三种激光入射模式下反演未知参数,模式 A:激光仅在左侧照射参与性平板介质;模式 B:激光仅在右侧照射参与性平板介质;模式 C:激光两侧照射参与性平板介质。并且在模式 C 中散射系数的反演结果是综合模式 A 和模式 B 的反演结果而得到的,也就是说,在模式 C 中第一层介质散射系数 σ_{s1} 采用模式 A 中的反演结果,第三层介质散射系数 σ_{s3} 采用模式 B 中的反演结果,而第二层的散射系数 σ_{s2} 则采用模式 A 和模式 B 中反演结果的平均值作为其反演结果,因此模式 C 的反演结果实际上是由模式 A 和模式 B 的反演结果综合得到的。分别采用 RM-SOMA 算法和 RS-SOMA 算法在不同模式下得到的反演结果见表 6.6。

表 6.6　吸收系数已知时每层介质的散射系数反演结果

模式	反演参数	真值	$\gamma = 0$		$\gamma = 5\%$		$\gamma = 10\%$	
			RS-SOMA	ε_{rel}/%	RS-SOMA	ε_{rel}/%	RS-SOMA	ε_{rel}/%
A	σ_{s1}	3.5	3.500	0.000	3.496	0.114	3.487	0.371
	σ_{s2}	7.5	7.500	0.000	7.437	0.840	7.370	1.733
	σ_{s3}	9.5	9.500	0.000	9.541	0.432	9.586	0.905
B	σ_{s1}	3.5	3.500	0.000	3.539	1.114	3.315	5.286
	σ_{s2}	7.5	7.500	0.000	7.480	0.267	7.908	5.440
	σ_{s3}	9.5	9.500	0.000	9.493	0.074	9.466	0.358

续表6.6

模式	反演参数	真值	$\gamma=0$		$\gamma=5\%$		$\gamma=10\%$	
			RS-SOMA	$\varepsilon_{rel}/\%$	RS-SOMA	$\varepsilon_{rel}/\%$	RS-SOMA	$\varepsilon_{rel}/\%$
C	σ_{s1}	3.5	3.500	0.000	3.496	0.114	3.487	0.371
	σ_{s2}	7.5	7.500	0.000	7.459	0.547	7.639	1.853
	σ_{s3}	9.5	9.500	0.000	9.493	0.074	9.466	0.358

模式	反演参数	真值	$\gamma=0$		$\gamma=5\%$		$\gamma=10\%$	
			RM-SOMA	$\varepsilon_{rel}/\%$	RM-SOMA	$\varepsilon_{rel}/\%$	RM-SOMA	$\varepsilon_{rel}/\%$
A	σ_{s1}	3.5	3.500	0.000	3.496	0.114	3.485	0.429
	σ_{s2}	7.5	7.508	0.107	7.440	0.800	7.382	1.573
	σ_{s3}	9.5	9.495	0.053	9.539	0.410	9.580	0.842
B	σ_{s1}	3.5	3.444	1.600	3.418	2.343	3.732	6.629
	σ_{s2}	7.5	7.445	0.733	7.668	2.240	7.409	1.213
	σ_{s3}	9.5	9.497	0.032	9.491	0.095	9.470	0.316
C	σ_{s1}	3.5	3.500	0.000	3.496	0.114	3.485	0.429
	σ_{s2}	7.5	7.477	0.307	7.554	0.720	7.396	1.387
	σ_{s2}	9.5	9.497	0.032	9.491	0.095	9.470	0.316

从表6.6可以看出,无论采用哪种算法,模式C得到的反演结果均比其他两种模式更精确,特别是存在测量误差的情况下。因此,在实际的介质辐射特性参数反演中建议采用综合模式C来进行反演以获得精确的反演结果。但值得注意的是,采用RS-SOMA进行反演时,即使添加5%的测量误差时散,射系数的最大反演相对误差不超过0.6%,说明针对吸收系数已知时的反演散射系数的情况,RS-SOMA算法具有较高的精度和较好的稳定性。

6.1.2　基于时域脉冲信号的生物组织物性反演

为验证上述模型和算法的准确性及可靠性,采用时间相关单光子计数系统测量超短脉冲激光作用下标准固态仿体的透反射信号,利用上述反演算法反演仿体的吸收系数和散射系数,进而验证算法的性能。

1. 实验系统

基于时间相关单光子计数器的半透明介质瞬态辐射信号测量系统原理图和实物图如图6.3所示,它主要由激光光源、光电探测器、时间相关单光子计数模块、光纤以及其他附属设备组成。考虑到本实验系统主要用于测量生物组织的透反射信号,而生物组织中在600～900 nm近红外波段内存在一个光学窗口,因此皮秒半导体激光器的波长为785 nm。主要实验设备的详细信息见表6.7。

该系统的测量原理如下:通过皮秒脉冲激光控制器触发超短激光脉冲,通过光纤耦合器连接激光器和光纤,经过光源光纤照射到半透明材料表面(可当成点光源发射),在半透明介质中经过吸收和散射过程后,会从介质的两侧壁面透射或者反射出介质,利用探测光纤接收出射信号后,经探测器将光信号转变为电信号,经过信号反转器进入单光子计数器的触发端,脉冲激光控制器的同步信号经由电缆通过脉宽整形器后进入单光子计数器的同步端,单光子计数器通过内部电路进行时间相关单光子计数,获得出射光子的时间扩展曲线。

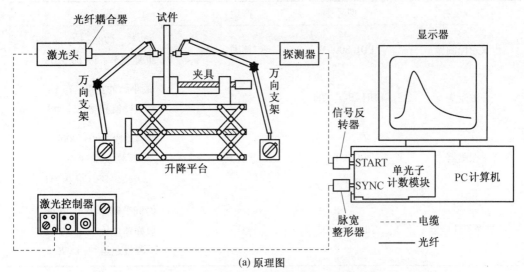

(a) 原理图

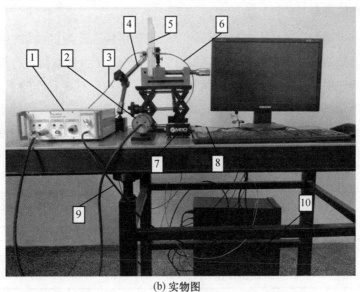

(b) 实物图

图 6.3　实验系统原理图和实物图

1—激光控制器,2—激光头;3—光源光纤;4—万向光纤支架;5—半透明试件;6—探测光纤;7—单光子雪崩光电二极管;8—探测信号电缆及信号反转器;9—光源同步信号电缆及脉宽整形器;10—安装有时间相关单光子计数模块的计算机

表 6.7　主要实验设备信息

设备名称	型号	产地	主要参数
激光控制器	PDL 800-B	德国	波长：$(785\pm10)\,nm$ 重复频率：$5\sim80\ MHz$
激光头	LDH-P-C-780	德国	最小脉冲宽度：73 ps 最大峰值功率：11 mW
探测器	PFCCTA	意大利	探测波段：$400\sim900\ nm$ 探测效率：49% 响应时间：50 ps
单光子计数器	Timeharp200	德国	时间分辨率小于 40 ps 取样速度大于 $3\times10^{6}/s$ 测量通道数：4 096

2. 实验系统的校准

激光作用下半透明介质瞬态辐射信号的准确测量是物性反演的基础,反演前需要利用辐射物性参数已知的标准固态仿体对上述的时间相关单光子计数系统进行设备的标定和系统的验证。实验选用的仿体是由环氧树脂和固化剂作为基底材料制作的平板型固态仿体,其中添加近红外染料作为吸收物质,添加二氧化钛作为散射物质,通过添加不同比例的近红外染料和二氧化钛来制作不同吸收系数和散射系数的标准仿体。本实验中制作两块平板型固态仿体材料,其几何尺寸和物性参数见表 6.8,其中,约化散射系数 $\sigma'_{s}=(1-g)\sigma_{s}$。

表 6.8　仿体几何尺寸及物性参数

介质	几何尺寸 $L\times W\times H/mm\times mm\times mm$	吸收系数 κ/mm^{-1}	约化散射系数 σ'_{s}/mm^{-1}
标准固态仿体 1	$200\times200\times20$	0.009	0.9
标准固态仿体 2	$200\times200\times16$	0.02	4.0

实验测量时,测量系统各部分的参数设定如下:恒比鉴别器的零点位置为 10 mV,阈值水平为 20 mV,同步信号水平为 150 mV,时间相关单光子计数模块的时间分辨率为 30.9 ps,选用积分模式,积分时间为 3.5 s,激光的重复频率为 40 MHz,激光器功率为 2.7 mW。分别对标准固态仿体 1 和仿体 2 的时变透反射信号进行测量,得到相应的标准时间扩展曲线,并与数值仿真的结果对比,如图 6.4 所示。由图 6.4 可以看出,透反射信号的实验测量结果和理论仿真计算结果吻合得很好,证明了实验系统的可靠性。

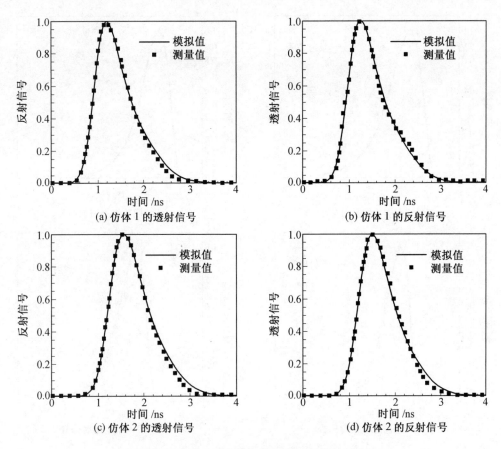

图 6.4　仿体 1 和仿体 2 的瞬态辐射信号对比

3. 实验测量及结果分析

在对实验系统进行校准之后,采用该实验系统分别对猪的脂肪组织和肌肉组织的透反射信号进行测量,进而重建其未知辐射特性参数。测量得到的脂肪组织和肌肉组织的标准时变透反射信号分别如图 6.5(a) ~ (d) 所示。

除了对生物组织进行离体(In Vitro)测量外,还可利用这套设备对人体手臂进行在体(In Vivo)测量,如图 6.6 所示。将手臂自然放松搭在实验平台上,调整好高度将探测光纤和光源光纤紧贴着手臂,它们之间的水平距离为 16 mm,在激光重复频率为 40 MHz 时,测量出手臂的反射信号,如图 6.7 所示。

将上述实验测量得到的透反射信号作为输入数据,利用前面介绍的 RS-SOMA 算法分别对仿体、猪脂肪组织、猪肌肉组织以及人体手臂的吸收系数和约化散射系数进行重建。并且选取标准化的测量信号值大于 0.25 的时间通道作为测量点,代入逆问题算法中作为输入条件,目标函数可以定义为

$$F_{obj} = \sum_{i=1}^{N_R} (R_i - M_i)^2 + \sum_{j=1}^{N_T} (T_j - M_j)^2 \tag{6.5}$$

式中,N_R 和 N_T 分别表示标准化的反射信号和透射信号值大于 0.25 的时间通道;M_i 表示标准化反射信号的测量值;M_j 表示标准化透射信号的测量值;R_i 表示利用正问题算法计算得

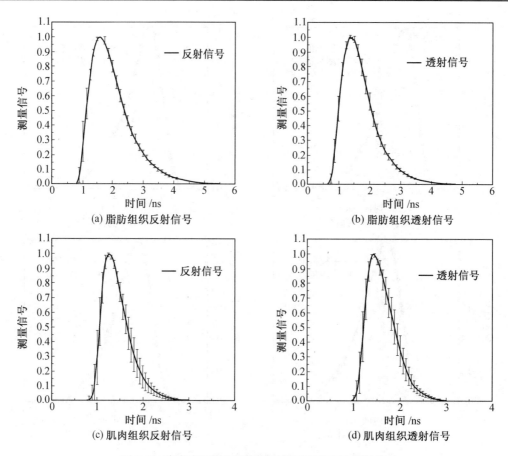

图 6.5　猪脂肪组织和肌肉组织的标准时变透反射信号

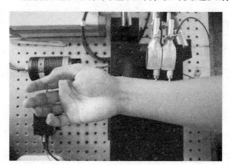

图 6.6　手臂活体测量

到的标准化反射信号的估计值;T_j 表示利用正问题算法计算得到的标准化透射信号的估计值。

　　设定好最大迭代次数都为 N_t = 1 000,目标函数容忍度设置为 ε_o = 10^{-8},种群大小为 M = 50,步长参数 $Step$ = 0.11,路径长度参数 $Pathlength$ = 3.0,摄动参数 PRT = 0.1。吸收系数的搜索范围为 $\kappa \in [0.0, 0.5]$ m^{-1},约化散射系数的搜索范围为 $\sigma'_s \in [0.5, 5.0]$ m^{-1},其中 σ'_s = $(1-g)\sigma_s$。反演得到它们的吸收系数和约化散射系数,见表 6.9。

　　从表 6.9 中标准固态仿体 1 和仿体 2 的反演结果可以看出,采用 RS-SOMA 算法可以将所有的参数很好地反演出来。同时,猪的脂肪组织、猪的肌肉组织以及人的手臂组织的辐

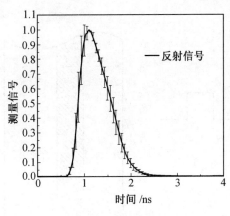

图 6.7　手臂反射曲线

射特性参数的反演结果也都在参考值的范围内。这证明了 RS-SOMA 算法具有较高的精度和较好的可靠性。

表 6.9　生物组织辐射物性反演结果

介质	吸收系数 κ/mm^{-1}		约化散射系数 σ'_s/mm^{-1}	
	反演值	参考值	反演值	参考值
标准固态仿体 1	0.009 3	0.009	0.870 9	0.9
标准固态仿体 2	0.019 6	0.02	4.042 6	4.0
猪的脂肪组织	0.014 6	0.001 ~ 0.1[9]	2.105 4	0.5 ~ 2.0[9]
猪的肌肉组织	0.096 0	0.001 ~ 0.1[9]	1.952 9	0.5 ~ 2.0[9]
人的手臂组织	0.012 4	0.007 ~ 0.03[10]	0.754 6	0.5 ~ 2.0[10]

6.2　采用生物地理学优化算法求解辐射传输逆问题

生物地理学优化算法是在对生物物种迁移数学模型的研究基础上,借鉴其他仿生智能优化算法的框架而形成的[11-13]。该算法是一种较好的全局优化算法,具有设置参数少、计算简单、收敛速度快等优点。本节将采用生物地理学优化算法(BBO)以及一种改进的基于局部搜索策略的生物地理学优化算法(ILSBBO)来研究超短脉冲激光作用下多层不均匀介质瞬态辐射传输逆问题。

物理模型如图 6.8 所示,脉冲激光从左侧照射三层非均匀介质,激光入射角度为 $\theta_0 = 0°$,脉冲宽度为 $t_p^* = 0.3$ m。介质几何总厚度为 $L = 1.0$ m,中间分界面的位置分别为 $L_1 = 0.3$ m,$L_2 = 0.5$ m。背景介质层 1 和背景介质层 3 的吸收系数为 0.5 m^{-1},散射系数为 3.5 m^{-1},中间介质层 2 的吸收系数和散射系数分别为 0.5 m^{-1},7.5 m^{-1}。仅考虑各向同性散射介质,且忽略边界和分界面反射率的影响。

在假设背景介质层 1 和背景介质层 3 的光学参数已知的情况下,仍然采用有限体积法(FVM)求解瞬态辐射传输正问题,计算介质边界处的时变透射辐射信号和时变反射辐射信号。进而通过极小化由介质边界处的时变透射辐射信号和时变反射辐射信号构成的目标函数,分别采用 BBO 算法和改进的 ILSBBO 算法反演得到非均匀介质层 2 的吸收系数、散射系数以及中间层的几何位置参数。本书中用于反演计算的目标函数为

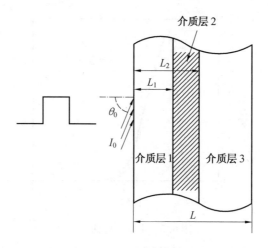

图 6.8　物理模型

$$F(\boldsymbol{a}) = \frac{1}{2} \sum_{i=1}^{2} \left\{ \int_{0}^{t_s} \| \rho_{\mathrm{T,est}}(t,\boldsymbol{a}) - \rho_{\mathrm{T,mea}}(t,\boldsymbol{a}) \|_{L_i} \mathrm{d}t + \right.$$

$$\left. \int_{0}^{t_s} \| \rho_{\mathrm{R,est}}(t,a) - \rho_{\mathrm{R,mea}}(t,a) \|_{L_i} \mathrm{d}t \right\} \qquad (6.6)$$

式中，$\rho_{\mathrm{T,mea}}(t,\boldsymbol{a})$ 和 $\rho_{\mathrm{R,mea}}(t,\boldsymbol{a})$ 分别表示测量得到的时变透射和反射信号；$\rho_{\mathrm{T,est}}(t,\boldsymbol{a})$ 和 $\rho_{\mathrm{R,est}}(t,\boldsymbol{a})$ 分别表示由假设的待反演参数 $\boldsymbol{a} = (a_0, a_1, \cdots, a_N)^{\mathrm{T}}$ 估计的时变透射和反射信号；t_s 表示信号测量采样时间。

6.2.1　单物性参数的反演结果

分别假设中间层 2 的吸收系数 κ、散射系数 σ_s、左边界位置 L_1 以及右边界位置 L_2 四个待反演参数中的三个为已知，分别采用 BBO 算法和 ILSBBO 算法对第四个参数进行反演计算，反演结果见表 6.10。考虑到中间层左右边界位置参数相似，本书仅给出左边界 L_1 的反演结果。

表 6.10　单参数反演结果

参数	κ		σ_s		L_1	
真值	0.5		7.5		0.3	
	BBO	ILSBBO	BBO	ILSBBO	BBO	ILSBBO
反演值	0.497 9	0.500 0	7.451 0	7.500 0	0.315 9	0.299 9
$\varepsilon_{\mathrm{rel}}/\%$	0.420 0	0.000 0	0.653 3	0.000 0	5.300 0	0.033 3

从表 6.10 中可以看出，无论对于哪个参数，两种算法都可以得出合理的反演结果，但是改进后的 ILSBBO 算法得到的反演结果明显优于 BBO 算法得到的结果。反演计算过程中目标函数下降曲线如图 6.9 所示。从图 6.9 中可以看出，在单参数反演的情况下，无论是哪个参数的反演计算，ILSBBO 算法的目标函数值下降速度明显快于 BBO 算法，并且 BBO 算法几乎不能收敛到所需的精度。此外，对于 ILSBBO 算法，反演位置参数 L_1 时的目标函数下降最快；而反演散射系数 σ_s 时的目标函数下降最慢，这可能和测量信号对各参数的敏感性系数大小有关。由敏感性分析可知，测量信号对中间层边界位置参数的敏感性较大，对散射系数的敏感性最差，这与图 6.9 中所得到的结论相一致。

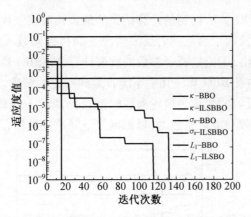

图 6.9　BBO 算法和 ILSBBO 算法目标函数下降曲线

6.2.2　多物性参数的反演结果

在上述单参数反演计算的前提下,分别进行了双参数、三个参数以及四个参数同时反演的计算,反演计算结果分别见表 6.11~6.13。

表 6.11　双参数反演计算结果

	κ	σ_s	κ	L_1	σ_s	L_1	L_1	L_2
真值	0.5	7.5	0.5	0.3	7.5	0.3	0.3	0.5
BBO	0.536 5	7.625 4	0.509 3	0.330 6	7.419 7	0.287 6	0.276 8	0.463 9
$\varepsilon_{rel}/\%$	7.300 0	1.672 0	1.860 0	10.200	1.070 7	4.133 3	7.333 3	7.220 0
ILSBBO	0.500 0	7.500 0	0.500 0	0.298 8	7.500 0	0.302 0	0.304 6	0.496 5
$\varepsilon_{rel}/\%$	0.000 0	0.000 0	0.000 0	0.400 0	0.000 0	0.666 7	1.533 3	0.700 0

表 6.12　三个参数反演计算结果

	κ	σ_s	L_1	κ	L_1	L_2	σ_s	L_1	L_2
真值	0.5	7.5	0.3	0.5	0.3	0.5	7.5	0.3	0.5
BBO	0.519 8	7.613 3	0.301 9	0.537 1	0.338 9	0.562 4	8.747 4	0.318 9	0.504 0
$\varepsilon_{rel}/\%$	3.960 0	1.510 7	0.633 3	7.420 0	12.967	12.480	16.632	6.300 0	0.800 0
ILSBBO	0.500 0	7.500 0	0.301 4	0.500 0	0.299 1	0.495 6	7.500 0	0.299 5	0.505 0
$\varepsilon_{rel}/\%$	0.000 0	0.000 0	0.466 7	0.000 0	0.300 0	0.880 0	0.000 0	0.166 7	1.000 0

表 6.13　四个参数反演计算结果

	BBO				ILSBBO			
参数	κ	σ_s	L_1	L_2	κ	σ_s	L_1	L_2
真值	0.5	7.5	0.3	0.5	0.5	7.5	0.3	0.5
反演值	0.597 2	9.412 6	0.391 5	0.531 4	0.500 0	7.499 9	0.299 5	0.499 9
$\varepsilon_{rel}/\%$	19.440	25.501	30.500	6.280 0	0.000 0	0.001 3	0.166 7	0.020 0

由表 6.11~6.13 可以看出,对于双参数和三个参数的反演,BBO 算法可以得到比较合理的反演结果,但是对于四个参数同时反演的情况已不能得到合理的结果;四个参数同时反演时,BBO 算法得到的反演结果最大相对误差达到 30.5%,四个参数的反演结果相对误差都很大。而 ILSBBO 算法对于双参数、三个参数以及四个参数同时反演都可得到很好的反演结果,各参数反演结果相对误差均远远小于 BBO 算法的计算结果,尤其是对于四个参数

同时反演的情况下,ILSBBO 算法得到的计算结果的最大相对误差仅为 0.166 7%。

　　双参数、三个参数以及四个参数同时反演情况下的目标函数下降曲线如图 6.10 所示。从图 6.10 中同样可以看出,无论是哪个参数的反演计算,ILSBBO 算法的目标函数值下降速度明显快于 BBO 算法,并且 BBO 算法几乎不能收敛到所需的精度。同样,由于敏感性的影响,对于双参数的反演,反演两个边界位置参数时的目标函数下降较快,可较快收敛到真值附近,而同时反演吸收系数和散射系数时,目标函数下降速度最慢,最难收敛到真值附近。

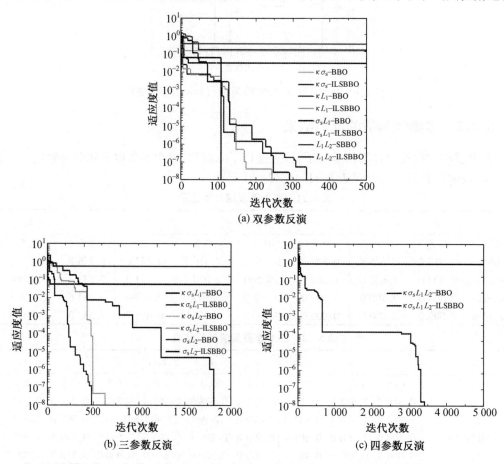

图 6.10　多参数同时反演时 BBO 算法和 ILSBBO 算法目标函数下降曲线

　　从上述所有反演结果可以看出,无论是对于单参数反演还是对于多参数反演,ILSBBO 算法可以得到较好的反演结果,更适合于非均匀介质辐射传输逆问题的计算。

　　由敏感性分析可知,测量信号对两位置参数 L_1,L_2 的敏感性要远大于对吸收系数 κ 和散射系数 σ_s 的敏感性,因此两位置参数应该更容易得到较好的反演结果,但是无论是对于 BBO 算法还是 ILSBBO 算法,从表 6.10 ~ 6.13 中可以看出,吸收系数和散射系数的反演精度均好于中间层边界位置参数的反演结果。经过分析发现,这是由于多值性导致的。

　　图 6.11 所示为在每个参数真值附近目标函数随待反演参数值的变化曲线。从图 6.11 中不难看出,对于两位置参数 L_1 和 L_2,在真值附近较大范围内目标函数值均可以达到 10^{-29} 量级,存在多值性。而对于吸收系数 κ 和散射系数 σ_s,几乎只有真值能使目标函数达到这一量级,不存在多值性。因此,尽管位置参数的敏感性系数较大,但是在多值性的影响下其

反演结果精度远低于吸收系数 κ 和散射系数 σ_s 的反演结果。

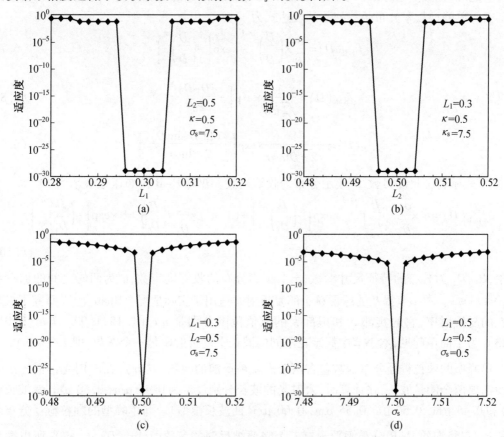

图 6.11　目标函数随待反演参数值的变化曲线

综上所述,对于单参数、双参数以及三个参数的反演 BBO 和 ILSBBO 算法均能得到合理的反演结果,但 ILSBBO 算法的反演结果远优于 BBO 算法的结果。并且对于四个参数同时反演的情况,ILSBBO 算法仍能得到很好的反演结果,所以 ILSBBO 算法更适合于非均匀介质瞬态辐射传输逆问题的计算。此外,由于中间层介质左右边界位置参数 L_1 和 L_2 在真值附近存在多值性的缘故,导致参数 L_1 和 L_2 的反演结果精度低于吸收系数 κ 和散射系数 σ_s。

6.3　采用果蝇算法求解粒径分布逆问题

果蝇优化算法是受果蝇觅食行为的启发而推演出的一种寻求全局优化的演化式计算,也属于人工智能的领域。此算法具有实现相对较简单、收敛速度相对较快的优点,近年来成为国内外学者的关注热点之一。本节将果蝇优化算法(FOA)与反常衍射近似理论(ADA)和朗伯-比尔定律相结合,用来估计光散射颗粒测量技术中单峰型和双峰型的球形粒子粒径分布。

6.3.1　颗粒粒径分布数值反演结果

分别对三种常用的单峰型颗粒粒径分布函数,即 R-R 分布、N-N 分布和 L-N 分布进行反演。此外,也反演了球形粒子的双峰型 R-R 分布。上述的所有研究均建立在依赖模型的基础上。单峰型频率分布函数的数学表达式为

$$f_{R-R}(D) = \frac{\sigma}{\overline{D}} \times \left(\frac{D}{\overline{D}}\right)^{\sigma-1} \times \exp\left[-\left(\frac{D}{\overline{D}}\right)^{\sigma}\right] \tag{6.7}$$

$$f_{N-N}(D) = \frac{1}{\sqrt{2\pi}\sigma} \times \exp\left[-\frac{(D-\overline{D})^2}{2\sigma^2}\right] \tag{6.8}$$

$$f_{L-N}(D) = \frac{1}{\sqrt{2\pi}D\ln\sigma} \times \exp\left[-\frac{(\ln D - \ln\overline{D})^2}{2(\ln\sigma)^2}\right] \tag{6.9}$$

式中,$\overline{D}$ 表示特征尺度参数,σ 表示分布的收缩指数。双峰 R-R 分布函数表示为[14]

$$f_{R-R}(D) = n' \times \frac{\sigma_1}{\overline{D}_1} \times \left(\frac{D}{\overline{D}_1}\right)^{\sigma_1-1} \times \exp\left[-\left(\frac{D}{\overline{D}_1}\right)^{\sigma_1}\right] + (1-n') \times \frac{\sigma_2}{\overline{D}_2} \times \left(\frac{D}{\overline{D}_2}\right)^{\sigma_2-1} \times \exp\left[-\left(\frac{D}{\overline{D}_1}\right)^{\sigma_2}\right]$$

$$\tag{6.10}$$

式中,$\overline{D}_1, \overline{D}_2$ 为分布的特征尺寸参数;σ_1, σ_2 为分布的收缩度指数;n' 为两峰之间的加权系数,$0 \leqslant n' \leqslant 1$。本小节提及的球形粒子的复折射率适用于实际情况。Ruan 等[15]研究了煤灰颗粒的复折射率,它的实部 n 和虚部 k 的取值范围分别是 $n \in [1.18, 1.92]$,$k \in [0.01, 1.13]$。为了简单起见,本小节中假定在不同的波长下复折射率是一个常数,即 $1.35+0.02i$。

单峰型的颗粒粒径分布函数包含两个需要被反演的参数$(\overline{D}, \sigma)$,在应用光谱消光法时至少需要两个测量波长,在计算时,入射光的波长分别设定为 $0.45~\mu m$,$0.50~\mu m$(双波长模型)和 $0.45~\mu m$,$0.50~\mu m$,$0.55~\mu m$,$0.60~\mu m$(四波长模型)。与单峰型的颗粒粒径分布函数相比,双峰型的 R-R 分布函数含有五个需要被反演的参数$(\overline{D}, \sigma_1, \overline{D}_2, \sigma_2, n')$,所以测量波长选为 $0.45~\mu m$,$0.50~\mu m$,$0.55~\mu m$,$0.60~\mu m$,$0.65~\mu m$(五波长模型)和 $0.45~\mu m$,$0.50~\mu m$,$0.55~\mu m$,$0.60~\mu m$,$0.65~\mu m$,$0.70~\mu m$,$0.75~\mu m$(七波长模型)。测量的颗粒粒径选在 $0.1~\mu m$ 到 $10~\mu m$ 之间,这也是光谱消光法的最佳测量范围。对于单峰型的 R-R 分布,真值设定为$(1.9, 1.8)$;对于单峰型的 N-N 分布,真值设定为$(2.0, 0.6)$;对于单峰型的 L-N 分布,真值设定为$(2.05, 1.85)$。双峰型 R-R 分布的真值是$(1.5, 4.9, 6.1, 6.85, 0.68)$。搜索区间为$[0.1, 10]$。

球形颗粒粒径分布的反演是通过最小化目标函数来求解,在果蝇优化算法中,目标函数也就是适应值函数(Smellbest),其表达式为

$$F_{obj} = \sum_{i=1}^{N_\lambda} \left\{ \frac{[I(\lambda)/I_0(\lambda)]_{est} - [I(\lambda)/I_0(\lambda)]_{mea}}{[I(\lambda)/I_0(\lambda)]_{mea}} \right\}^2 \tag{6.11}$$

式中,N_a 是波长数目。考虑到果蝇优化算法是一种随机的优化算法,所有的优化都有一定的随机性,所以重复计算 50 次。此外,为了研究该优化算法的可靠性和可行性,也研究了一些用于评价反演结果的特征参数。

(1)颗粒粒径分布的相对误差 δ 是指反演估计出的概率分布与每个小区间的真实颗粒粒径分布之间的误差和,其数学表达式为

$$\delta = \frac{\left\{ \sum\limits_{i=1}^{N} \left[f_{\text{est}}(\widetilde{D}_i) - f_{\text{true}}(\widetilde{D}_i) \right]^2 \right\}^{1/2}}{\left\{ \sum\limits_{i=1}^{N} \left[f_{\text{true}}(\widetilde{D}_i) \right]^2 \right\}^{1/2}} \tag{6.12}$$

式中,N 表示颗粒径度范围$[D_{\max}, D_{\min}]$被分成了 N 个子区间;D_i 是第 i 个子区间$[D_i, D_{i+1}]$ 的中点;$f_{\text{true}}(D_i)$ 是第 i 个子区间中真实的频率分布;$f_{\text{est}}(D_i)$ 是第 i 个子区间中估计的频率分布。

（2）每次收敛的平均计算时间 t,单位为 s。通过和标准微粒群优化算法（PSO）进行比较,研究果蝇优化算法的性能。图 6.12 显示了在四波长模型下用粒子群优化算法和果蝇优化算法反演 L-N 分布时得到的目标函数的值。对于标准粒子群优化算法,其置信系数设为 2.0,惯性权重因子在 0.4 到 0.9 之间变化。对于果蝇优化算法,区间的上下限（$high$，low）分别设定为 0.002 和 -0.002。两个算法都重复计算了 50 次。计算终止的标准为:①迭代精度小于 10^{-12};②达到了最大迭代次数 1 000。可以发现,使用果蝇优化算法使用粒子群优化算法收敛得更快。此外,与同粒子群优化算法相比,果蝇优化算法可以通过更少的迭代次数得到更低的目标函数值。因此,果蝇优化算法适用于研究依赖模型下球形粒子的单峰型和双峰型颗粒粒径分布函数,对于单峰型函数和双峰型函数,其果蝇优化算法的控制参数分别列于表 6.14 和表 6.15 中。表 6.16 显示了将不同的随机测量误差加入到消光数据之后,对单峰型颗粒粒径分布函数重建而得到的球形粒子群粒径分布,其相应的反演曲线如图 6.13 ~ 6.15 所示。使用果蝇优化算法对双峰型的 R-R 分布进行反演,得到的结果见表 6.17。其相应的反演曲线如图 6.13 所示。

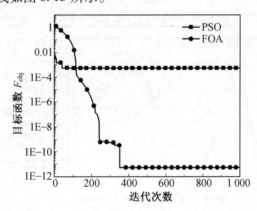

图 6.12　分别采用 PSO 算法和 FOA 算法的目标函数下降曲线对比

表 6.14　对于单峰型函数的果蝇优化算法的控制参数

参数	粒子数	最大代数	$\overline{D}$	σ	ε
值	50	3 000	0.01–10	0.01–10	10^{-8}

表 6.15　对于双峰型函数的果蝇优化算法的控制参数

参数	粒子数	最大代数	$\overline{D}_1$	σ_1	$\overline{D}_2$	σ_2	n'	ε
值	50	5 000	0.01 ~ 10	0.01 ~ 10	0.01 ~ 10	0.01 ~ 10	0.5 ~ 1.0	10^{-8}

表 6.16　单峰型 PSD 颗粒粒径分布函数反演结果

函数	误差	二波长				四波长			
		$\overline{D}$	σ	ε	t/s	$\overline{D}$	σ	ε	t/s
R–R	0	1.90	1.80	0.000 21	0.912	1.90	1.80	0.000 06	1.221
$(\overline{D},\sigma)=$	5%	1.86	1.96	0.085 81	5.469	1.89	1.85	0.014 03	10.44
$(1.9,1.8)$	10%	1.92	2.29	0.142 06	5.581	1.87	1.90	0.069 61	10.50
N–N	0	2.00	0.60	0.007 90	3.431	2.00	0.60	0.002 39	3.546
$(\overline{D},\sigma)=$	5%	1.92	0.64	0.105 27	4.228	2.01	0.62	0.028 12	8.091
$(2.0,0.6)$	10%	1.88	0.98	0.376 04	4.334	2.05	0.73	0.169 84	8.125
L–N	0	2.05	1.85	0.002 32	0.404	2.05	1.85	0.000 03	0.749
$(\overline{D},\sigma)=$	5%	2.26	2.11	0.174 60	4.226	2.03	1.83	0.013 30	8.281
$(2.05,1.85)$	10%	2.52	2.64	1.130 51	4.363	2.01	1.82	0.020 55	8.442

表 6.17　双峰型 R–R 颗粒粒径分布函数反演结果

多波长模型	误差	$\overline{D}_1$	σ_2	$\overline{D}_2$	σ_2	n'	ε	t/s
五波长	0	1.50	4.85	5.96	6.56	0.66	0.046 38	16.48
	2%	1.49	4.94	6.46	8.85	0.65	0.116 98	32.24
	5%	1.45	4.67	6.77	9.70	0.60	0.259 76	35.15
七波长	0	1.50	4.91	6.11	6.76	0.68	0.003 75	24.22
	2%	1.50	4.92	6.45	8.42	0.68	0.065 68	41.09
	5%	1.50	5.04	6.42	9.26	0.66	0.109 40	41.49

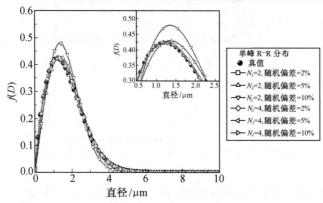

图 6.13　基于蚁群算法的单峰型 R–R 分布函数反演结果

　　从表 6.16 和图 6.13～6.15 中可以看出,对于双波长模型和四波长模型,当随机误差不超过 5% 时,单峰型分布的反演结果会更精确。在双波长模型中,当误差上升到 10% 时,估计的结果误差会增大,收敛时间会增加,尤其是对于 N–N 分布影响更显著。然而,对于四波长模型,即使存在着 10% 的误差,收敛时间会相应增加,但反演结果仍然体现出很好的精度和鲁棒性。也就是说,尽管四波长模型的收敛时间更长,但四波长模型的反演结果比双波长模型的反演结果更精确。这是因为同四波长模型相比,双波长模型提供的透射光的信息更少,这会导致反演结果更容易出现多值。从表 6.17 和图 6.16 中可以得出相似的结论。此

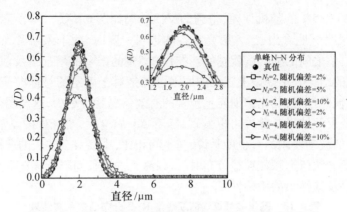

图 6.14　基于蚁群算法的单峰型 N-N 分布函数反演结果

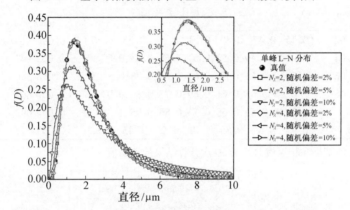

图 6.15　基于蚁群算法的单峰型 L-N 分布函数反演结果

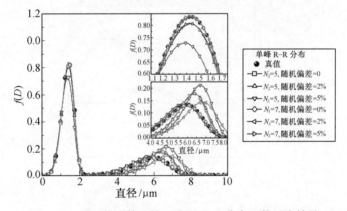

图 6.16　基于蚁群算法的双峰型 R-R 分布函数反演结果

外,即使存在着 5%的随机误差,用果蝇优化算法反演的颗粒粒径分布的主峰值和在七个入射光波长下的原始值仍具有很好的吻合性。然而,在存在着 5%的随机误差的情况下,其他峰值的反演结果与真实值间的偏差并不令人满意。也就是说,与其他峰值相比,主峰值显示出了更好的鲁棒性,对测量误差也更不敏感。

　　因为可测量的光谱消光量包含了一些和颗粒粒径分布有关的重要信息,每个波长包含的信息也不相同。所以,对于某个给定的颗粒粒径分布,一定存在最适宜的入射激光波长。表 6.18 列出了在不同的入射激光波长下用果蝇优化算法反演双峰型 R-R 分布得到的结果。分别添加2%和5%的随机误差,得到的反演结果如图6.17、6.18所示。从图6.17和表6.18中可以很明显地看出,当入射光波长的数目一定时,两个入射激光的波长间隔$\Delta\lambda$越大,估计值和真值之间的吻合度就越好。在存在5%的误差的情况下反演双峰型R-R分布可以得出相似的结论。出现以上现象的原因可能是对于确定的悬浮粒子系,如果选择的入射激光的波长彼此接近,其光谱消光量包含的有效信息就会更少,这会弱化多光谱测量的优势,导致较差的反演结果。此外可以发现,随着$\Delta\lambda$的增大,小峰处的反演结果的波动比主峰处反演结果的波动要剧烈。也就是说,与主峰相比,小峰对于波长的选择要更敏感。因此,当使用光谱消光法研究颗粒粒径分布时,入射激光的波长间隔应该选得足够大来避免无效的测量,以提高反演结果的精确性。

表6.18 基于蚁群算法的双峰型R-R分布函数反演结果

	$\Delta\lambda/\mu m$	$(l_1,l_2,l_3,l_4,l_5,l_6,l_7)/\mu m$	相对误差	
			$\gamma=2\%$	$\gamma=5\%$
No.1	0.02	(0.45, 0.47, 0.49, 0.51, 0.53, 0.55, 0.57)	0.096 110	0.145 541
No.2	0.04	(0.45,0.49,0.53,0.57,0.61,0.65,0.69)	0.072 907	0.110 170
No.3	0.06	(0.45,0.51,0.57,0.63,0.69,0.75,0.81)	0.058 346	0.064 813
No.4	0.08	(0.45,0.53,0.61,0.69,0.77,0.85,0.93)	0.050 863	0.061 880
No.5	0.1	(0.45,0.55,0.65,0.75,0.85,0.95,1.05)	0.044 092	0.048 217
No.6	0.2	(0.45, 0.65, 0.85, 1.05, 1.25, 1.45, 1.65)	0.039 337	0.042 716

＊表中所示反演结果和相对误差均为50次计算结果的平均值

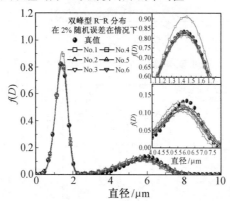

图6.17 在2%随机误差下基于蚁群算法的双峰型R-R分布函数反演结果

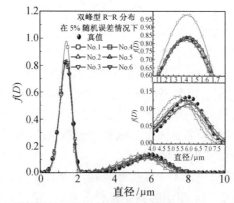

图6.18 在5%随机误差下基于蚁群算法的双峰型R-R分布函数反演结果

6.3.2　颗粒粒径分布反演实验研究

通过重建实际测量的气溶胶中的颗粒粒径分布,也可以证明果蝇优化算法的可靠性。因为粒子系的具体分布函数事先未知,故使用双峰型的 J-S_B 分布和 M-β 分布作为通用函数来估计实际气溶胶中的颗粒粒径分布。J-S_B 分布和 M-β 分布的数学表达式为

$$f_{\text{J-}S_B}(D) = n' \times \frac{\sigma'_1}{\sqrt{2\pi}} \frac{D_{\max} - D_{\min}}{(D - D_{\min})(D_{\max} - D)} \exp\left\{ -\frac{(\sigma'_1)^2}{2}\left[\ln\left(\frac{D - D_{\min}}{D_{\max} - D}\right) - \ln\left(\frac{M_1 - D_{\min}}{D_{\max} - M_1}\right) \right]^2 \right\} +$$

$$(1 - n') \times \frac{\sigma'_2}{\sqrt{2\pi}} \frac{D_{\max} - D_{\min}}{(D - D_{\min})(D_{\max} - D)} \exp\left\{ -\frac{(\sigma'_2)^2}{2}\left[\ln\left(\frac{D - D_{\min}}{D_{\max} - D}\right) - \ln\left(\frac{M_2 - D_{\min}}{D_{\max} - M_2}\right) \right]^2 \right\} \tag{6.13}$$

$$f_{\text{M-}\beta}(D) = n' \times \frac{(D - D_{\min})^{\alpha'_1 m_1}(D_{\max} - D)^{m_1}}{\displaystyle\int_{D_{\min}}^{D_{\max}}(D - D_{\min})^{\alpha'_1 m_1}(D_{\max} - D)^{m_1}\mathrm{d}D} +$$

$$(1 - n') \times \frac{(D - D_{\min})^{\alpha'_2 m_2}(D_{\max} - D)^{m_2}}{\displaystyle\int_{D_{\min}}^{D_{\max}}(D - D_{\min})^{\alpha'_2 m_2}(D_{\max} - D)^{m_2}\mathrm{d}D} \tag{6.14}$$

式中,σ'_1,M_1,σ'_2,M_2,α'_1,m_1,α'_2,m_2,n' 为特征参数,$0 \leqslant n' \leqslant 1$。

根据由 NASA 的 AERONET 1.5.2 版本提供的数据通过果蝇算法反演得到 2014 年 5 月 18 号北京的气溶胶粒径分布与 2009 年 2 月 11 号杭州的气溶胶粒径分布分别如图 6.19 和 6.20 中的红色条纹所示[16],相应的由 AERONET 计算得到气溶胶的复折射率如图 6.21 所示。测量的气溶胶粒子的半径范围是 0.05 ~ 15 μm,所有的实验数据都在 0.440 μm,0.675 μm,0.870 μm 和 1.020 μm 这四个波长下测量。双峰型的 J-S_B 分布和 M-β 分布的重建结果列于表 6.19 中,其相应的反演结果复现性如图 6.19 和 6.20 所示。

表 6.19　双峰型的 J-S_B 分布和 M-β 分布的反演结果

气溶胶体积分布	反演结果	
	M-β(α'_1,m_1,α'_2,m_2,n)	J-S_B(M_1,σ'_1,M_2,σ'_2,n)
北京	(0.008,180.15,0.31,5.11,0.061)	(0.14,3.59,4.02,1.09,0.015)
广州	(0.012,161.57,0.41,2.05,0.035)	(0.28,1.82,5.52,1.12,0.04)

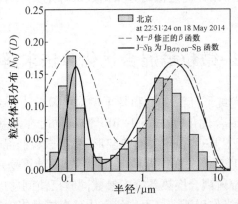

图 6.19　在北京双峰型的 J-S_B 分布和 M-β 分布的反演结果的复现性

从图 6.19 中可以明显地看出,对于两个通用函数,尤其是 J-S_B 函数,其反演结果和真

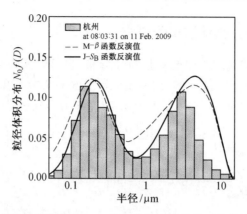

图 6.20　在杭州双峰型的 $J\text{-}S_B$ 分布和 $M\text{-}\beta$ 分布的反演结果的复现性

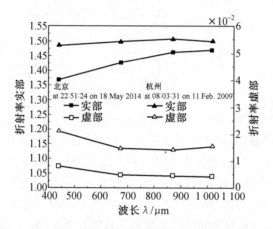

图 6.21　AERONET 中可用的北京和杭州气溶胶的复折射率分布

实分布之间有很好的吻合度,尽管主峰的估计值稍微偏离了初始值。类似地,在图 6.20 中,可以发现 $M\text{-}\beta$ 分布的估计值的偏差要略微严重一些,而 $J\text{-}S_B$ 函数的估计值更合理且让人满意。此外,值得注意的是,同 $M\text{-}\beta$ 分布相比,用 $J\text{-}S_B$ 函数可以很好地估计分布的峰值位置。

　　总之,果蝇优化算法可以用来反演实际测量的颗粒粒径分布,双峰型的 $J\text{-}S_B$ 分布和 $M\text{-}\beta$ 分布,尤其是 $J\text{-}S_B$ 分布,可以作为近似的分布函数来研究实际测量的气溶胶的颗粒粒径分布。

6.4　采用单纯形–微粒群混合优化算法求解辐射传输逆问题

　　基于 K–均值聚类将单纯形算法[17-19]和骨干微粒群算法[19-21]结合形成基于 K–均值聚类的单纯形–骨干微粒群混合优化算法(SM–BBPSO),同时在此基础上将单纯形算法和标准微粒群算法结合得到基于 K–均值聚类的单纯形–标准微粒群混合优化算法(KSM–PSO)。KSM–PSO 算法与 SM–BBPSO 算法在计算精度、计算效率、计算稳定性和通用性方面各具优点,可广泛地应用于导热辐射耦合换热系统多参数同时反演问题的求解。本节将采用这两种算法来研究超短脉冲激光作用下多层不均匀介质瞬态辐射传输逆问题[23]。

　　考虑高强度短脉冲激光平行照射一维大平板半透明介质的瞬态导热辐射耦合传热问题,物理模型如图 6.22 所示。假设激光从左侧入射,两侧壁面均为不透明漫灰边界,左边界和右边界的发射率为 ε,左边界和右边界均为对流换热边界条件,环境温度为 T_s,对流换热系数分别为 h_1 和 h_2,吸收系数、散射系数和热导率均为定值,不随时间变化。采用有限体积法求解导热辐射耦合正问题,计算介质两边界出射透反射信号作为逆问题的输入数据。

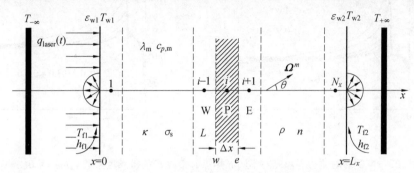

图 6.22　一维大平板物理模型

6.4.1　边界温度响应对辐射特性参数的敏感性分析

当参数 $a_k = a_0$ 时,参数 a_k 关于边界温度的敏感度系数定义为

$$\chi_{a_k}(a_0, \eta_t) = \frac{\partial \Theta_w}{\partial a_k}\bigg|_{a_k = a_0} = \frac{\Theta_w(a_0 + a_0\Delta, \eta_t) - \Theta_w(a_0, \eta_t)}{a_0\Delta} \tag{6.15}$$

式中,a_k 表示介质的导热辐射参数 N、介质反照率 ω 或者介质壁面的发射率 ε;Δ 表示参数 a_k 的微小变化百分比,选取 $\Delta = 0.5\%$;Θ_w 为无量纲边界温度响应;η_t 为计算时间与激光作用时间的比值,即 $\eta_t = t/t_{laser}$。

对于某一辐射特性参数,敏感度反映边界温度测量值对该参数的敏感效应,理论上敏感度的值越大,边界温度测量值对参数的敏感性越好,用此测量值重构该参数会越准确。另外,敏感性曲线能够直观地反映出测量值对参数最为敏感的区间,用此区间的测量值一方面能够增加反演参数所需的信息量,提高反演精度;另一方面能够剔除低敏感区间的干扰,提高反演效率。

1. 边界温度对导热辐射参数 N 的敏感性分析

假设半透明介质的光学厚度 $\tau = 1.0$,反照率 $\omega = 1.0$,边界发射率为 0.9,各向同性散射。入射激光无量纲功率密度为 $q'_{laser} = \dfrac{q_{laser}}{4n_1^2\sigma T_s^4} = 700$,无量纲激光作用时间为 $t'_{laser} = \dfrac{\lambda\beta^2 t_{laser}}{\rho c_p} = 0.03$,激光照射在介质的左则壁面上(图 4.1),若无特殊说明,以下算例中的介质光学厚度、散射特性、无量纲激光功率密度及无量纲激光作用时间均与本算例相同。左边界无量纲温度 Θ_{w1}、右边界无量纲温度 Θ_{w2} 对导热辐射参数 χ_N 的敏感度系数 N 分别如图 6.23(a)、(b)所示。

从图 6.23 可以看出,随着导热辐射参数 N 的减小,参数 N 对边界温度的影响随之增大,利用边界温度响应反演导热辐射参数 N 的精度也就越高。另外,从图中可以看出,在四倍的激光作用的时间段 $4t'_{laser}$ 内的两侧边界温度对导热辐射参数的变化有很大的敏感性,并且左右两侧边界的敏感性系数绝对值相差不大,即导热辐射参数 N 对两侧边界温度响应的影响大致相当。因此,在估算导热辐射参数 N 的逆问题中,采用 $t \in (0, 4t'_{laser})$ 内的边界瞬态

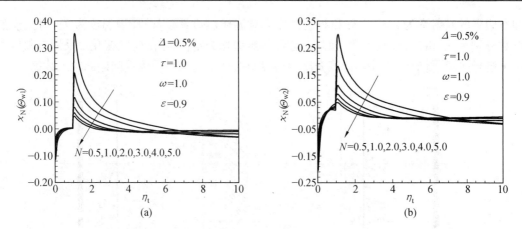

图 6.23　左侧和右侧边界温度对不同导热辐射参数 N 的敏感度系数 $\chi_N(\omega=1.0,\varepsilon=0.9)$

温度响应能够较为准确地反演出导热辐射参数 N 的值。

2. 边界温度对反照率 ω 的敏感性分析

假设导热辐射参数 $N=0.5$，边界发射率为 0.5。左边界无量纲温度 Θ_{w1}、右边界无量纲温度 Θ_{w2} 对反照率 ω 的敏感度系数 χ_ω 分别如图 6.24(a)、(b) 所示。

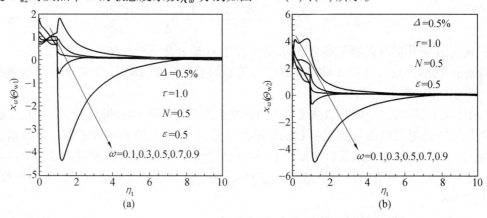

图 6.24　左侧边界和右侧边界温度对不同介质反照率 ω 的敏感度系数 $\chi_\omega(N=0.5,\varepsilon=0.5)$

由图 6.24 可以看出，在反照率 $\omega\leqslant0.5$ 时，随着反照率 ω 的减小，反照率 ω 对左右两侧边界温度的影响随之增大，利用边界温度响应反演反照率 ω 的精度也就越高；反之，当 $\omega>0.5$ 时，随着反照率 ω 的增大，反照率 ω 对左右两侧边界温度的影响随之增大，利用边界温度响应反演反照率 ω 的精度也就越高。另外，从图中可以看出，在四倍的激光作用的时间段 $4t'_{laser}$ 内的两侧边界温度对反照率 ω 的变化有很大的敏感性，并且左右两侧边界的敏感性系数绝对值相差不大，即反照率 ω 对两侧边界温度响应的影响大致相当。因此，在估算反照率 ω 的逆问题中，采用 $t\in(0,4t'_{laser})$ 内的边界瞬态温度响应能够较为准确地反演出反照率 ω 的值。

3. 边界温度对边界发射率 ε 的敏感性分析

假设介质的导热辐射参数 $N=1.0$，反照率 $\omega=0.5$。左边界无量纲温度 Θ_{w1}、右边界无量纲温度 Θ_{w2} 对壁面发射率 ε 的敏感度系数 χ_ε 分别如图 6.25(a)、(b) 所示。

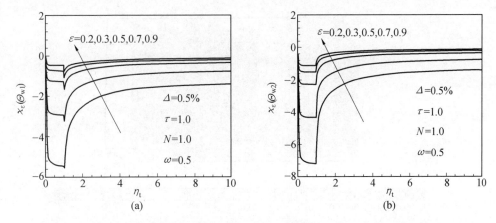

图 6.25 左侧和右侧边界温度对不同发射率 ε 的敏感度系数 $\chi_\varepsilon(N=1.0,\omega=0.5)$

由图 6.25 可以看出,随着发射率 ε 的减小,发射率 ε 对左右两侧边界温度的影响随之增大,利用边界温度响应反演发射率 ε 的精度也就越高。但是,无论发射率 ε 为何值,其敏感性系数在数值上都是很大的,所以对于任何发射率值 ε 都可以得到很好的反演结果。同时,从图中可以看出,在四倍的激光作用的时间段 $4t'_{laser}$ 内的两侧边界温度对发射率 ε 的变化有很大的敏感性,并且左右两侧边界的敏感性系数相差不大,即发射率 ε 对两侧边界温度响应的影响大致相当。因此,在估算发射率 ε 的逆问题中,采用 $t\in(0,4t'_{laser})$ 内的边界瞬态温度响应能够较为准确地反演出发射率 ε 的值。

在逆问题计算中,将正问题计算得到的左侧壁面温度 $\Theta_{w1}(t)$ 和右侧壁面温度 $\Theta_{w2}(t)$ 作为输入数据,根据由两侧壁面温度的估计值和测量值构造的目标函数的极小化反演得到导热辐射耦合系数 N、反照率 ω 和壁面发射率 ε。其中目标函数的表达式为

$$F(N,\omega,\varepsilon) = \sum_t \left\{ \left[\frac{\Theta_{w1,mea}(N,\omega,\varepsilon) - \Theta_{w1,est}(N,\omega,\varepsilon)}{\Theta_{w1,mea}(N,\omega,\varepsilon)} \right]^2 + \right.$$
$$\left. \left[\frac{\Theta_{w2,mea}(N,\omega,\varepsilon) - \Theta_{w2,est}(N,\omega,\varepsilon)}{\Theta_{w2,mea}(N,\omega,\varepsilon)} \right]^2 \right\} \tag{6.16}$$

为验证利用式(6.16)所示的目标函数同时反演导热辐射耦合系数 N、反照率 ω 和壁面发射率 ε 三个参数的可行性,计算在三个参数的搜索范围内目标函数值 $F(N,\omega,\varepsilon)$ 随三个参数的变化,如图 6.26 所示,其中三参数的真值为 $(N,\omega,\varepsilon)=(5.0,0.9,0.2)$。

图 6.26 中随壁面发射率的变化分别取 $\varepsilon=0.1,0.2,0.3,0.4,0.5,0.6,0.7,0.8,0.9$ 共九个切片。从图中可以看出,只有在壁面发射率 $\varepsilon=0.2$ 这个切片中三参数值接近真值的情况下才会使目标函数值很小。为了更清楚地反应目标函数的变化,下面考察 $\varepsilon=0.2$ 切片中目标函数随反照率 ω 和导热辐射耦合参数 N 的变化情况,如图 6.27 所示。

从图 6.27 中可以看出,只有反照率和导热辐射耦合参数均为真值的情况下才能得到最小的目标函数值,并且在真值附近目标函数值的变化很明显,所以利用式(6.16)所示目标函数同时反演导热辐射耦合系数 N、反照率 ω 和壁面发射率 ε 三个参数是可行的。

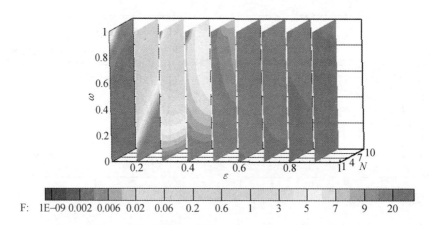

图 6.26　目标函数随导热辐射耦合参数 N、反照率 ω 及壁面发射率 ε 的变化

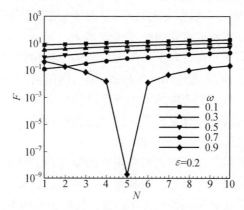

图 6.27　壁面发射率 $\varepsilon=0.2$ 时目标函数随反照率 ω 及导热辐射耦合参数 N 的变化

6.4.2　无测量误差条件下的反演结果

在无测量误差条件下分别采用不同微粒种群大小的标准 PSO 算法、BBPSO 算法、SM-BBPSO 算法以及 KSM-PSO 算法对导热辐射耦合系数 N、反照率 ω 和壁面发射率 ε 三个参数进行反演计算,其中假设三个参数的真值为 $(N,\omega,\varepsilon)=(0.5,0.1,0.9)$,计算得到四种方法的适应度值下降曲线如图 6.28 所示。可以看出,在相同的种群大小情况下,KSM-PSO 算法和 SM-BBPSO 算法的最优适应度值下降速度比 BBPSO 算法和标准 PSO 算法快得多,并且 KSM-PSO 算法的最优适应度值下降速度稍快于 SM-BBPSO 算法。

计算时间和计算代数上,如图 6.29 和表 6.20 所示,KSM-PSO 算法 SM-BBPSO 算法和 PSO 算法均可以得到较高精度的反演结果,BBPSO 算法得到的反演结果略差。同时,KSM-PSO 算法在计算代数、计算时间上远远优于其他三种算法,计算稳定性略低于标准 PSO 算法,但相差不大;SM-BBPSO 算法在某些情况下计算速度高于标准 PSO 算法,但其计算稳定性很差;标准 PSO 算法具有很高的计算稳定性,但是计算速度较慢;而 BBPSO 算法无论是计算代数还是计算速度都远不及其他三种算法。表 6.20 中 BBPSO 算法的迭代数均为 200,是因为该算法每次都计算到最大迭代数 200 还没有收敛到要求的精度。

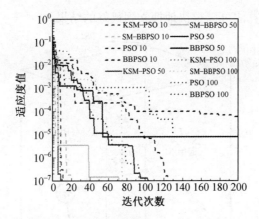

图 6.28　不同种群大小情况下 KSM-PSO 算法、SM-BBPSO 算法、BBPSO 算法和标准 PSO
算法的最优适应度值变化曲线

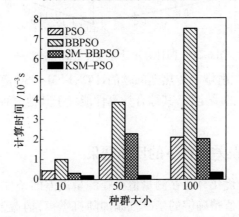

图 6.29　不同种群参数下 KSM-PSO 算法、SM-BBPSO 算法、BBPSO 算法和标准 PSO 算法的计算时间对比

表 6.20　不同种群参数下四种算法的反演结果以及计算时间和计算代数对比（$N=0.5, \omega=0.1, \varepsilon=0.9$）

| 算法 | 种群大小 | 估计值 | | | 计算代数 | 计算时间/s |
		N	ω	ε		
KSM-PSO	10	$0.500\ 3\pm2.79\times10^{-4}$	$0.100\ 0\pm1.56\times10^{-5}$	$0.900\ 0\pm2.41\times10^{-5}$	11.40 ± 3.75	$2\ 009.60\pm884.16$
	50	$0.500\ 3\pm4.91\times10^{-4}$	$0.100\ 0\pm2.06\times10^{-5}$	$0.900\ 0\pm2.76\times10^{-5}$	7.50 ± 2.42	$1\ 861.10\pm681.96$
	100	$0.500\ 1\pm3.63\times10^{-4}$	$0.100\ 0\pm1.25\times10^{-5}$	$0.900\ 0\pm1.90\times10^{-5}$	9.30 ± 0.90	$3\ 691.77\pm517.66$
SM-BBPSO	10	$0.500\ 0\pm9.89\times10^{-5}$	$0.100\ 0\pm7.34\times10^{-6}$	$0.900\ 0\pm1.34\times10^{-5}$	21.00 ± 15.68	$3\ 194.62\pm2670.16$
	50	$0.500\ 2\pm8.45\times10^{-4}$	$0.100\ 0\pm1.09\times10^{-5}$	$0.900\ 0\pm5.02\times10^{-5}$	72.80 ± 65.75	$22\ 607.46\pm21\ 589.34$
	100	$0.500\ 3\pm5.70\times10^{-4}$	$0.100\ 0\pm2.11\times10^{-5}$	$0.900\ 0\pm4.56\times10^{-5}$	39.60 ± 50.68	$20\ 215.96\pm24\ 174.82$
PSO	10	$0.500\ 0\pm9.04\times10^{-4}$	$0.100\ 0\pm3.29\times10^{-5}$	$0.900\ 0\pm4.95\times10^{-5}$	122.10 ± 9.13	$4\ 301.94\pm322.60$
	50	$0.500\ 1\pm8.17\times10^{-4}$	$0.100\ 0\pm3.73\times10^{-5}$	$0.900\ 0\pm4.81\times10^{-5}$	107.80 ± 3.66	$12\ 349.21\pm472.00$
	100	$0.499\ 6\pm7.32\times10^{-4}$	$0.100\ 0\pm3.36\times10^{-5}$	$0.900\ 0\pm5.35\times10^{-5}$	99.00 ± 5.66	$20\ 942.23\pm1\ 541.63$
BBPSO	10	$0.521\ 2\pm6.92\times10^{-2}$	$0.099\ 0\pm2.79\times10^{-3}$	$0.902\ 6\pm6.26\times10^{-3}$	200.00 ± 0.00	$10\ 247.46\pm960.57$
	50	$0.511\ 5\pm2.70\times10^{-2}$	$0.099\ 3\pm1.05\times10^{-3}$	$0.901\ 5\pm2.35\times10^{-3}$	200.00 ± 0.00	$38\ 223.92\pm5\ 547.22$
	100	$0.479\ 9\pm2.62\times10^{-2}$	$0.099\ 1\pm2.85\times10^{-3}$	$0.898\ 5\pm2.55\times10^{-3}$	200.00 ± 0.00	$74\ 879.43\pm11\ 610.52$

图 6.30 所示为上述算例中四种优化算法计算过程中的求解路径。从图中同样可以看出，KSM-PSO 方法初始化后几乎沿最短路径搜索到真值附近，而其他三种算法的搜索路径

很曲折,所以 KSM-PSO 算法可以很快地搜索到最好的结果。

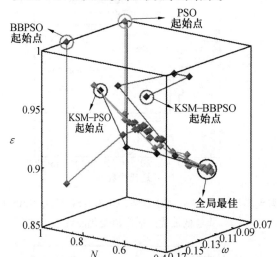

图 6.30　四种算法计算过程中的求解路径

综上可知,对于导热辐射耦合传热逆问题的计算,KSM-PSO 算法具有较快的计算速度、较高的计算精度以及较好的稳定性,其综合计算性能优于其他三种算法,更适合于导热辐射耦合传热逆问题计算。

6.4.3　存在测量误差条件下的反演结果

为了检验混合微粒群优化算法在测量值存在测量误差的条件下的适用性,在由正问题计算得到的边界温度测量值精确解的基础上添加随机噪声,构造带有测量误差的边界温度测量值,其表达式为

$$T_{\text{mea}} = T_{\text{exact}} + \sigma \zeta \tag{6.17}$$

式中,ζ 表示均值为 0、标准差为 1 的正态分布随机数。对于 99% 的置信度,测量误差为 γ,测量值的标准偏差为

$$\sigma = \frac{T_{\text{exact}} \times \gamma}{2.576} \tag{6.18}$$

式中,2. 576 的选择是因为正态分布种群 99% 包含在±2. 576 平均值的标准偏差内。

边界温度响应精确解与噪声大小的比值 NSR(信噪比)的表达式如式(6.19)所示。分别在 1% ,3% 和 5% 测量误差条件下,测量时间内的信噪比分布如图 6.31 所示。

$$NSR = \frac{\zeta \gamma}{2.576} \tag{6.19}$$

分别采用标准 PSO 算法、BBPSO 算法、SM-BBPSO 算法以及 KSM-PSO 算法在无测量误差,1% ,3% 及 5% 测量误差条件下,对不同的导热辐射耦合系数 N、反照率 ω 和壁面发射率 ω 进行反演计算。采用如下所示的相对误差公式来评估反演结果:

$$\varepsilon_{\text{rel}} = 100 \times \frac{Y_{\text{est}} - Y_{\text{exact}}}{Y_{\text{exact}}} \tag{6.20}$$

参数的真值为$(N,\omega,\varepsilon) = (5.0,0.9,0.2)$时,四种优化算法分别在有无测量误差条件下的计算结果见表 6.21。

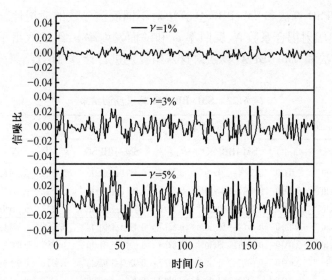

图 6.31　测量误差分别为 1% ,3% ,5% 时的信噪比 NSR

表 6.21　四种优化算法反演结果对比

反演参数	真值	KSM-PSO($\gamma=0$)		SM-BBPSO($\gamma=0$)		PSO($\gamma=0$)		BBPSO($\gamma=0$)	
		估计值	$\varepsilon_{rel}/\%$	估计值	$\varepsilon_{rel}/\%$	估计值	$\varepsilon_{rel}/\%$	估计值	$\varepsilon_{rel}/\%$
		$5.000\,4\pm1.68\times10^{-3}$	0.008 0	$4.999\,5\pm1.83\times10^{-3}$	0.010 0	$5.005\,1\pm3.81\times10^{-3}$	0.102 4	$5.041\,1\pm3.95\times10^{-2}$	0.822 0
		$0.900\,0\pm3.43\times10^{-5}$	0.000 0	$0.900\,0\pm3.96\times10^{-5}$	0.000 0	$0.900\,1\pm8.31\times10^{-5}$	0.009 3	$0.900\,6\pm2.13\times10^{-3}$	0.066 7
		$0.200\,0\pm3.69\times10^{-6}$	0.000 0	$0.200\,0\pm3.98\times10^{-6}$	0.000 0	$0.200\,0\pm9.14\times10^{-6}$	0.000 0	$0.199\,9\pm5.69\times10^{-4}$	0.000 5
		KSM-PSO($\gamma=1\%$)		SM-BBPSO($\gamma=1\%$)		PSO($\gamma=1\%$)		BBPSO($\gamma=1\%$)	
		估计值	$\varepsilon_{rel}/\%$	估计值	$\varepsilon_{rel}/\%$	估计值	$\varepsilon_{rel}/\%$	估计值	$\varepsilon_{rel}/\%$
		$5.001\,2\pm4.21\times10^{-3}$	0.023 1	$5.009\,1\pm2.45\times10^{-2}$	0.182 2	$5.191\,9\pm7.10\times10^{-1}$	3.838 0	$5.250\,8\pm2.05\times10^{0}$	5.016 1
		$0.900\,1\pm9.01\times10^{-5}$	0.014 1	$0.900\,3\pm4.85\times10^{-4}$	0.031 9	$0.907\,7\pm1.38\times10^{-3}$	0.855 2	$0.899\,2\pm4.79\times10^{-2}$	0.093 7
N	5.0	$0.201\,6\pm9.63\times10^{-6}$	0.816 5	$0.201\,7\pm5.27\times10^{-5}$	0.827 5	$0.202\,5\pm1.58\times10^{-3}$	1.246 2	$0.202\,0\pm6.09\times10^{-3}$	0.994 7
ω	0.9	KSM-PSO($\gamma=3\%$)		SM-BBPSO($\gamma=3\%$)		PSO($\gamma=3\%$)		BBPSO($\gamma=3\%$)	
ε	0.2	估计值	$\varepsilon_{rel}/\%$	估计值	$\varepsilon_{rel}/\%$	估计值	$\varepsilon_{rel}/\%$	估计值	$\varepsilon_{rel}/\%$
		$5.006\,8\pm6.86\times10^{-3}$	0.135 1	$4.993\,9\pm2.12\times10^{-2}$	0.122 9	$5.106\,2\pm1.30\times10^{-1}$	2.124 8	$4.620\,7\pm2.22\times10^{-0}$	7.586 2
		$0.900\,3\pm1.32\times10^{-4}$	0.031 0	$0.900\,1\pm4.69\times10^{-4}$	0.013 6	$0.902\,7\pm2.83\times10^{-3}$	0.301 0	$0.885\,8\pm5.16\times10^{-2}$	1.575 6
		$0.205\,1\pm1.97\times10^{-5}$	2.548 8	$0.205\,1\pm5.42\times10^{-5}$	2.532 7	$0.205\,4\pm3.45\times10^{-4}$	2.692 3	$0.205\,7\pm6.64\times10^{-3}$	2.849 0
		KSM-PSO($\gamma=5\%$)		SM-BBPSO($\gamma=5\%$)		PSO($\gamma=5\%$)		BBPSO($\gamma=5\%$)	
		估计值	$\varepsilon_{rel}/\%$	估计值	$\varepsilon_{rel}/\%$	估计值	$\varepsilon_{rel}/\%$	估计值	$\varepsilon_{rel}/\%$
		$5.047\,4\pm3.53\times10^{-3}$	0.947 5	$5.042\,4\pm2.67\times10^{-2}$	0.848 7	$4.847\,5\pm3.70\times10^{-1}$	3.051 0	$4.789\,7\pm1.58\times10^{-0}$	4.205 5
		$0.901\,0\pm7.79\times10^{-5}$	0.108 2	$0.900\,8\pm5.96\times10^{-4}$	0.087 7	$0.897\,2\pm7.38\times10^{-3}$	0.315 3	$0.891\,6\pm3.73\times10^{-2}$	0.933 3
		$0.208\,9\pm1.41\times10^{-5}$	4.464 4	$0.208\,9\pm7.23\times10^{-5}$	4.461 9	$0.208\,1\pm1.50\times10^{-3}$	4.045 6	$0.211\,9\pm5.29\times10^{-3}$	5.950 9

从表 6.21 可以看出,无论是在有无测量误差的条件下,KSM-PSO 算法的计算精度都与 SM-BBPSO 算法相近,并且略优于标准 PSO 算法,优于 BBPSO 算法。所以,综合考虑计算效率和计算精度,KSM-PSO 算法比其他三种算法更适合导热辐射耦合传热逆问题的计算。同时,SM-BBPSO 算法虽然稳定性不是很好,但其计算精度和计算效率整体上还是略优于标准 PSO 方法,计算效率远高于 BBPSO 算法,并且 SM-BBPSO 算法继承了 BBPSO 算法参数设置简单的优点,故 SM-BBPSO 算法仍具有一定的价值。

为验证 KSM-PSO 算法和 SM-BBPSO 算法对不同反演参数的适用性,分别在搜索范围内选取不同的导热辐射耦合系数 N、反照率 ω 和壁面发射率 ε,组成八组不同的算例,分别采用 KSM-PSO 算法和 SM-BBPSO 算法对这八组算例进行计算,计算结果分别见表 6.22 和 6.23。

表 6.22 SM-BBPSO 算法反演结果

反演参数	真值	$\gamma=0$		$\gamma=1\%$		$\gamma=3\%$		$\gamma=5\%$	
		SM-BBPSO	$\varepsilon_{\mathrm{rel}}/\%$	SM-BBPSO	$\varepsilon_{\mathrm{rel}}/\%$	SM-BBPSO	$\varepsilon_{\mathrm{rel}}/\%$	SM-BBPSO	$\varepsilon_{\mathrm{rel}}/\%$
N	0.5	$0.500\,0\pm1.39\times10^{-4}$	0.000 0	$0.501\,4\pm1.24\times10^{-2}$	0.288 2	$0.489\,0\pm3.62\times10^{-3}$	2.192 9	$0.509\,6\pm1.10\times10^{-1}$	1.928 0
ω	0.1	$0.100\,0\pm2.69\times10^{-6}$	0.000 0	$0.099\,2\pm3.34\times10^{-4}$	0.830 9	$0.097\,0\pm1.15\times10^{-4}$	2.968 2	$0.095\,1\pm1.51\times10^{-3}$	4.893 6
ε	0.2	$0.200\,0\pm2.20\times10^{-6}$	0.000 0	$0.201\,1\pm2.90\times10^{-4}$	0.559 5	$0.203\,1\pm7.26\times10^{-5}$	1.539 7	$0.205\,9\pm2.42\times10^{-3}$	2.958 1
N	0.5	$0.500\,1\pm1.39\times10^{-4}$	0.020 0	$0.495\,9\pm1.90\times10^{-2}$	0.827 7	$0.498\,5\pm1.00\times10^{-2}$	0.305 1	$0.503\,1\pm3.49\times10^{-3}$	0.614 2
ω	0.1	$0.100\,0\pm4.10\times10^{-6}$	0.000 0	$0.098\,1\pm3.38\times10^{-3}$	1.897 4	$0.098\,6\pm6.34\times10^{-4}$	1.388 9	$0.097\,9\pm2.73\times10^{-4}$	2.063 5
ε	0.9	$0.900\,0\pm7.26\times10^{-6}$	0.000 0	$0.907\,7\pm2.61\times10^{-3}$	0.857 3	$0.926\,4\pm7.92\times10^{-3}$	2.932 6	$0.945\,9\pm3.58\times10^{-4}$	5.102 9
N	0.5	$0.500\,0\pm1.84\times10^{-4}$	0.000 0	$0.500\,2\pm2.54\times10^{-2}$	0.040 0	$0.465\,6\pm1.45\times10^{-2}$	6.871 1	$0.451\,9\pm6.76\times10^{-3}$	9.628 2
ω	0.9	$0.900\,0\pm7.16\times10^{-6}$	0.000 0	$0.900\,1\pm1.19\times10^{-3}$	0.008 5	$0.898\,8\pm5.85\times10^{-3}$	0.130 1	$0.898\,3\pm2.86\times10^{-4}$	0.190 7
ε	0.2	$0.200\,0\pm2.74\times10^{-6}$	0.000 0	$0.201\,8\pm2.47\times10^{-4}$	0.888 0	$0.205\,3\pm6.42\times10^{-5}$	2.636 4	$0.209\,2\pm1.73\times10^{-5}$	4.579 7
N	0.5	$0.500\,1\pm3.36\times10^{-4}$	0.020 0	$0.504\,7\pm2.76\times10^{-3}$	0.949 9	$0.519\,3\pm2.80\times10^{-3}$	3.866 3	$0.547\,6\pm3.90\times10^{-3}$	9.527 1
ω	0.9	$0.900\,0\pm1.44\times10^{-5}$	0.000 0	$0.900\,1\pm6.37\times10^{-5}$	0.013 1	$0.900\,5\pm8.06\times10^{-5}$	0.057 9	$0.901\,3\pm1.63\times10^{-4}$	0.146 9
ε	0.9	$0.900\,0\pm1.49\times10^{-5}$	0.000 0	$0.909\,4\pm1.40\times10^{-4}$	1.049 6	$0.929\,7\pm8.37\times10^{-5}$	3.297 3	$0.951\,9\pm1.43\times10^{-4}$	5.764 8
N	5.0	$5.000\,1\pm6.68\times10^{-4}$	0.002 0	$5.427\pm1.51\times10^{-0}$	8.539 0	$5.075\,0\pm5.79\times10^{-2}$	1.500 3	$5.332\,9\pm3.90\times10^{-1}$	6.657 4
ω	0.1	$0.100\,0\pm3.20\times10^{-6}$	0.000 0	$0.098\,9\pm2.27\times10^{-4}$	1.070 7	$0.096\,7\pm2.77\times10^{-4}$	3.322 5	$0.094\,4\pm7.28\times10^{-4}$	5.644 0
ε	0.2	$0.200\,0\pm4.17\times10^{-6}$	0.000 0	$0.202\,9\pm7.71\times10^{-3}$	1.430 9	$0.203\,2\pm3.33\times10^{-5}$	1.592 4	$0.206\,9\pm2.62\times10^{-3}$	3.434 0
N	5.0	$5.000\,1\pm7.56\times10^{-4}$	0.002 0	$5.154\,5\pm2.30\times10^{-1}$	3.089 8	$5.133\,5\pm8.24\times10^{-3}$	2.670 8	$5.273\,1\pm3.26\times10^{-2}$	5.465 8
ω	0.1	$0.100\,0\pm5.91\times10^{-6}$	0.000 0	$0.098\,3\pm1.09\times10^{-3}$	1.675 6	$0.095\,9\pm9.03\times10^{-5}$	4.068 1	$0.092\,7\pm3.95\times10^{-4}$	7.337 9
ε	0.9	$0.900\,0\pm1.44\times10^{-5}$	0.000 0	$0.910\,0\pm3.60\times10^{-3}$	1.114 8	$0.925\,9\pm1.09\times10^{-4}$	2.872 5	$0.945\,4\pm6.77\times10^{-4}$	5.043 0
N	5.0	$4.999\,5\pm1.83\times10^{-3}$	0.010 0	$5.009\,1\pm2.45\times10^{-2}$	0.182 2	$4.993\,9\pm2.12\times10^{-2}$	0.122 9	$5.042\,4\pm2.67\times10^{-2}$	0.848 7
ω	0.9	$0.900\,0\pm3.96\times10^{-5}$	0.000 0	$0.900\,3\pm4.85\times10^{-4}$	0.031 9	$0.900\,1\pm4.69\times10^{-4}$	0.013 6	$0.900\,8\pm5.96\times10^{-4}$	0.087 7
ε	0.2	$0.200\,0\pm3.98\times10^{-6}$	0.000 0	$0.201\,7\pm5.27\times10^{-5}$	0.827 5	$0.205\,2\pm5.42\times10^{-5}$	2.532 7	$0.208\,9\pm7.23\times10^{-5}$	4.461 9
N	5.0	$4.999\,8\pm1.76\times10^{-3}$	0.004 0	$5.061\,2\pm5.36\times10^{-3}$	1.224 9	$5.194\,8\pm1.00\times10^{-2}$	3.895 4	$5.325\,9\pm1.07\times10^{-2}$	6.518 1
ω	0.9	$0.900\,0\pm2.62\times10^{-5}$	0.000 0	$0.900\,8\pm9.59\times10^{-5}$	0.085 3	$0.902\,3\pm1.75\times10^{-4}$	0.258 3	$0.903\,7\pm1.81\times10^{-4}$	0.407 2
ε	0.9	$0.900\,0\pm2.48\times10^{-5}$	0.000 0	$0.909\,7\pm7.53\times10^{-5}$	1.077 8	$0.930\,3\pm1.46\times10^{-4}$	3.364 6	$0.952\,2\pm1.46\times10^{-4}$	5.802 0

表 6.23 KSM-PSO 算法反演结果

反演参数	真值	$\gamma=0$		$\gamma=1\%$		$\gamma=3\%$		$\gamma=5\%$	
		KSM-PSO	$\varepsilon_{\mathrm{rel}}/\%$	KSM-PSO	$\varepsilon_{\mathrm{rel}}/\%$	KSM-PSO	$\varepsilon_{\mathrm{rel}}/\%$	KSM-PSO	$\varepsilon_{\mathrm{rel}}/\%$
N	0.5	$0.500\,0\pm8.96\times10^{-5}$	0.000 0	$0.495\,4\pm2.44\times10^{-4}$	0.911 2	$0.486\,7\pm4.48\times10^{-4}$	2.656 7	$0.478\,4\pm2.66\times10^{-4}$	4.320 5
ω	0.1	$0.100\,0\pm2.82\times10^{-6}$	0.000 0	$0.099\,0\pm7.96\times10^{-6}$	0.958 8	$0.097\,0\pm2.26\times10^{-5}$	2.968 7	$0.094\,9\pm1.17\times10^{-5}$	5.148 6
ε	0.2	$0.200\,0\pm2.15\times10^{-6}$	0.000 0	$0.201\,0\pm8.03\times10^{-6}$	0.488 3	$0.203\,0\pm1.32\times10^{-5}$	1.517 7	$0.205\,2\pm5.06\times10^{-6}$	2.615 3
N	0.5	$0.500\,0\pm1.56\times10^{-4}$	0.000 0	$0.498\,7\pm3.82\times10^{-4}$	0.260 1	$0.499\,1\pm5.31\times10^{-4}$	0.181 4	$0.502\,4\pm5.13\times10^{-4}$	0.474 4
ω	0.1	$0.100\,0\pm6.63\times10^{-6}$	0.000 0	$0.099\,7\pm1.88\times10^{-5}$	0.343 5	$0.098\,9\pm2.36\times10^{-5}$	1.143 8	$0.098\,0\pm1.70\times10^{-5}$	2.046 6
ε	0.9	$0.900\,0\pm1.23\times10^{-5}$	0.000 0	$0.908\,5\pm3.26\times10^{-5}$	0.942 5	$0.926\,4\pm3.54\times10^{-5}$	2.936 3	$0.945\,8\pm3.19\times10^{-5}$	5.090 3
N	0.5	$0.500\,0\pm2.61\times10^{-4}$	0.000 0	$0.488\,6\pm1.19\times10^{-3}$	2.279 9	$0.468\,0\pm9.55\times10^{-4}$	6.393 4	$0.459\,8\pm8.56\times10^{-4}$	8.036 2
ω	0.9	$0.900\,0\pm1.39\times10^{-5}$	0.000 0	$0.899\,6\pm5.20\times10^{-5}$	0.041 9	$0.898\,9\pm3.70\times10^{-5}$	0.121 6	$0.898\,2\pm4.18\times10^{-5}$	0.199 9

续表 6.23

反演参数	真值	$\gamma=0$		$\gamma=1\%$		$\gamma=3\%$		$\gamma=5\%$	
		KSM-PSO	$\varepsilon_{rel}/\%$	KSM-PSO	$\varepsilon_{rel}/\%$	KSM-PSO	$\varepsilon_{rel}/\%$	KSM-PSO	$\varepsilon_{rel}/\%$
ε	0.2	$0.200\ 0\pm1.88\times10^{-6}$	0.000 0	$0.201\ 7\pm1.11\times10^{-5}$	0.844 5	$0.205\ 3\pm6.71\times10^{-6}$	2.637 1	$0.209\ 2\pm5.97\times10^{-6}$	4.578 3
N	0.5	$0.499\ 8\pm2.86\times10^{-4}$	0.040 0	$0.503\ 8\pm5.57\times10^{-4}$	0.755 3	$0.520\ 4\pm1.08\times10^{-3}$	4.072 9	$0.545\ 4\pm3.87\times10^{-3}$	9.081 2
ω	0.9	$0.900\ 0\pm1.23\times10^{-5}$	0.000 0	$0.900\ 1\pm2.10\times10^{-5}$	0.010 1	$0.900\ 5\pm3.78\times10^{-5}$	0.059 8	$0.901\ 3\pm1.40\times10^{-4}$	0.139 0
ε	0.9	$0.900\ 0\pm9.30\times10^{-6}$	0.000 0	$0.909\ 4\pm1.92\times10^{-5}$	1.048 4	$0.929\ 7\pm4.39\times10^{-5}$	3.301 3	$0.951\ 8\pm1.69\times10^{-4}$	5.751 0
N	5.0	$5.000\ 0\pm5.74\times10^{-4}$	0.000 0	$5.023\ 4\pm2.83\times10^{-3}$	0.467 1	$5.071\ 2\pm7.07\times10^{-3}$	1.423 7	$5.140\ 8\pm3.37\times10^{-3}$	2.815 8
ω	0.1	$0.100\ 0\pm3.14\times10^{-6}$	0.000 0	$0.098\ 9\pm1.36\times10^{-5}$	1.063 3	$0.096\ 7\pm2.74\times10^{-5}$	3.343 1	$0.094\ 2\pm3.97\times10^{-5}$	5.778 9
ε	0.2	$0.200\ 0\pm3.25\times10^{-6}$	0.000 0	$0.201\ 0\pm1.67\times10^{-5}$	0.514 0	$0.203\ 2\pm4.50\times10^{-5}$	1.588 2	$0.205\ 6\pm2.37\times10^{-5}$	2.791 4
N	5.0	$5.000\ 2\pm7.99\times10^{-4}$	0.004 0	$5.040\ 8\pm2.67\times10^{-3}$	0.815 9	$5.136\ 1\pm2.46\times10^{-3}$	2.721 1	$5.260\ 8\pm5.28\times10^{-3}$	5.215 9
ω	0.1	$0.100\ 0\pm8.41\times10^{-6}$	0.000 0	$0.098\ 7\pm2.15\times10^{-5}$	1.260 3	$0.095\ 9\pm5.51\times10^{-5}$	4.059 5	$0.092\ 7\pm5.48\times10^{-5}$	7.348 3
ε	0.9	$0.900\ 0\pm1.59\times10^{-5}$	0.000 0	$0.908\ 3\pm5.51\times10^{-5}$	0.923 3	$0.929\ 5\pm5.03\times10^{-5}$	2.876 7	$0.945\ 1\pm6.75\times10^{-5}$	5.010 9
N	5.0	$5.000\ 4\pm1.68\times10^{-3}$	0.008 0	$5.001\ 2\pm4.21\times10^{-3}$	0.023 1	$5.006\ 8\pm6.86\times10^{-3}$	0.135 1	$5.047\ 4\pm3.53\times10^{-3}$	0.947 5
ω	0.9	$0.900\ 0\pm3.43\times10^{-5}$	0.000 0	$0.900\ 1\pm9.01\times10^{-5}$	0.014 1	$0.900\ 3\pm1.32\times10^{-4}$	0.031 0	$0.901\ 0\pm7.79\times10^{-5}$	0.108 2
ε	0.2	$0.900\ 0\pm3.69\times10^{-6}$	0.000 0	$0.201\ 6\pm9.63\times10^{-6}$	0.816 5	$0.205\ 1\pm1.97\times10^{-5}$	2.548 8	$0.208\ 9\pm1.41\times10^{-5}$	4.464 4
N	5.0	$4.999\ 8\pm2.13\times10^{-3}$	0.004 0	$5.062\ 1\pm5.21\times10^{-3}$	1.243 0	$5.190\ 2\pm1.28\times10^{-2}$	3.803 8	$5.324\ 7\pm9.54\times10^{-3}$	6.493 5
ω	0.9	$0.900\ 0\pm3.44\times10^{-5}$	0.000 0	$0.900\ 8\pm9.69\times10^{-5}$	0.087 3	$0.902\ 2\pm2.23\times10^{-4}$	0.249 5	$0.903\ 6\pm1.58\times10^{-4}$	0.403 7
ε	0.9	$0.900\ 0\pm2.99\times10^{-5}$	0.000 0	$0.909\ 7\pm7.49\times10^{-5}$	1.080 7	$0.930\ 2\pm1.69\times10^{-4}$	3.356 5	$0.952\ 2\pm1.48\times10^{-4}$	5.795 9

从表 6.22 和表 6.23 中可以看出,两种计算方法在无测量误差的情况下无论对于哪组参数均可得到很好的反演结果,反演结果与真值的相对误差接近于零,在有测量误差的情况下,两种计算方法得到的反演结果精度均随测量误差的增大而降低,且对于不同的参数组合精度上有一定的差异,但整体上两种算法在有测量误差的情况下还是可以得到较好的反演结果。综上,SM-BBPSO 算法和 KSM-PSO 算法适用于带有不同测量误差的不同参数的反演,并且 KSM-PSO 算法在反演精度和计算稳定性方面整体上优于 SM-BBPSO 算法。

同时,上述参数反演结果均为重复反演计算 10 次的平均值,对于参数真值为(5.0,0.9,0.2),无测量误差情况下采用 KSM-PSO 算法每次计算得到的三个参数的反演结果分布如图 6.32(a)、(b)、(c)所示。可以看出,每次计算得到的反演结果基本都在 10 次计算平均值的上下很小的范围内震荡,所以该方法的计算稳定性较好,并且采用 10 次重复计算结果的平均值作为最终的反演计算结果是可行的。

综上所述,通过分别采用 SM-BBPSO 算法、KSM-PSO 算法、PSO 算法和 BBPSO 算法对一系列算例的计算结果对比发现,SM-BBPSO 算法和 KSM-PSO 算法均可以得到很好的反演结果,即使是对于含有噪声的测量值。综合考虑计算效率、计算精度和计算稳定性,KSM-PSO 算法优于其他三种算法,并且计算效率上远高于标准 PSO 算法和 BBPSO 算法。同时,SM-BBPSO算法虽然计算稳定性不如 KSM-PSO 算法和标准 PSO 算法,但其继承了 BBPSO 算法参数设置简单的优点,通用性较强。因此,KSM-PSO 算法 SM-BBPSO 算法在计算精度、计算效率、计算稳定性和通用性方面各具优点,可广泛地应用于导热辐射耦合换热系统多参数同时反演问题的求解。

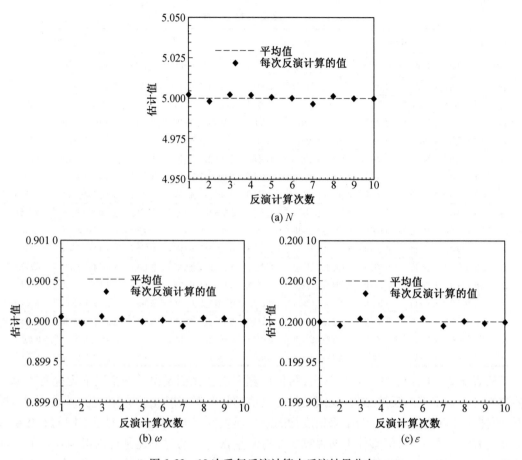

图 6.32　10 次重复反演计算中反演结果分布

6.5　采用微粒群–蚁群混合优化算法求解辐射传输逆问题

为了得出蚁群和微粒群混合算法相对于基于概率密度蚁群算法的优势,通过三个标准测试函数进行研究,见表 6.24。

表 6.24　测试函数及反演要求

函数	表达式	搜索空间	精度要求
Sphere	$f_1 = \sum_{i=1}^{N} x_i^2$	$[-100, 100]^N$	10^{-2}
Rosenbrock	$f_2 = \sum_{i=1}^{N-1} \left[100(x_{i+1} - x_i^2)^2 + (1 - x_i)^2 \right]$	$[-30, 30]^N$	10^{-2}
Rastrigin	$f_3 = \sum_{i=1}^{N} \left[x_i^2 - 10\cos(2\pi x_i) + 10 \right]$	$[-5.12, 5.12^N]$	10^{-2}

定义两个鲁棒性的参数:成功率(SR)和平均有效迭代次数($AVEN$)来考察两种算法的性能。

$$SR = 100 \times \frac{N_s}{N_r} \qquad (6.21)$$

$$AVEN = \sum_{s=1}^{N_s} \frac{t_s}{N_s} \qquad (6.22)$$

式中,N_s 表示成功的次数;N_s 表示总的执行次数;t_s 表示迭代步数。

在蚁群优化算法中,系统数据和控制参数设置为 $N_a = 30, N_d = 5, N_g = 1\,000, \alpha = 0.5, \beta = 1.5, \varepsilon_o = 10^{-8}, \varepsilon_d = 10^{-4}, \varepsilon_d = 10^{-4}$。在混合蚁群优化算法中,上述参数设置相同,另外设定两个参数:加速系数 $c_1 = 0.3, c_2 = 0.7$;控制参数 $\xi = 10^{-4}$。表 6.25 给出了混合蚁群计算 100 次后的鲁棒性分析结果。

表 6.25　两种算法的鲁棒性分析结果

函数	维数	基于概率密度蚁群算法		蚁群和微粒群混合算法	
		SR/%	AVEN	SR/%	AVEN
f_1	1	100	8.48	100	6.47
	2	100	20.28	100	16.41
	3	100	36.65	100	27.49
	4	100	62.67	100	45.92
	5	100	96.65	100	68.86
	6	100	142.85	100	96.05
	7	100	207.51	100	135.52
	8	100	290.92	100	187.19
	9	100	405.79	100	253.05
	10	100	558.26	100	331.78
f_2	1	100	163.48	100	98.29
	2	99	911.04	98	491.03
	3	96	1 000.0	94	819.81
	4	95	1 000.0	97	1 000.0
	5	97	1 000.0	98	1 000.0
	6	76	1 000.0	66	993.36
	7	1	1 000.0	3	1 000.0
	8	100	163.48	100	98.29
f_3	1	100	11.31	100	10.79
	2	100	55.48	100	46.04
	3	90	235.04	78	258.65
	4	49	530.37	44	571.22
	5	4	702.50	4	797.00

由表 6.25 可以看出,在没有当地最小值时,蚁群优化算法和混合蚁群优化算法计算结果都非常接近理论最优值,而且混合蚁群优化算法优于蚁群优化算法。当有多个当地最小值时,两种算法求解精度随着维数的增加而降低。

为了证明蚁群优化算法求解辐射导热耦合换热逆问题的有效性,计算两个一维均匀半透明灰平板介质模型,并分别求解热导率、吸收系数和散射系数验证本算法,并比较蚁群优化算法和混合蚁群优化算法的计算精度及计算效率。

6.5.1　单参数反演

计算模型中参数设置为 $L = 5$ m,$\varepsilon_{w1} = 0.9, \varepsilon_{w2} = 0.7, T_{f1} = 1\,000$ K,$h_{f1} = 20$ W/($m^2 \cdot K$),

$T_{f2} = 500\ \text{K}, h_{f2} = 10\ \text{W}/(\text{m}^2 \cdot \text{K}))$。热导率和散射系数已知,$\lambda = 20\ \text{W}/(\text{m} \cdot \text{K}))$ 和 $\sigma_s = 4.5\ \text{m}^{-1}$。吸收系数根据测量真实系数为 $0.5\ \text{m}^{-1}, 1.5\ \text{m}^{-1}, 2.5\ \text{m}^{-1}, 3.5\ \text{m}^{-1}$ 和 $4.5\ \text{m}^{-1}$ 时边界温度和热流密度获得,测量值可采用 $N_x = 5000, N_\theta = 100$ 的有限体积法近似求解。

以参数反演中 $N_x = 300$ 和 $N_\theta = 50$ 情况下的有限体积法近似解作为正算模型,目标函数定义为

$$F_{\text{obj}} = \frac{1}{4} \times \left[(T_{w1} - T_{w1}^*)^2 + (q_{w1}^r - q_{w1}^{r*})^2/10^4 + (T_{w2} - T_{w2}^*)^2 + (q_{w2}^r - q_{w2}^{r*})^2/10^4 \right] \quad (6.23)$$

式中,$T_{w1}, T_{w2}, q_{w1}^r, q_{w2}^r$ 和 $T_{w1}^*, T_{w2}^*, q_{w1}^{r*}, q_{w2}^{r*}$ 分别代表估计值和测量值。

由于基本蚁群优化算法是一种随机优化算法,每次优化计算时都有一定的随机性,因而蚁群优化算法和混合蚁群优化算法都重复计算 100 次来减少随机性的影响。系统数据和控制参数设置为 $N_a = 30, N_d = 5, N_g = 1\,000, \alpha = 0.5, \beta = 1.5, \varepsilon_o = 10^{-8}, c_1 = 0.3, c_2 = 0.7, \xi = 10^{-4}$。

吸收系数初始搜索空间为 $[1, 10]$ 的求解结果见表 6.26。从表中可以看出,混合蚁群优化算法计算效率明显高于蚁群优化算法。而且,混合蚁群优化算法与蚁群优化算法相比并没有丧失准确性。

表 6.26　蚁群优化算法和混合蚁群优化算法吸收系数计算结果

序号	κ^*/m^{-1}	蚁群算法		混合蚁群算法	
		κ/m^{-1}	迭代次数	κ/m^{-1}	迭代次数
1	0.5	$0.500 \pm 2.4 \times 10^{-5}$	6.1 ± 0.98	$0.500 \pm 4.1 \times 10^{-5}$	5.5 ± 0.85
2	1.5	$1.500 \pm 2.9 \times 10^{-5}$	6.0 ± 1.11	$1.500 \pm 4.8 \times 10^{-5}$	5.2 ± 0.75
3	2.5	$2.500 \pm 5.7 \times 10^{-5}$	5.4 ± 0.98	$2.500 \pm 5.3 \times 10^{-5}$	5.1 ± 0.85
4	3.5	$3.500 \pm 1.1 \times 10^{-4}$	5.0 ± 0.97	$3.500 \pm 1.1 \times 10^{-4}$	4.6 ± 0.77
5	4.5	$4.500 \pm 2.2 \times 10^{-4}$	4.6 ± 0.89	$4.500 \pm 2.3 \times 10^{-4}$	4.3 ± 0.75

6.5.2　多参数反演

为了证明蚁群优化算法的准确性,同时计算了热导率 λ、吸收系数 κ 和散射系数 σ_s。真值假定为 $\lambda^* = 20\ \text{W}/(\text{m} \cdot \text{K}), \kappa^* = 0.5\ \text{m}^{-1}$ 和 $\sigma_s^* = 4.5\ \text{m}^{-1}$,并设定 $N_x = 5\,000$ 和 $N_\theta = 100$,采用有限体积法近似求解得到边界的温度和辐射热流密度测量值,进而同时获得三个参数。

为了进一步验证蚁群优化算法的可靠性,加入随机误差计算。在实际测量值中加入正态分布误差,即

$$M_l = M_{\text{exa},l} + rand_n \sigma_l, l = 1, 2, \cdots, N_m \quad (6.24)$$

式中,M_l 是在 l 位置的实际测量值;$M_{\text{exa},l}$ 是在 l 位置的准确测量值;$rand_n$ 是一个零均值和单位标准偏差的正态分布随机变量。具有 99% 可信度、测量偏差为 γ 时的测量值 σ 的标准偏差定义为

$$\sigma_l = z_{l,\text{exa}}^* \times \gamma/2.576 \quad (6.25)$$

式中,2.576 来源于正态分布人群中有 99% 的在标准偏差 ± 2.576 之内。

干扰下的测量值用于估计热导率、吸收系数和散射系数,测量误差 γ 分别设定为 1%,2% 和 5%。将 $N_x = 300$ 和 $N_\theta = 50$ 的有限体积法近似作为正算模型,采用蚁群优化算法和混合蚁群优化算法求解反演参数。两种算法都计算 100 次以减小随机误差,反演参数初始搜索空间分别设定为 $\lambda \in [0, 100], \kappa \in [0, 10]$ 和 $\sigma_s \in [0, 10]$,求解结果见表 6.27。

表 6.27 测量误差对三种参数反演结果的影响

算法	γ	迭代次数	$\lambda/(\text{W} \cdot (\text{m} \cdot \text{K})^{-1})$	κ/m^{-1}	σ_s/m^{-1}
ACO	0	510±154	19.96±0.14	0.505±0.017	4.491±0.213
	1%	983±80	19.97±0.90	0.513±0.059	4.455±0.218
	2%	1 000±0	20.15±1.50	0.516±0.064	4.450±0.222
	5%	1 000±0	19.70±2.89	0.520±0.126	4.364±0.238
HAPO	0	77±21	19.92±0.30	0.510±0.035	4.483±0.213
	1%	145±56	19.87±1.15	0.518±0.083	4.493±0.230
	2%	311±227	19.93±1.37	0.522±0.097	4.350±0.259
	5%	785±286	19.81±2.80	0.523±0.105	4.434±0.272

如表 6.27 所示,与蚁群优化算法相比,混合蚁群优化算法计算精度稍微有所下降,但计算效率要高很多。在加入 5% 误差后,两种算法相对误差都小于 4.6%,说明基于概率密度函数的蚁群优化算法具有很强的鲁棒性。由表中还可以看出,随着测量误差的增加,标准偏差增大。多次测量可以有效降低随机优化算法的偏差,尤其是通过少数测量值反演多个参数时,效果更明显。

本节可适用于连续域的基于概率密度函数的蚁群优化算法成功应用于辐射导热耦合换热逆问题求解中。采用微粒群优化算法的思想,在蚁群优化算法基础上研究了混合蚁群优化算法。根据边界上四种稳态信号可同时获得热导率、吸收系数和散射系数。通过几个算例可以证明,混合蚁群优化算法具有更强的有效性和鲁棒性。随着反演参数个数的增加,计算结果精度相应下降,但是多参数反演误差仍在允许范围内。反演具有正态分布误差的测量值,尤其是反演多个参数时,根据多次测量值反演是降低计算误差的有效方法。

6.6 采用混合差分微粒群算法求解源项分布逆问题

如算例 4.1 描述的是考虑一个相对简单的一维平板灰介质模型的源项反演模型。PSO 与 DE-PSO 算法的参数设置见表 6.28。

辐射源项的分布情况如图 6.30 所示。其反演结果见表 6.29、6.30。可以看出,对于反演三个参数的情况,在有和没有误差的情况下,PSO 算法与 DE-PSO 算法都能准确地得出反演结果,且 DE-SPO 算法的反演进度略微高于 PSO 算法,但差别不大。两种算法的目标函数变化情况如图 6.31 所示,可以看出 DE-PSO 算法的目标函数下降速度明显高于 PSO 算法,也就是说,达到相同精度 DE-PSO 所需的迭代步数明显小于 PSO 算法。

表 6.28 DE-PSO 算法与 PSO 算法的控制参数

参数	v_{max}	$[x_{min}, x_{max}]$	种群大小	最大迭代次数 N	c_1 & c_2	d(DE-PSO)
值	100	$[-100,100]$	50	3000	1.2 & 0.8	0.5

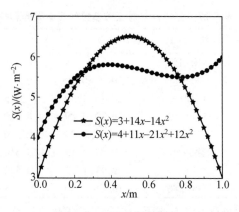

图 6.33　源项分布情况

表 6.29　两种 PSO 算法对三个参数的反演结果

算法	真值	$\gamma=0$ 反演值	相对误差/%	$\gamma=1\%$ 反演值	相对误差/%	$\gamma=3\%$ 反演值	相对误差/%	$\gamma=5\%$ 反演值	相对误差/%
PSO	$a_1=3$	3.000	0.007 4	3.011	0.366 0	3.032	1.062 0	3.051	1.706 9
	$a_2=14$	13.998	0.017 1	13.839	1.149 2	13.510	3.501 8	13.171	5.920 3
	$a_3=-14$	−13.998	0.017 1	−13.833	1.192 2	−13.490	3.641 2	−13.136	6.170 3
DE-PSO	$a_1=3$	3.000	0.002 8	3.011	0.366 0	3.032	1.062 0	3.051	1.706 9
	$a_2=14$	13.999	0.007 5	13.839	1.149 2	13.510	3.501 8	13.171	5.920 3
	$a_3=-14$	−13.999	0.0087	−13.833	1.1922	−13.490	3.6412	−13.136	6.1703

对于四个参数的反演情况,可以看出当没有误差或误差为 1% 时,两种算法的反演结果都较为准确,当误差为 3% 时,对于 PSO 算法和 DE-PSO 算法,反演结果的误差分别达到了 20.1% 和 18.1%。初始与反演源项分布曲线对比如图 6.32 所示,可以看出,虽然反演参数的误差较大,但是当测量参数的误差达到 3% 时,反演的源项分布依然可以很好地反映实际情况下的源项分布情况。并且在所有情况下,DE-PSO 算法的反演精度明显高于 PSO 算法。

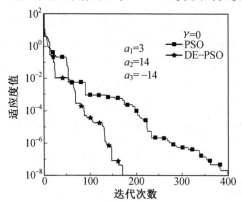

图 6.34　三参数反演 PSO 算法与 DE-PSO 算法的目标函数比较

表 6.30　两种 PSO 算法对四个参数的反演结果

算法 Algorithm	真值	$\gamma=0$		$\gamma=1\%$		$\gamma=3\%$		$\gamma=5\%$	
		反演值	相对 误差/%	反演值	相对 误差/%	反演值	相对 误差/%	反演值	相对 误差/%
PSO	$a_1=4$	4.010	0.252 1	3.997	0.086 1	4.118	2.959 5	3.892	2.694 4
	$a_2=11$	10.834	1.505 6	11.329	2.993 5	9.199	16.369 4	13.033	18.481
	$a_3=-21$	−20.586	1.973 3	−23.012	9.581 2	−16.938	19.341	−27.819	32.470
	$a_4=12$	11.734	2.215 4	13.814	15.120 1	9.585	20.128	17.151	42.928
DE–PSO	$a_1=4$	4.000	0.000 6	3.993	0.170 5	3.979	0.524 1	3.964	0.898 8
	$a_2=11$	11.000	0.002 7	11.204	1.858 2	11.585	5.317 4	11.930	8.452 4
	$a_3=-21$	−20.995	0.021 5	−21.891	4.245 2	−23.602	12.391 4	−25.220	20.096
	$a_4=12$	11.995	0.040 8	12.739	6.161 5	14.173	18.112 0	15.550	29.579

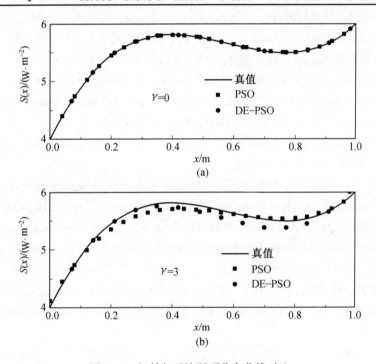

图 6.35　初始与反演源项分布曲线对比

参考文献

［1］SATOH T, UCHIBORI A, TANAKA K. Artificial life system for optimization of nonconvex functions［C］. Piscataway Proc. Int. Joint Conf. on Neural Networks. Piscataway：IEEE Press, 1999, IV：2390-2393.

［2］ZELINKA I. SOMA-self-organizing migrating algorithm［J］. New Optimization Techniques in Engineering, 2004：167-217.

［3］QI H, NIU C Y, JIA T, et al. Multiparameter estimation in nonhomogeneous participating slab by using self-organizing migrating algorithms［J］. J. of Quantitative Spectrascopy and

Radiative Transfer, 2015, 157: 153-169.

[4] MISHRA S C, CHUGH P, KUMAR P, et al. Development and comparison of the DTM, the DOM and the FVM formulations for the short-pulse laser transport through a participating medium[J]. Int. J. of Heat and Mass Transfer, 2006, 49: 1820-1832.

[5] WAN S K, GUO Z, KUMARS, et al. Noninvasive detection of inhomogeneities in turbid media with time-resolved log-slope analysis[J]. JQSRT, 2004, 84: 493-500.

[6] QUAN H Y, GUO Z X. Fast 3-D optical imaging with transient fluorescence signals, Optics Express, 2004, 12: 449-457.

[7] BROOKSBY B, DEHGHANI H W, POGUE B, et al. Near infrared tomography breast image reconstruction with a prioristructural information from MRI: Algorithm development for reconstructing heterogeneities[C]. IEEE Journal of Quantum Electronics, 2003, 9: 199-209.

[8] BOULANGER J, CHARETTE A. Numerical developments for short-pulsed near infra-red laser spectroscopy, Part I: Direct treatment[J]. JQSRT, 2005, 91: 189-209.

[9] 李娇. 时域扩散荧光层析技术基本原理与系统研究[D]. 天津: 天津大学, 2010.

[10] MATCHER S J, COPE M, DELPY D T. In vivo measurements of the wavelength dependence of tissue scattering coefficients between 760 and 900 nm measured with time resolved spectroscopy[J]. Applied Optics, 1997, 36(1): 386-396.

[11] SIMON D. Biogeography-based optimization[J]. IEEE Transactions on Evolutionary Computation, 2008, 6(12): 702-713.

[12] GONG W Y, CAI Z H, LING C X, et al. A real-coded biogeography-based optimization with mutation[J]. Applied Mathematics and Computation, 2010, 216(9): 2749-2758.

[13] BOUSSAD I, CHATTERJEE A, SIARRY P, et al. Two-stage update biogeography-based optimization using differential evolution algorithm (DBBO)[J]. Computers and Operations Research, 2011, 38(8): 1188-1198.

[14] RUAN L M, YU Q Z, TAN H P. A transmission method for the determination of the radiation properties of small ash particles[J]. Journal of Harbin Institute of Technology, 1994: 10-14.

[15] Aerosol robotic network (AERONET)[EB/OL]. [2015-10-01]. http://aeronet. gsfc. nasa. gov/.

[16] NELDER J A, MEAD R. A simplex method for function minimization[J]. The Computer Journal, 1965, 7(4): 308-313.

[17] WANG P P, SHI L P, ZHANG Y, et al. A hybrid simplex search and modified bare-bones particle swarm optimization [J]. Chin. J. Electron, 2013, 22(1): 104-108.

[18] BAHADORI A, VUTHALURU H B. Simple method for estimation of unsteady state conduction heat flow with variable surface temperature in slabs and spheres[J]. International Journal of Heat and Mass Transfer, 2010, 53(21): 4536-4542.

[19] CLERC M, KENNEDY J. The particle swarm - Explosion, stability, and convergence in a multidimensional complex space[J]. IEEE Trans. Evol. Computer, 2002, 6(1): 58-73.

[20] KENNEDY J. Bare bones particle swarms [C]//Swarm Intelligence Symposium. New

York：Proceedings of the 2003 IEEE，2003：80-87.

［21］ ZHANG H, FERNáNDEZ-VARGAS J A, RANGAIAH G P A, et al. Evaluation of integrated differential evolution and unified bare-bones particle swarm optimization for phase equilibrium and stability problems［J］. Fluid Phase Equilibria, 2011, 310(1-2)：129-141.

［22］ QI H, NIU C Y, GONG S, et al. Application of the hybrid particle swarm optimization algorithms for simultaneous estimation of multi-parameters in a transient conduction-radiation problem［J］. Int. J. of Heat and Mass Transfer, 2015,83：428-440.

名 词 索 引